U0663944

北京市互联网信息办公室　北京市社会科学院　编

首都网络文化发展报告

（2013—2014）

Annual Report on Development of Capital Cyber Culture（2013—2014）

李建盛　陈　华　马春玲　主编

人民出版社

《首都网络文化发展报告(2013—2014)》编委会

摘　要

随着互联网信息技术的快速发展，网络公共领域不断发展并发生重要的转变，网络信息的多样化以及网络公共领域表达的差异性甚至多元性，使网络文化建设、管理和创新的同时推进变得尤为重要。进一步强化网络管理的他律性规范，网络自律性的培育和建设，运用更加有效的网络信息技术维护网络文化生态，仍然是今后首都网络文化建设发展的重点问题和关键问题。

本报告以网络文化建设、管理和创新为主题，分析和研究 2013 年首都网络文化生态发展状况，并针对存在的问题提出相关对策建议。北京是全国信息技术最发达的城市，也是中国网络服务提供者和网民最集中的城市。目前，北京集中了全国 90%的重点网站，互联网流量占全国 70%以上。网络信息技术在不断创新和拓展，网络的信息空间和文化表达同样在发展和转变。网络及网络文化建设、管理和创新始终处于过程之中，网络以及网络文化的建设、管理和创新并重，始终是网络发展和文化建设的重要内容和课题。

第一部分"总论"，网络环境和网络文化的建设、管理和创新并重，积极构建健康、有序和发达的首都网络文化，是 2013 年首都网络文化建设管理的突出主题和重要成绩。本报告首先概述中央和北京市 2013 年关于互联网思想文化建设新形势和新要求，阐述加强首都网络文化建设管理，努力构建首都健康、有序的网络文化生态，凝聚和传播网络文化正能量。从六个方面概括分析本年度首都网络文化的新发展，并根据年度新发展从五个方面提出进一步加强首都网络文化建设管理和创新发展的对策建议。

第二部分"首都网络文化政策与建设管理"，以首都网络文化政策和管理为主要内容，总结和分析 2013 年首都网络舆情引导、网络文化发展建设管理进程、网络文化环境整治和净化、网络谣言治理等方面的现状、问题，并提出进一步加强建设网络建设管理的对策建议。

第三部分"首都网络新空间与网络文化形态透析"，围绕首都网络信息技术新发展对网络文化新形态展开年度分析。概述和分析 2013 年网络信息技术与北京智慧建设、网络化进程中的历史名城文化与非物质文化遗产传播、公共文化服务与文化创意产业发展等方面的新进展，并针对当前存在的问题提出相关对策建议。

第四部分"首都网络年度新热点与文化问题聚焦"，聚焦 2013 年度首都网络文化发展中的新热点和文化问题。概述和分析互联网时代首都城市的网络形象符号、4G 元年首都网络文化产业的机遇和挑战以及相关网络文化产业发展状况，在深入分析基础上提出建设性的建议和对策。

第五部分"首都网站年度新动态与典型案例分析"，选取 2013 年度具有代表性的网络文化事件和网络文化个案展开深度剖析，多层面多角度分析其中的深层原因，以及在网络公共领域与社会公共舆论中的影响，剖析其所具有的典型意义和警示价值。

第六部分"CNNIC 数据"，收录《2013 年北京市互联网络发展状况报告》，对本年度北京互联网的基础设施与资源、网民受众情况、网络发展状态及网络应用等方面进行统计调研与考察，具有重要的数据和内容参考价值。

第七部分"附录"，精选和整理 2013 年首都网络文化发展的事件，为了解首都网络文化年度重要事件、主要内容和发展进程提供重要咨询。

Abstract

With the high-speed development of internet information technology, public domain of network keeps its constant advancement and changes with the time, along with the diversity of internet information and dissimilarity of expression of network public domain, which make the development, administration and innovation of cyber culture become very important. To further strengthen the heteronomous norm of network management, as well as the cultivation & construction of network automaticity and maintain network culture ecology with effective network information technology, are still of great importance in construction and development of capital cyber culture from now on.

This report focuses on construction, management and innovation of cyber culture, analyzes the general development of capital cyber culture ecology in 2013 and puts forward pertinent countermeasures and suggestions. As the most developed city of information technology, Beijing is also the main provider of network service and possesses a large quantity of netizens. At present, Beijing converges 90% of China' s important websites, and network traffic accounts for 70%. With the innovation and expansion of network information technology, information space and culture expression of network are changing. Network and cyber culture construction, governance and innovation are under constant development and go forward together, they are the essential content and research project of network development and culture construction.

The first part, "General Report", network environment and construction, administration and innovation of cyber culture develop at the same pace, constructing healthy, orderly and developed capital cyber culture is the main topic and important progress of capital cyber culture construction and management in 2013. This report generalizes the new progress and requirement of ideological and cultural construction of network in 2013 deployed by Central and Beijing, then explains how to strengthen construction and management of capital cyber culture and construct healthy, orderly capital network culture ecology to agglomerate and broadcast positive energy. This part summarizes the new progress of capital cyber culture from six aspects, and put forward suggestions on strengthening construction and innovation of capital cyber culture from five aspects based on annual developments.

The second part, "Policy and Construction & Governance of Capital Cyber Culture", the main idea is policy and governance of capital cyber culture, summarizes and analyses the situations and problems of public opinion guidance of capital network, the progress of construction & governance of capital cyber culture, environment remediation of cyber culture and internet rumors governance in 2013, then provides targeted countermeasures concerning existing problems.

The third part, "New Environment of Capital Network and Analysis on Configuration of Cyber Culture", analyses annual new configurations of cyber culture based on new progress of capital network information technology. This part generalizes and analyses new progress of network information technology and construction of smart city, internet communications of conservation of historic city and intangible cultural heritage, public service and development of cultural & creative industries in 2013, and proposes pertinent suggestions.

The fourth part, "Annual Hotspots of Capital Cyber Culture and Problems", concentrates on new hotspots of cyber culture and problems in 2013. This part summarizes and analyses internet image symbol of Beijing in the age of internet, opportunities and challenges of network culture industries in the first year of 4G and situations of related industries, then provides constructive countermeasures and suggestions based on analysis.

The fifth part, "Annual Development and Typical Cases of Capital Internet", investigates the typical network culture events and cases in 2013, analyses their underlying reasons from different aspects and perspectives and influences in network public domain and public opinions, then concludes with their typical meaning and warning value.

The sixth part, data from CNNIC, includes "A Report on the Development of Internet in Beijing in 2013", and investigates the infrastructure and resource of capital internet, conditions of netizens, development of internet and network applications. This part is of great value on data and content.

The seventh part, "Appendix", collects the important events in cyber culture development in Beijing in 2013, which is helpful in understanding hotspots, main content and progress of capital cyber culture.

目 录

CONTENTS

首都网络年度新热点与文化问题聚焦

首都网络年度新动态与典型案例分析

General Report

Media and Configuration of Capital Cybre Cultrue

New Hotspots and Problems of Capital Cyber Culture

Annual Development and Typical Cases of Capital Internet

CNNIC Data

Appendix

总　论

General Report

建设、管理和创新并重，积极构建首都健康网络文化生态

李建盛*

摘　要：网络环境和网络文化的建设、管理和创新并重，积极构建健康、有序和发达的首都网络文化，是2013年首都网络文化建设管理的突出主题和重要成绩。本报告概述中央和北京市2013年关于互联网思想文化建设新形势和新要求，阐述加强首都网络文化建设管理，努力构建首都健康、有序的网络文化生态，凝聚和传播网络文化正能量。从六个方面概括分析本年度首都网络文化的新发展，并根据年度新发展提出进一步加强首都网络文化建设管理和创新发展的对策建议。

关键词：网络文化生态　他律性管理　自律性建设　社会责任　正能量

互联网信息技术支持的传播空间和虚拟世界，构成了当今世界一个复杂多维的网络公共领域。这个虚拟的网络公共领域与现实社会既存在差异性，也存在密切而深刻的联系，以至于虚拟的网络公共领域交织甚至融合着人们对当今世界的经济、社会、政治、文化和生态文明的思想、观点和看法，或者在很大程度上可以说，网络信息世界中所表达的思想、观念以及看问题的方式和思考问题的方式，就是现实社会看问题、思考问题和表达思想观念在网络虚拟空间的折射和表现，换句话说，看似无界的网络虚拟信息世界和

* 李建盛，北京市社会科学院研究员、文化研究所所长、首都网络文化研究中心主任。

文化空间,实际上有着现实社会的边界。网络信息技术在不断地创新和拓展,网络的信息空间和文化表达同样也在不断发展和转变。因此,网络的建设、管理和创新始终处于进行之中和过程之中,网络以及网络文化的建设、管理和创新并重,始终是网络发展和文化建设的重要内容和课题。

北京不仅是信息技术全国最发达的城市,也是网络服务提供者和网民最集中的城市。目前,北京集中了全国90%的重点网站,互联网流量占全国70%以上。2013年北京市网民人数达到1556万人,普及率为75.2%,同比增长6.7%,排在全国第一位。首都网络和首都网络文化的发展不仅加强了建设,加大了管理的力度,同时加快了创新的步伐。尤其是围绕2013年网络建设管理的主题、重点任务和要求,开展首都网络环境的治理和网络文化建设,与此同时根据首都网络文化的实际,加强了网上思想阵地的建设,网络舆论的引导以及推进网络公共文化服务和网络文化创意产业的发展。随着网络公共领域的发展与转变,随着网络信息的多样化以及网络公共领域表达的差异化甚至多元化,进一步强化网络管理的他律性规范,网络自律性的培育和建设以及运用更加有效网络信息技术维护网络文化生态,仍然是今后网络文化建设、管理和创新的重点问题和关键问题。

一、加强首都网络文化建设管理,凝聚和传递网络文化正能量

互联网信息技术开启新的网络空间和网络世界,广泛而深刻地影响着当今社会的多向度领域。网络虚拟空间的多维性和复杂性与社会现实世界的多维性和复杂性交织交融在一起,共同构成一个现实与虚拟、无限与有界、自由与限度交相融合的网络公共领域。这个数字化、技术化、虚拟化的网络空间交织着我们社会的、经济的、政治的、文化的公共话语、公共行为,因而,虚拟的网络公共领域的建设发展、监督管理、他律规范与自律培育,便成为了网络建设管理和网络创新发展的重要课题。北京作为国家首都、全国的文化中心,中国的“网都”,网络建设管理和网络创新发展,无论从互联网信息技术基础建设和前沿创新,还是从网络思想意识形态建设和网络文

化建设拓展来看，创新发达的网络信息技术与引领垂范的网络思想文化建设，在增强首都文化软实力、提升首都文化影响力乃至文化产业竞争力诸方面都有着重要的作用，也是北京作为国家首都和全国文化中心的当然责任和使命。

网络文化建设管理和网络文化创新发展是当前和未来中国文化建设发展的重要组成部分，建设和发展健康向上的网络文化是新的历史阶段文化强国战略的重要内容和紧迫任务。2013 年，中央强调要加强全国宣传思想工作，加强意识形态的正面宣传和引导。北京是全国网络信息技术最发达的城市，也是全国网络文化资源最集中的城市，加强首都网络文化建设管理，加强网络文化和网络思想意识形态的建设和引导，在全国加强思想意识形态建设和积极向上的网络文化建设，传播正能量，弘扬主旋律，不仅对于首都北京的网络文化建设具有重要意义，对全国网络文化和网络意识形态引导也具有示范作用。

当前，中国的文化体制改革已进入深水区和攻坚阶段，社会主义文化强国的建设和国家文化软实力的提升，不仅需要深化文化体制机制改革，而且需要进一步推进文化体制机制创新。面对互联网技术和应用的飞速发展，要加强和深化现行管理体制的改革，同时，随着互联网媒体属性越来越强，要加强网上媒体管理和产业管理。特别是面对传播快、影响大、覆盖广、社会动员能力强的微博客、微信等社交网络和即时通信工具用户的快速增长，要加强网络法制建设和舆论引导，确保网络信息传播秩序和国家安全、社会稳定。这是摆在我们面前的突出问题。网络信息传播秩序和国家安全问题同时也是网络文化秩序和国家文化安全的问题，网络法制建设和舆论引导同时也是网络文化建设管理和思想文化建设与传播的问题。

2013 年 11 月 12 日，中国共产党第十八届中央委员会第三次全体会议通过《中共中央关于全面深化改革若干重大问题的决定》。在舆论导向的体制机制建设上，《决定》强调，健全坚持正确舆论导向的体制机制，健全网络突发事件处置机制，形成正面引导和依法管理相结合的网络舆论工作格局。整合新闻媒体资源，推动传统媒体和新兴媒体融合发展，重视新型媒介

运用和管理，规范传播秩序。这既是新的信息技术条件下和新的网络社会文化环境下网络建设管理的重要内容和任务，同时也是当今网络文化建设创新发展的重要内容和任务。只有坚持积极利用、科学发展、依法管理、确保安全的方针，才能增强依法管理网络的力度，不断完善互联网管理领导体制，维护网络秩序和网络文化安全。

2013 年，国家在加快网络信息技术基础建设步伐的同时，尤其加强了网络社会环境和网络文化环境的管理和治理工作，不断净化网络空间，维护网络秩序，塑造健康向上的网络文化生态。2013 年 1 月 22 日，全国"扫黄打非"工作电视电话会议召开，会议部署 2013 年"扫黄打非"工作，进一步把工作重心转到网上，重点整治网络传播淫秽色情信息、非法网络报刊和网络游戏；以专项行动的方式，以整治网络文学、网络游戏、音视频网站为重点，开展淫秽色情信息专项治理行动；全面扫除淫秽色情文化垃圾，清查各类网站和移动智能终端等传播渠道，整治下载和预装淫秽色情视频信息行为，并对跨境经营淫秽色情网站的违法犯罪团伙进行严厉惩治，查处违法违规网站、电信运营服务企业和广告联盟、支付平台等。2013 年 8 月，中国互联网大会发出倡议，全国互联网从业人员、网络名人和广大网民，都应坚守法律法规底线、社会主义制度底线、国家利益底线、公民合法权益底线、社会公共秩序底线、道德风尚底线和信息真实性底线"七条底线"，营造健康向上的网络环境，自觉抵制违背"七条底线"的行为，积极传播正能量。"七条底线"对于增强网络法制意识，提高网络自律意识，规范网络行为，塑造良好正气的网络文化环境发挥了重要的作用。2013 年 10 月，第十三届中国网络媒体论坛在郑州举行，并发布《郑州宣言》。《宣言》提出，深入贯彻落实习近平总书记一系列重要讲话精神，牢牢把握正确舆论导向，自觉担负社会责任，始终恪守"七条底线"，坚持中国道路、弘扬中国精神、凝聚中国力量，高扬时代旗帜，唱响网上主旋律，建设为民、文明、诚信、法治、安全、创新的网络空间。

互联网信息技术的创新融合发展，不仅有助于培育健康向上的思想文化阵地和传播文化正能量，而且有助于推动文化产业和文化经济快速发展。

为推动网络信息技术创新和网络文化发展，促进文化产业繁荣，文化部颁布《网络文化经营单位内容自审管理办法》并于2013年12月1日起正式实施。《办法》规定，文化部计划首先将网络音乐、移动游戏行业的审查备案工作交由企业自审，在总结经验基础上再扩大自审范围，逐步减少政府审查事项，降低审查层级，提高工作效率，在增强自主性的同时，增强自律性。这是2013年深化文化体制机制改革的重要举措，将有力推动网络文化自主创新和网络文化生产，促进网络经济和网络文化产业迈上新台阶。

北京不仅是全国网络信息技术最发达的城市和网络智力资源与人才资源最集中的城市，而且是首都和全国文化中心城市，网络信息技术和网络思想文化建设发挥引领示范作用是当然使命，坚持社会主义文化，发挥网络文化建设管理的文化中心示范作用，也是首都和全国文化中心文化建设的重要内容和任务。2013年，首都北京的网络文化建设按照中央要求，在加强网络思想文化建设与管理的同时，加快城市信息化基础设施建设和提高信息化发展水平。

在互联网思想文化建设上，北京围绕充分发挥全国文化中心示范作用加快中国特色社会主义先进文化之都建设的主题，加强网络建设管理，弘扬主旋律，传播正能量。2013年北京市政府工作报告提出，深入实施文化创新战略，发挥文化引领风尚、服务社会、推动发展的作用，不断提升首都文化软实力。在互联网建设管理上，落实新媒体发展战略，改进网络内容建设，唱响网上主旋律。在2013年11月15日的北京市宣传思想工作会议上，北京市委书记郭金龙强调，北京集中了全国90%的重点网站，必须把网上舆论作为宣传思想工作的重中之重来抓，尽快掌握舆论战场上的主导权；克服“不能管”、“管不了”的错误认识，积极采取经济、行政、法律、教育等手段，切实加强网络管理。他指出，政务微博要抢占表达的制高点，要扭转网上正面声音势单力孤的被动局面，着力培育首都网络文化优势，增强首都网络文化影响力。

与此同时，进一步加强互联网信息技术创新升级，推动首都城市信息化水平向更高阶段和更高水平发展。2013年6月，北京市制定并颁布《宽带北京行动计划(2013—2015年)》,力争到2015年底,也就是到“十二五”结束时,建设国内领先、国际先进的信息基础设施,把北京成为全球信息通信枢纽和互联网中心。这不仅为首都城市的信息化水平向高端发展提供坚实基础,而且将为首都的网络文化建设和网络文化经济发展提供更加有利的条件,在首都经济、社会、政治、文化和生态文明建设中发挥更大的作用。

二、2013年首都网络文化发展现状与动态

网络信息技术的快速发展态势不断推动着首都网络信息技术的转换升级,社会文化环境的转型发展为网络文化建设管理提出更高的要求,网络文化消费催生了网络文化产业新业态的迅速崛起。2013年首都网络信息技术基础建设和网络文化建设管理取得新的进展。主要体现为:

(一)实施“宽带北京行动计划”,提高首都信息化发展水平

2013年,北京市在已有信息化基础设施水平基础上,加强首都信息发展的顶层设计,站在国际国内的信息化建设和发展的前沿,着眼于首都城市信息化的未来发展,制定和颁布《宽带北京行动计划(2013—2015年)》,并于2013年开始实施,旨在建构国际先进、国内领先、泛在、融合、智能、可信的下一代信息基础设施,把北京建设成为全球信息通信枢纽和互联网中心,为首都经济社会发展和首都文化建设奠定重要基础。

北京市为大幅提升北京城市的信息化发展水平,加快构建更加方便快捷、安全可靠的信息基础设施和高速宽带网络服务,依照国家宽带中国工程的相关要求,2013年6月,制定并颁布《宽带北京行动计划(2013—2015年)》。这是在2009—2012年北京实施《北京信息化基础设施提升计划》基础上采取的进一步提升首都信息化发展水平的重要举措。

《宽带北京行动计划(2013—2015年)》明确了政府引导、企业主体,集约建设、重点推进,市区联动、示范带动,创新发展、惠及民生的基本原则,加强首都信息化发展的顶层设计,创新体制广泛惠及民生,不断推动信息基础设施集约建设和资源共享。通过实施光网城市建设工程、无线城市建设工

程、下一代广播电视网络建设工程、物联网基础设施建设工程、下一代互联网工程、三网融合推进工程和下一代信息基础设施综合示范工程等重大工程，确立了把北京建成城乡一体的光网城市、移动互联的无线城市、高速便捷的宽带城市的发展目标。到2015年实现家庭宽带接入能力超过百兆，社区宽带接入能力达到千兆，高端功能区和重点企业宽带接入能力达到万兆，使用10兆及以上宽带接入互联网的用户占比超过75%；完善以3G+WLAN模式为主的无线城市建设；高清交互数字电视用户比例超过80%，增加公众享受宽带服务的途径；政务物联数据专网信号覆盖全市平原地区；无线宽带专网信号覆盖北京市五环路以内及各郊区县中心区域，实现北京市访问流量排名前100位的商业网站系统支持IPv6，70%以上的政府网站支持IPv6；发展IPv6用户累计达到200万户，IPv6互联网流量占全国的30%以上；三网融合试点工作取得突破，推动中国移动国际信息港、中国电信大型绿色低碳数据中心和云计算基地、中国联通绿色高品质云计算与大数据服务基地等重大信息基础设施建设和使用。

2013年，《宽带北京行动计划（2013—2015年）》开始实施，并明确行动的任务内容、责任单位和完成时间，在今后两年持续推进并完成行动计划任务。力争到2015年底，吸引社会滚动投资800亿元，建设国内领先、国际先进，泛在、融合、智能、可信的下一代信息基础设施，把北京成为全球信息通信枢纽和互联网中心，从而实现信息基础设施和信息化应用相互促进、宽带信息技术和相关产业互动发展，使信息消费成为拉动首都经济增长的新引擎，为推动首都经济结构的战略性调整和首都经济社会发展奠定坚实基础。因此，北京城市信息化基础设施的建设和提升，不仅对于推动首都经济结构调整和首都社会经济发展具有重要的作用，而且对于网络信息传播、网络文化建设发展，网络文化生产和消费以及网络公共文化服务都将起到积极的推动作用。

（二）加强网络文化环境的他律性建设，提高首都网络秩序规范管理水平

网络虚拟空间与现实空间密切相关，网络虚拟社会与现实社会密切相

联，网络虚拟文化与现实文化密不可分，互联网的世界是由人所构建的相对于现实世界的虚拟世界，网络虚拟世界与实实在在的现实世界有着不可分割的联系，网络信息时空的无限性，并不意味着网络行为的无度自由，因而，网络管理的规范管理便成为网络文化建设的重要内容。2013 年，首都网络建设管理按照中央的要求，并根据首都网络发展和网络文化建设实际，加强互联网管理的他律性建设，不断提高首都网络文化环境建设管理水平。

网络信息的他律性管理侧重于制度性、规范性的建设，可以增强网络行为和网络文化的秩序性，为网络信息、网络文明和网络文化的健康有序发展和运行提供政策环境保障。2013 年 1 月，北京市出台《北京市移动电话信息服务管理若干规定》，进一步强调网络建设管理的法制化、文明化和诚信化，坚持依法办网、文明办网、诚信办网，推进网络真实身份管理。强化微博客、社交网络、手机报等管理。加强网上舆论引导，加强政务微博、媒体微博、专家微博、名人微博、网评员微博建设，形成微博正面声言和正面诱导立体化传播方式，提高微博正能量影响力，不断完善网络发言和协同引导机制，增强热点问题应对能力，壮大网络主流舆论，掌握网上话语权，改善和营造良好的网络文明和网络文化生态。2013 年 2 月，北京市通信保障和信息安全应急指挥部办公室依据国家和北京市相关突发事件应对法和应急预案，对原有《北京市网络与信息安全事件应急预案》进行修订，更加明确了预案的适用范围、组织机构及职责，细化了突发事件分级标准，完善了网络与信息安全预案体系建设和突发事件应对处置流程，以进一步健全北京网络与信息安全保障工作机制，提高应对网络与信息安全突发事件的能力。

加强互联网建设管理和注重舆论宣传引导，是 2013 年国家互联网建设管理的重要内容和任务，也是首都网络建设和网络文化建设的重要任务。2013 年 8 月，首都互联网协会发布“承担社会责任坚守七条底线”倡议书，举办“网络名人社会责任论坛”网络管理者、网络名人共同讨论网络社会责任，为共守“法律法规底线”、“社会主义制度底线”、“国家利益底线”、“公民合法权益底线”、“社会公共秩序底线”、“道德风尚底线”和“信息真实性底线”“七条底线”达成共识。首都互联网协会向全行业和网民倡议，互联网行业、网络名人、广大普通网民，坚守“七条底线”，强化社会责任意识，积极承担社会责任，共同营造一个健康向上的网络环境；所有网站、网民都要积极传播正能量，网聚“中国梦”，引导全社会为实现中华民族的伟大复兴而奋斗；各网站要坚持依法办网、诚信办网、文明办网、安全办网，承担主体责任，加强和改进网络内容建设，规范网络传播秩序，改善网络舆论生态，把首都互联网打造成传播社会主义先进文化的新阵地。坚持“七条底线”的倡议，对于增强互联网企业、互联网行业和首都网民的网络法律意识、网络道德意识、网络政治意识、网络社会责任、网络自律意识和网络文化意识，规范网络行为和增强网络自律具有极为重要的作用和意义，有力推动了首都网络环境和网络文化的生态建设。

维护互联网健康有序环境，不仅需要建章立制，规范管理，也需要广大网民的积极参与。2013 年 5 月，国家互联网信息办在全国范围内集中部署打击利用互联网造谣和故意传播谣言行为以来，北京属地网站积极行动，完善工作机制，加大对网络谣言等违法不良信息的打击力度，取得重要阶段性成果。7 月，北京市互联网信息办公室进一步完善处理谣言举报信息机制和辟谣机制，千龙、新浪、搜狐、网易、凤凰、百度、第一视频、tom、中华、和讯、天天在线、北青、优酷等 26 家属地重点网站再次向社会公布举报方式。2013 年 8 月 1 日，由新浪、搜狐、网易、千龙网等 6 家知名网站共同发起的“北京地区网站联合辟谣平台”正式上线，这是我国第一个以开放平台方式，由行业领军网站联合建设的辟谣平台。随后更多管理部门、行业组织和重点网站加盟。平台上线“照妖镜”虚假图片识别和“恶意电话甄别工具”，仅一周时间，查询内容和数量显著增长，“照妖镜”页面浏览量增长约 51.2%，“恶意电话甄别工具”使用量增加约 166%，有效遏制网络谣言，净化网络信息空间。

（三）加大首都网络环境治理力度，净化首都网络信息和网络文化空间

强化互联网管理，加大网络文化环境整治力度，净化首都网络信息空间和网络文化空间，是 2013 年北京互联网管理和网络文化建设的重要内容，在为网民尤其是青少年营造健康向上的网络文化环境，弘扬网络宣传和网

络文化正能量中取得重要成效和发挥重要作用。

2013 年 2 月至 5 月,北京市在全市范围内开展网络淫秽色情信息专项治理“净网”行动。北京市文化市场管理工作领导小组办公室组织网管、公安、工商、文化、新闻出版、通信、文化执法等部门和区县文管办在全市开展网络淫秽色情专项治理“净网”行动,不断健全网络监管制度和工作机制,净化和规范网吧经营秩序。“净网行动”主要措施包括,对网络展开深入清理,集中清理各种网络平台上的淫秽色情信息、含有淫秽色情内容的音视频、动漫、图片等;对网吧进行集中整治,依法查处网吧经营违法违规行为。加大查办案件力度,重点打击开办淫秽色情网站,利用点对点传播网络淫秽色情信息的违法犯罪行为;强化网络管理责任,加强网站、信息服务提供商、基础电信运营企业、接入服务企业的社会责任,规范广告经营、手机代收费、第三方支付平台的经营行为;动员社会监督,及时报道“净网”行动进展和成效,曝光典型案件,完善举报方式,发挥调动群众参与网络环境监督。

网络已经成为人们获得知识信息和文化信息的重要渠道,网络生活已经成为了人们难以割舍的日常生活形态。网络环境的优良与否、网络文化的健康与否,深刻地影响着人们的文化心理、道德意识甚至人们的日常行为,对青少年的影响尤其重大。2013 年 7 月,北京市互联网信息办公室联合市公安局、通管局、文化执法总队、广电局等部门,在全市范围内集中打击制售、传播淫秽色情物品和信息的行为,重点打击为青少年下载、拷贝、预装淫秽色情图片、音视频内容的行为;坚决关闭淫秽色情网站,全面整治网络游戏和有害广告,对网站首页及娱乐等栏目、论坛、贴吧、微博、社交网站、音视频网站中的低俗信息进行重点清理;集中整治黑网吧,严厉惩处网吧违法接待未成年人上网的行为。与此同时,首都互联网协会发动社会监督力量,组织“妈妈评审团”对部分网站内容进行定期评审,有力促进了健康网络环境的秩序化和健康化。北京市净化暑期网络环境专项行动采取多种措施,运用多种手段,发挥多种渠道,为净化首都网络环境,营造健康和谐的网络文化氛围发挥了重要作用,特别是为未成年学生群体的暑期生活营造了良好的网络信息空间和网络文化空间。

2013年上半年，北京市累计删除淫秽色情类违法信息15万余条，查处违规网站685家，刑事拘留34人，治安拘留2人；取缔“黑网吧”96家，扣押计算机1645台、服务器49台，刑事拘留“黑网吧”经营者55人。北京市文化执法总队巡查网站6900家次；关闭网站30家，有力维护了首都意识形态安全和文化安全，有效净化了北京文化市场秩序。下半年，北京市继续开展“净网”行动，北京警方针对涉网犯罪跨地域、跨领域的活动特点，强化多警种合作，重拳打击整治网络违法犯罪。据北京警方2013年11月26日发布信息，全年共破获涉网案件2700起，抓获违法犯罪嫌疑人1.1万余名，挽回经济损失4690万余元；清理网上违法信息25.8万余条，处罚违规互联网单位1200余家。2013年12月，北京警方查获北京口碑互动营销策划有限公司（以下简称口碑公司）等6个公关公司涉嫌利用非法删帖牟利一案，6家删帖公司涉案上千万，19人借非法删帖牟利被批捕。这是全国公安机关集中打击网络有组织制造传播谣言等违法犯罪专项行动的又一个典型案例，也是“两高”关于办理网络案件司法解释出台后警方端掉的国内最大的非法网络公关公司。“净网”行动有效遏制了网络淫秽色情信息的传播，打击了网络非法行为，维护并净化了首都网络空间秩序和网络文化环境。

网络虚拟性的另一面就是网络的现实性，网络传播的空间虚拟性所产生的影响就是现实和社会的直接指向性。与传统传播媒介相比，网络空间的信息传播更快，更广泛、影响更大，网络谣言一旦在网络传播，给社会带来的危害也更大更严重，它们不但影响人们的文化心理，而且影响人们的社会意识甚至社会行为，将导致谣言的危害性和破坏力也呈几何级数增加。2013年8月20日，北京公安机关打掉一个在网上蓄意造谣传谣、扰乱网络秩序、非法获取经济利益的网络推手公司，网络红人“秦火火”、“立二拆四”等人因涉嫌犯罪被依法刑拘。这对于打击蓄意传谣造谣和扰乱网络秩序的行为、铲除网络谣言滋生土壤，不仅具有典型意义和示范意义，而且对强化网络法律意识和提高网络自律意识具有警示作用。

（四）增强网络的社会责任和自律意识，规范网络行为

自觉遵守法律法规，自觉提高网络自律意识，规范网络行为，增强网络

信息传播、网络文化建设的自觉自律意识和社会责任感,是每一个网民尤其是网络名人的当然义务和责任。2013 年,首都网络建设管理大力提倡网络文明和网络文化传播守土有责、守土有方、守土有制,自觉承担网络社会责任,不断提高网络自觉意识,努力践行网络自律行为,传递网络正能量。

首先,提高网络社会责任意识,培育网络社会责任。针对加强网络谣言治理问题,社会各界人士要形成抵制网络谣言人人有责的责任意识和自律意识。不断加强网民自律意识建设和提高网络自律行为,确保在法律规则下和在道德范围内加强网络行业、网络名人、普通网民的自觉意识,积极培育和提高网民对各类网络信息的鉴别能力和判断力,自觉抵制和防范网络谣言。近年来,我国网络微博客快速增长,据统计我国 103 家微博客网站的用户账号总数已达 12 亿个,其中比较活跃的用户账号超过 1.4 亿个,并形成了一批粉丝(听众)数大于 10 万的"大 V"账号。网络"大 V"们的网络言论在网民中有着重要影响,甚至成为了网络"意见领袖",而北京作为"中国网都"则是网络名人最为集中的城市,履行网络社会责任对于健康向上的网络环境建设、网络信息传播和网络文化建设具有不可忽视的重要作用。

其次,培育网民自觉意识,增强网民自律行为。"北京地区网站联合辟谣平台"建设不仅为了增强网络的他律性管理,而且也为了增强和提高网民的自觉自律意识。2013 年 8 月,"辟谣平台"进行了较大规模的改扩版,特别增加了全局实时搜索功能,网民输入关键词便可进行谣言搜索查询,开设专栏普及网民"媒介素养"是改扩版后平台的亮点,"专家视角"栏目由高校、社科系统研究媒介素养的专家向网民普及媒介素养方面的知识;开设"谣止于实"、"海外观察"等栏目专门介绍谣言传播与辟谣方面的经典案例,并介绍其他国家在辟谣与新媒体管理方面的政策法规和相关经验。这对于提升网民的自身网络媒介素养,自觉甄别网络谣言,提高网民自觉意识和自律行为具有非常重要的作用。

最后,组织网络文明传播志愿者队伍,加强网上思想文化阵地建设。2013 年,中央文明办将网络文明传播志愿者工作纳入《全国志愿服务工作测评体系》、《全国文明单位测评体系》和《全国城市文明程度指数测评体系》。首都文明办将这项工作纳入了文明区县、文明村镇、文明单位的考评体系。同时，首都文明办还建立首都网络文明传播 QQ 总群“首都 e 文明”，使之成为首都网络文明传播志愿者交流沟通的重要平台。考评结果显示，2013 年前三季度，东城、西城、朝阳、海淀四个全国文明城区的成绩最为突出。加强志愿者队伍建设，发挥志愿者骨干队伍的示范作用，积极推动了首都网络的自律性建设。目前，北京市已建立 4000 余支网络文明传播队伍，网络文明传播志愿者达到 10000 余人，他们全部是全国或省市级文明单位的职工，大多数为“80 后”和“90 后”。同时，北京还加强了对 300 多名网络文明传播志愿者骨干的培训，提高他们的网络信息技术运用能力、网络法制意识、网络政策理解和网络文化水平。这对于加强网络文化队伍建设、抵制非法网络信息和“三俗”网络信息，自觉带头遵守网络规范，传播健康向上的网络文化，展示首都精神文明形象，弘扬主旋律发挥了积极而重要的作用。

（五）打造网络文化品牌，丰富首都网络文化精神生活

春节是中国人的传统节日，也是最具有中国文化特色和中国文化情感的节日，中国人把过春节叫做“过大年”。随着网络信息技术的快速发展，随着网络越来越成为人们的重要日常生活和文化生活方式之一，网络文化生活也成为了人们“过大年”的重要方式之一。2013 年的“网络过大年”活动已是首都互联网媒体协会携手多家知名网站举办的第四届大型春节网络民俗活动。2010 年“风景这边独好 · 虎年网络大过年”以传统春节风俗为主题，2011 年“中华年夜饭 · 兔年网络大过年”以浓情年夜饭为主题，2012 年“吉祥如意中华龙 · 网络大过年”以描绘“中华龙”的文化图腾为主题。2013 年，为展示中国经济、社会、民生等方面取得的重要成就，更加深入地挖掘中华传统民俗传统，传承春节民俗文化和文化情感，展示和传播传统民俗艺术风采，体现美丽中国的文化精神，首都互联网协会携手千龙网、新浪、搜狐、网易、百度、凤凰网、优酷网、第一视频、人人网、西陆网、开心网、北京广播网、互动百科等 13 家网站，举办了大型春节网络民俗文化活动“癸巳年春节网络庙会 · 2013 网络大过年”。活动以传播丰富多彩的民俗艺术为主题，将

互联网与庙会文化相结合，把传统的春节庙会嫁接到互联网上，打造具有中国特色和首都特点的网络“春节庙会”。传统与现代、技术与文化、静态与动感、生活与快乐、情感与审美融合为一体，展示出特色化、差异性和多样性的网上春节文化生活，已经成为首都网络文化建设中具有广泛影响力的品牌。

网络空间不仅是信息技术空间，也不仅仅是虚拟的生活空间，更是创新和创意的文化空间。2013 年，首都互联网媒体协会继续开展互联网文化季活动。以“创意网络，美好生活”为主题，开展网络长篇小说和网络短篇小说大赛，以及微小说大赛、创意影像大赛和微电影大赛。2013 年 5 月，北京市互联网信息办公室、首都互联网协会主办，起点中文、红袖添香、小说阅读、榕树下、潇湘书院、晋江文学城、幻剑书盟、铁血、千龙社区、新浪读书、搜狐原创、凤凰读书、和讯、西陆、西祠胡同、中搜、原文小说等网站承办了 2013 互联网文化季启动。活动贯彻落实党的十八大精神，鼓励优秀网络文化创作，提倡内容创新与表现形式创新，努力打造网络文化建设品牌，营造积极健康的网络文化氛围，唱响网上主旋律。

2013 年，首都网络文化惠民工程取得进一步发展和拓展。北京市加强共享工程的系统性建设，北京市级财政比 2012 年增加 17.3%的经费投入，共 780.44 万元，有力保障了文化信息资源共享工程的资源建设和信息整合。网络公共文化服务平台坚持内容为王、资源共享、服务社会的理念与宗旨，继续加强内容建设，截至 11 月底，新上传视频资源 36 部，内容范围涉及历史、建筑、医药、节庆、教育等，不断丰富平台的共享资源。首都博物馆联盟截至 2013 年底北京地区已有 121 座博物馆成为联盟馆，以“北京地区数字博物馆平台”、“北京地区博物馆公共服务平台”、“博物馆藏品监控平台”的建设为着重点，进一步加强博物馆展览动态、博物馆参观预约与购票、博物馆藏品管理的信息化水平建设。首都图书馆实施“移动图书馆”建设项目，加强对“移动视频资源”、“移动休闲资源”、“移动学术资源”等相关内容的建设力度。2013 年“首都图书馆北京市数字文化社区建设 200 个点项目”完成数字资源采购招标，总投入金额约 2310 万元人民币，将有力推动首都网络文化惠民共享的发展。

（六）促进互联网时代文化消费，推动首都网络文化产业发展

随着“宽带中国”计划的实施，中国宽带网络和移动互联网的建设步伐加快，智能终端日益普及，信息技术催生改变人们的生活，也改变人们的消费观念和消费方式，迅速拉动互联网文化消费，并推动网络文化产业的急速增长。今天，网络文化消费明显成为了一种新型的消费业态，蕴含着巨大的发展潜力。北京作为特大型城市，拥有全国最大的网民群体，实际上也就拥有巨大的网络文化消费群体，作为全国文化中心，网络消费也具有更高的文化品位，更注重网络消费的文化内涵；作为中国的网都，网络技术的发达和全国领先地位，使网络文化消费变得更为方便快捷，更为普及和广泛。

为以文化消费推动文化产业发展，以文化惠民带动文化消费，满足人们丰富多样的文化生活，2013 年开始举办“首届北京惠民文化消费季”系列活动。2013 年 9 月，中国互联网协会主办的 2013 互联网时代文化消费新趋势研讨会在北京举行。这是“首届北京惠民文化消费季”九大专题系列活动之一。研讨会就互联网时代的文化产业发展新趋势，如何更好地推动互联网文化产业发展，塑造首都优秀互联网文化产品消费品牌，促进首都互联网文化消费市场繁荣。针对互联网文化产品消费热点，如网络游戏、网络视频、数字出版等，以及制约网络文化消费发展因素如版权保护等问题展开深入研讨，加强网络产品创新和文化科技融合，进一步推动产学研用结合与合作，共同打造良性、健康和可持续的文化消费生态。同时，经行业专家评选出 20 家首都优秀互联网文化产品消费推荐品牌，并在大会上予以发布。

首都优秀互联网文化产品消费推荐品牌

分 类	推荐品牌
视频类	优酷网、乐视网、酷 6 网、搜狐视频
音乐类	音悦台、酷我音乐、酷狗音乐、天天动听
阅读类	起点中文、晋江原创网、iReader、云端读报
动漫类	爱漫画、火影忍者中文网
游戏类	腾讯游戏、网易游戏、搜狐畅游
综合商场类	360 手机助手、91 手机助手、天翼空间

首都优秀互联网文化产品消费推荐品牌的评选和发布，不仅对于引导首都网民和首都群众选择绿色、有益和健康的互联网文化消费产品，营造健康、和谐、向上的网络文化消费环境具有重要作用，而且对于塑造首都网络文化消费品牌，鼓励网络文化产品创新和网络文化服务创新，进而推动首都网络文化产业的发展具有重要意义。

三、发挥网络资源优势和构建首都网络文化影响力的对策建议

北京作为中国的“网都”，毫无疑问是全国网络信息技术资源、网络文化资源、网络人才资源最丰富和最集中的城市。如何在进一步提升和优化城市信息发展水平基础上，充分整合利用首都网络文化资源优势，激发和利用网络文化创新人才，借助创新发达的网络信息技术全面增强首都文化影响力和提升首都文化软实力，是首都网络文化建设和创新的重要内容和任务。不断加强网络社会文化环境监督管理和规范管理，网络管理的他律性管理与网络行为的自律性建设并重，塑造健康有序、积极向上的首都网络文化生态，是首都网络文化管理与网络文化创新的重要内容和任务。

（一）增强首都网络文化价值观念引导，发挥中国特色社会主义先进文化之都的网络文化价值导向作用

网络既是一种信息技术和通信工具，同时也是一种传播媒介，一种以信息技术为基础构建的复杂多维的信息传播空间。无论是信息技术还是信息传播，都是由具有社会性和现实性的人所创造的，现实社会的文化复杂性和文化多样性都能够在这个所谓的虚拟空间和信息世界中呈现和体现，由此，网络所体现的虚拟空间同样也是文化的空间，体现着人们的思维方式和人们的价值观念，网络的信息形态在某种意义上体现了网络的文化形态。首都的网络文化建设管理，在文化观念和文化价值引导上，一直坚持“首都意识”和“首善意识”，发挥全国文化中心的示范作用。当今，正处于社会文化的转型发展之中，文化的多样化、差异性和复杂性的文化语境，互联网信息空间中的文化观念更具有复杂性，文化价值更具有差异性，文化形态更加多

样性，文化表达更具有自由性，从而给网络思想文化建设和文化价值建设带来更大的挑战。

首先，进一步发挥北京作为中国“网都”作用，利用网络信息技术优势和网络资源优势，围绕中国特色社会主义先进文化之都建设的使命和任务，在坚持网络建设的首都意识和首善意识的基础上，增强首都网络文化建设的国家意识，加强首都网络文化观念的引导和网络文化价值建设，更加有力地发挥首都网络文化建设管理的价值导向作用。

其次，充分利用首都文化资源，整合和提炼优势文化资源主题，建设和塑造网络文化主题品牌，大力宣传优秀中华文化传统和历史名城文化，宣传和阐释中国特色、中国文化特色、北京文化特色，建设具有中国特色和北京特色的网络文化。

最后，充分利用首都网络文化智力资源和人才资源，以网络技术创新推动网络文化创新，以网络文化创新丰富网络文化品牌创新，加快网络文化创新与网络科技创新的融合驱动发展和融合提升发展，塑造更具有创新水平和更高文化价值的网络文化产品，创新和发展具有中国特色的网络文化，发挥网络文化观念的引导作用和价值导向作用。

（二）建立他律管理、自律约束和技术控制的网络传播综合机制，形成健康有序的首都网络文化建设管理体系

今天，互联网已成为复杂多元的新型公共领域，并与现实的、真实的社会公共领域交织甚至融合为一体，深刻并全方位地影响着人们的心理、观念、思想和价值，而且深刻而全方位地影响着人们的行为，建设理性合法、健康有序、技术可控的网络传播管理体系，不仅有助于网络传播秩序的维护，而且有助于健康文明的网络文化生态的建设。

首先，针对当前社会文化环境和文化意识的多样性、差异性甚至复杂性，特别是针对危害经济秩序、社会秩序，传播错误政治观念和文化思想的恶意网络信息，要加强他律性监督和管理，进一步加强网络秩序的法制管理，健全网络管理的法律法规体系，在网络建设管理的他律性建设方面，北京作为网络信息技术和网络文化资源最集中的地区，在法律法规建设方面

可以先行先试,发挥网络秩序管理的首都示范作用,增强首都网络文化建设管理的引导力、警示力、监管力,甚至惩治力。

其次,网络公共领域是由具有个体性、差异性和多样性的网民构成的公共领域,网络公共领域的虚拟性质,非常容易导致网民网络表达的个性化和自由化,因而容易导致网民在网络空间中缺乏自律意识,丧失网络自律性。自律性的丧失必然导致自我约束力的丧失,自我约束力的丧失必然影响良好的网络秩序。因此,在加强网络文化管理的他律性建设的同时,需要进一步加强网络文化建设的自律性建设。北京不仅是信息技术全国最发达的城市,同时也是网络服务提供者和网民集中的城市。北京集中了全国90%的重点网站,互联网流量占全国70%以上,由此,网络公共领域和网络文化的自律性建设尤为重要。无论是网络服务提供者、网络内容提供者、网络传播业,还是作为个体的网民,除自觉遵守的网络的相关法规文件外,应当更加自觉更加积极地培育网络自律意识,增强网络行为自我约束,发挥网络自律意识和自律行为的主体能动性,互联网相关管理部门要加强网民自律意识的培育。

最后,不断创新信息传播和信息管理的网络技术,加强网络信息传播的技术可控性。网络信息传播依赖于网络信息技术,网络信息技术支撑着网络信息传播,网络传播和网络文化建设要进一步加强网络信息的技术管理和技术控制,以发达先进的技术维护网络信息传播秩序、支撑网络文化繁荣发展。

(三)加强北京特色文化传播,彰显北京作为历史名城的网络文化魅力

随着北京城市的日益现代化乃至全球化,作为具有3400多年历史和860年建都史的历史文化名城,其文化的现代化乃至全球化在不断地丰富和增长,而传统的北京特色文化和地方性文化则在这种现代性的文化扩张中缩小。人们对于北京历史文化名城的认识,对北京历史名城文化的认知,可以通过很多渠道、很多方式加以体验和理解,在互联网高度发达的今天,网络成为了宣传城市文化特色,体验城市文化魅力,传承城市文化传统,弘扬城市文化精神的重要渠道。北京作为世界著名古都,物质文化和非物质

文化丰富而深厚，需要充分利用首都网络信息技术优势和网络资源优势，宣传、展示和阐释北京历史文化名城和历史名城文化。

首先，发挥首都网络信息技术优势，把历史名城文化传播的信息技术创新与历史名城文化传播创新结合起来，进一步解决网络传播的技术瓶颈，建构科学高效的历史名城文化传播渠道和平台，增强历史文化名城和历史名城文化传播的科技水平和科技含量。

其次，在加强历史文化名城保护和文物信息的数据化平台建设的同时，进一步增强历史文化名城文化的主题化提炼，加强历史文化名城网络传播的文化内涵、文化形象和文化特色，从注重物质性保护传播向文化内涵传播转变，从注重数据信息展示向内容信息传播转变，从注重文物知识型传播向感受体验性传播转变，增强历史文化名城保护和名城文化传承的文化内涵和文化魅力。

最后，充分利用首都网络信息技术优势，加强历史文化名城和历史名城文化传播的国际国内网络建设，建立历史文化名城传播的国际横向一体化和国内纵向一体化网络传播体系，在国际国内历史文化名城格局中充分展示北京历史文化名城魅力和历史文化名城形象，提高北京历史文化名城和名城文化的国际国内影响力。

（四）不断丰富网络公共文化信息资源，提升网络公共文化服务水平

网络作为快捷方便的文化信息载体，在公共文化内容、公共文化信息服务中发挥越来越重要的作用。针对目前网络公共文化内容比较薄弱，网络公共文化服务形式较为单调的现状，需要进一步加强网络公共文化资源的供给，丰富网络公共文化服务的内涵和形式。

首先，加强网络公共文化服务的体系化建设，进一提升文化信息资源共享服务平台的服务水平。所谓体系化建设，就是根据四级公共文化服务体系的要求，按照是公益性、基本性、均等性、便民性的公共文化服务原则，利用首都网络信息技术优势，建立网络公共文化服务体系，使网民可以通过网络公共文化服务享受系统性的公共文化服务。

其次，不断丰富网络公共文化产品，增强网络公共文化服务内涵，在提

升已有网络公共文化信息资源如"北京记忆"、"首图讲坛"等文化平台，塑造网络公共文化服务品牌的同时，进一步挖掘和扩大公共文化服务内容范围，提炼新的网络公共文化服务主题，通过网络技术更新把实体性公共文化资源转化为网络公共文化资源，不断丰富网络公共文化服务的内涵、种类和形式，针对不同层次、不同群体，不同文化需求，建设层次不同的文化类网站，更好地满足网民差异性、多样性的公共文化需求。

再次，弥合区域性"数字鸿沟"，改变网络公共文化服务区域性不平衡状况。加快推进首都图书馆公共文化服务网络化的区域性协调发展，完善图书馆公共文化服务网络化体系建设；进一步提升北京地区博物馆的网络化、数字化程度，不断增强博物馆网络化服务水平。

最后，充分整合城市文化资源，提炼城市文化主题，挖掘城市文化符号，实现城市文化资源数据化、信息化，建立"文化北京"网络信息平台，多层面展示首都城市文化形象，文化北京形象，彰显北京城市精神，通过信息技术手段建设北京城市文化形象网络平台，不仅使之成为宣传展示北京的信息平台，而且可以把它转化为多层面、多维度、立体化的网络公共文化资源。

（五）塑造优秀互联网文化产业消费品牌，推动首都网络文化产业和网络文化消费新业态发展

互联网信息技术的快速发展，不仅催生了新型的网络文化，推动网络经济的发展，而且加速了网络文化和网络经济的融合，把网络文化产业和网络文化经济推向新的发展阶段。2013 年"十一"黄金周期间网络消费成交额高达 11.06 亿元，约占总文化消费成交额的 97.4%，就是互联网时代文化产业经济快速迅猛增长的显著体现。随着云计算、大数据、移动互联网、智慧金融、数字营销、物联网等等互联网发展态势的兴起，网络产业将发生飞跃性的变化，网络文化消费将有力推动网络经济的发展。北京作为门户网站最集中、网民最多的城市，在今后的发展中，网络文化消费将保持持续稳定的增长。

首先，要深化文化体制改革，解放文化生产力，激发文化创造力，落实《网络文化经营单位内容自审管理办法》，在加强经营管理的同时，扩大首

都网络文化经营单位的自审范围，在强调网络文化经验单位的自律性的同时，提高网络文化经营单位的自主性，激发经营单位和企业的创新性和创意性，大力提高首都网络文化技术含量和文化品质。

其次，加快网络文化产品的文化创新和技术创新，不断深化网络信息技术与网络文化的多向融合、深度融合、跨界融合，发展新型网络文化业态，推动网络文化产品的结构化、差异化和多样化发展，提高文化产业规模化、集约化、专业化水平，有力推动首都网络文化产业结构化的升级。

再次，加强网络文化消费的品牌化建设，推动网络生产和网络消费新形态。进一步巩固已有的网络文化消费品牌，壮大网络游戏、网络出版、网络影视、网络动漫、网络音乐等文化产业，并推动优势网络产业向高端发展。尤其是发挥首都网络文化人才和文化创意人才的优势，鼓励集成创新，激励和奖励个体创新，推动网络产品创新发展，积极培育网络生产和网络消费新业态。

最后，加强文化产品和文化消费全球化网络平台，除了依靠政府和企业力量外，发挥市场和社会多方面的力量，运用网络信息平台，构建文化生产和文化消费的国际化网络体系，宣传和推广北京文化创意产业产品，提高北京文化产品的国际知名度，增强影响力和提高竞争力。

首都网络文化政策与建设管理

Policy and Construction & Governance of Capital Cyber Culture

2013 年首都网络舆论引导现状、问题与对策分析

尤国珍*

摘　要：北京是中国互联网“网都”，把握网络舆论主导权是当前首都工作的重点任务之一。2013 年首都网络舆论呈现出内容具有丰富性和复杂性、正能量和负能量并存、焦点趋向敏感化、活跃人群和关注话题转化等几大特点。当前首都网络舆论发展存在的主要问题是意识形态领域思想冲突明显、网络谣言和负面信息增多、网络暴力呈蔓延之势、网络舆论话语权失衡等问题。加强首都网络舆论引导，要强化主流媒体的权威性和公信力、营造新媒体环境下的人文关怀、重视意见领袖的重要作用、健全首都网络文化规制体系和探索新技术应用的风险评估机制。

关键词：首都网络舆论　网络话语权　意见领袖　正能量

党的十八大报告指出：“牢牢掌握意识形态工作领导权和主导权，坚持正确导向，提高引导能力，壮大主流思想舆论。”要“加强和改进网络内容建设，唱响网上主旋律。加强网络社会管理，推进网络依法规范有序运行”。2013 年 11 月，郭金龙书记在全市宣传思想工作会议上强调，要牢牢把握意识形态和网络舆论工作主导权。随着互联网的快速发展，网络被称为继报刊、广播、电视等传统大众媒介之后的“第四媒介”已经成为“思想文化信息的集散地和社会舆论的放大器”。北京作为中国的“网都”，要充分认识新

* 尤国珍，博士，北京市社会科学院科学社会主义研究所副研究员。

兴媒体的社会影响力，重视网络舆论在社会传播格局中发挥的越来越重要作用，化解当前存在的缺点和不足，形成舆论引导新格局。

一、2013年首都网络舆论发展现状及特点

新媒体时代的信息传播方式发生了根本性变化，人人都有麦克风，都是信息传播者。由于当前中国社会处于转型期，网络信息传播的快捷性和辐射效应深刻改变着社会舆论环境。近几年来，随着首都北京互联网络的高速发展，市民所关注的热点问题越来越多地通过网络发出声音，首都传统主流媒体的报道线索也越来越多地来自网络信息。首都网民对社会热点事件的关注，推动了社会事件的进展，也带来了网络舆论生态的日趋复杂化。当前首都网络舆论发展呈现出以下一些发展态势和基本特征：

（一）首都网络媒介传播能力居于全国领先地位，发挥了网络舆论影响的辐射效应

北京市互联网基础资源发展居于全国领先地位。据中国互联网络信息中心（CNNIC）统计，截至2012年12月底，我国网民规模达5.64亿，全年共计新增网民5090万人。互联网普及率为42.1%，较2011年底提升3.8个百分点。[①] 截至2012年底，北京地区网民规模约1458万人，互联网普及率达到72.2%，高出全国平均水平30.1%，普及率排名全国第1位，达到了北美国家、大部分西欧国家以及日本和韩国等高普及率国家的水平。北京市IPv4地址总数为8462万个，占全国IPv4地址总数的25.6%，位居全国首位。全国230万家网站中，北京拥有40万家，占到全国14.9%。国内最大的门户网站，如新浪、搜狐、腾讯、百度等，几乎都在北京，形成强大的民间舆论场。北京作为中国“网都”，在网络舆论方面具有特殊的地位，往往处在中国网络舆情关注中心的位置甚至是舆情发源地。北京出台的各种政策通

① 中国互联网络发展中心：《中国互联网络发展状况统计报告》（2013年1月），载http://www.cnnic.net.cn/hlwfzyj/hlwxzbg/hlwtjbg/201301/P020131106386345200699.pdf。（下同）

常都会受到各地、各方面的广泛关注。比如,北京发布就地铁票价上涨问题征求意见的消息后,中国科学院以及上海、广州、江苏等地专家学者纷纷围绕有关问题进行解读、发表意见。北京出台政策将外籍人口纳入公租房范围,很多外地的网民就表示:北京真好,很多事情都走在前面,其他地方应当迅速跟进。其次,北京发生的各类事件通常会引起各地、各方面的关注与热议。比如,北京发生吉普车撞天安门金水桥事件后,不仅国内的各媒体舆论给予了高度关注和广泛议论,而且引起了英国等国外媒体、专家和网民的高度关注与相关表态。再次,北京的一些热点舆情话题通常会迅速放大为全国性舆情话题。如北京警方于今年 8 月逮捕涉嫌嫖娼的网络大 v 薛蛮子后成为全国性网络舆论热点,一些网民为政府行为叫好,也同时产生了大量的负面舆情。一些网民认为,谣言的产生在于政府缺乏公信力,为谣言成风提供了滋生土壤,也有一些网民担忧治谣行动扩大化,发展成为打击“异见”的手段。

(二)首都网络舆论内容呈现丰富性和复杂性,对网络信息空间引导带来新挑战

随着新技术媒体的快速发展,网络舆论内容更加丰富。网络新技术一方面为科学技术的新发明新创造提供动力,另一方面为每个人发布和传播信息提供了便利,又助长了信息的高速增长。据中国互联网信息中心 2012 年统计,北京市各项交流沟通类网络应用均高于全国平均水平,网络舆论十分活跃。各种交流沟通类应用中,最为显著的是即时通信,在北京网民中的使用率高达 85.5%,比全国水平高 2.6%;其次是电子邮件使用率较全国高 14.2 个百分点,社交网站使用率较全国高 5.5 个百分点。① 与前一年相比,个人空间、微博和论坛/bbs 等得到了更为广泛的应用。北京近期网络舆论十分活跃,各领域热点话题频现,这其中既包括十八届三中全会,北京地方两会召开等政治类话题,CPI 数据变化等经济类话题,北京城市规模的控制

① 中国互联网络信息中心:《2012 年北京市互联网络发展状况报告》;转引自李建盛等主编:《首都网络文化发展报告(2012—2013)》,人民出版社 2013 年版,第 287 页。

和出台自住型商品房等政府政策类话题,全市治理雾霾、调控房价等市委市政府重点工作类话题,出租车调价、朝阳区村干部花巨资办婚宴等民生类话题,北京园林博览会等大众文化类话题,也有政府打击网络大v、流感病毒传播、吉普车撞金水桥等敏感涉稳话题,网络舆论呈现出丰富性和复杂性态势。

(三)首都网络舆论正能量与负能量并存,对强化网上思想主旋律引导提出新要求

2013年,首都网络舆论呈现正能量和负能量并存,但弘扬正能量呈现健康向上态势,主流意识形态稳固。如十八大召开以来,实现中华民族伟大复兴的中国梦成为网上舆论讨论的重点。网民们从近年来中国经济发展、军队建设和航天事业等取得的辉煌成就到弘扬“北京精神”、建设世界城市目标的提出,从北京公共交通的便民措施到园博园盛会的召开等都给予高度赞扬。有网友谈到“中国梦很朴实:老有所养,少有所教;中国梦很真实:实干兴邦,共同富裕;中国梦很切实:美丽中国,幸福人民。这不只是梦想,更是我们中华的愿景。当我们每个中国人用我们手中那饱蘸中华深情的画笔,用我们的辛劳与汗水,共同挥洒,这宏达而美丽的画卷就会在我们的手中绘成。”今年对于刘铁男事发及李某某案等较易引发非议、猜测的敏感事件,管理部门及主要网站因时因势淡化议题,“管”“疏”有度,未形成大规模负面舆论。另一方面,网络上也存在一些负面言论。如2013年5月,国家互联网信息办公室在全国范围内集中部署打击利用互联网造谣和故意传播谣言等行为,查处多名利用互联网制造和故意传播谣言人员,关闭了一批造谣传谣的微博账号,特别是对“大v”账号以“求辟谣”、“求证”等方式故意扩散谣言现象进行清理。随着今年公安部对网络监管力度的加大,致使政府治理造谣工作评价日趋负面。在公安部抓捕秦火火、杨秀英等网络推手时,网民普遍谴责造谣者,同时呼吁网络大v承担社会责任。但是,随着公安部行动力度的加大,抓捕薛蛮子、周禄宝等网络大v后,越来越多的网民质疑相关部门借“治谣”排除异己之名。还有不少网民给被抓的网络大v贴上“环保专家”、“反腐斗士”等标签,借以表达

对公权力的不满。但是总体来看，首都网络舆论还是以弘扬正能量为主旋律。

（四）首都网络舆论焦点趋向敏感化，带来了网络舆论引导的新问题

互联网络的开放性使公民的话语权得到延伸和扩展，他们以匿名身份在虚拟的网络空间获得了空前的自主和自由，更加敢于直面社会敏感话题，评价时事，针砭时弊。网络已经成为社会矛盾的集聚场和放大器。2013年，近50%的社会舆情集中在社会与法领域，其次是民生话题，民生话题达到近四年来的最高关注，民生领域的关注度提升，体现了民众对民生问题的关注，也体现了民生问题将成为未来一段时间社会的焦点问题。从舆情事件涉及的具体领域看，政治反腐、社会民生、外交领域等是重点集中领域。[①] 近期在网络上引起广大网民持续关注的，如“薄熙来案”、“李某某案”、“依法打击网络谣言”、“房价上涨”、“雾霾治理”、“中国东海划定防空识别区”等一系列事件，从网民对这些事件的关注点来看，每一个在网络上引起民间强大舆论的事件背后，都存在一个公众关注的“焦点”。这个“焦点”不仅聚集了群众视线，触动了大众的敏感神经，也深刻反映出事件背后隐藏的深刻社会现象，才使得网络舆论不断发酵和扩大。总体来看，当前网络舆论关注点深刻反映的社会问题主要集中在以下几个方面：一是事关国家改革发展大势问题，如十八届三中全会涉及社会发展方式转变、政治体制改革、高压反腐等问题；二是与公众日常生活密切相关的一系列民生问题，如出租车调价、环境污染、住房拆迁、摇号、征收房产税等问题。三是一些领域的突发事件，尤其是涉官、涉富、涉警等问题极易成为网民关注炒作的热点。此外，随着近年中国经济社会的迅速发展，在世界地位和影响力不断上升，西方和周边某些敌对势力为阻止中国崛起而挑动事端，也极易引起网民言论反弹。

① 喻国明主编：《中国社会舆情年度报告》（2013），人民日报出版社2013年版，第13页。

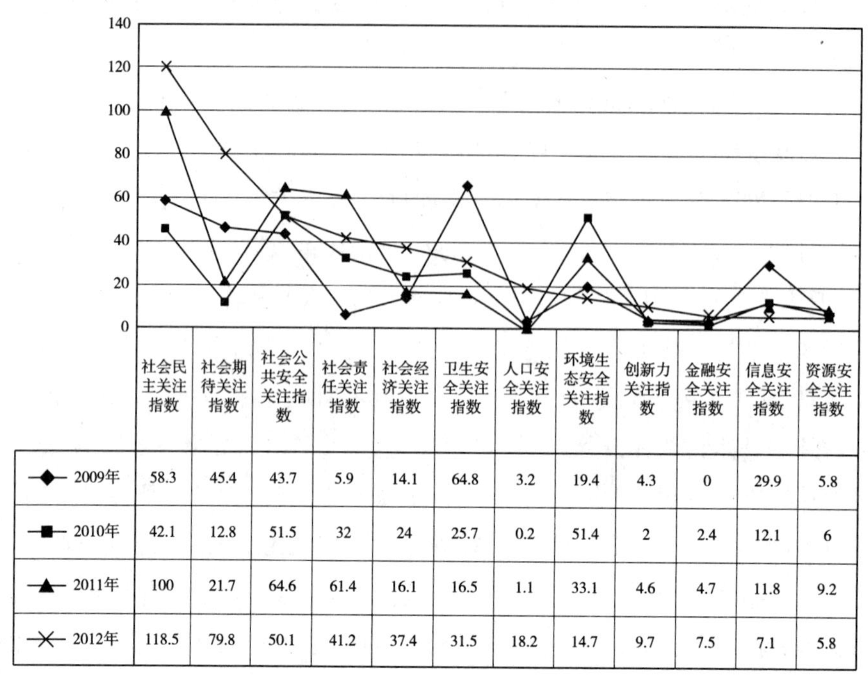

	社会民主关注指数	社会期待关注指数	社会公共安全关注指数	社会责任关注指数	社会经济关注指数	卫生安全关注指数	人口安全关注指数	环境生态安全关注指数	创新力关注指数	金融安全关注指数	信息安全关注指数	资源安全关注指数
2009年	58.3	45.4	43.7	5.9	14.1	64.8	3.2	19.4	4.3	0	29.9	5.8
2010年	42.1	12.8	51.5	32	24	25.7	0.2	51.4	2	2.4	12.1	6
2011年	100	21.7	64.6	61.4	16.1	16.5	1.1	33.1	4.6	4.7	11.8	9.2
2012年	118.5	79.8	50.1	41.2	37.4	31.5	18.2	14.7	9.7	7.5	7.1	5.8

图1 近四年来，社会民生、公共安全、卫生安全和环境生态安全是民众一直都较为关注的问题①

（五）首都网络舆论活跃人群和关注话题转化，改变了网络话语的构成特征

自2012年党的十八大召开以来，反腐败和打击网络谣言等成为网民关注的焦点。自媒体时代为网民提供了表达诉求的机会和渠道。自2013年8月起，中国互联网大会倡议全国互联网从业人员、网络名人和广大网民都应坚守“七条底线”和公安部依法打击网络谣言以来，首都网络舆论生态环境发生较大变化。大量网络意见领袖活跃程度大幅下降，关注话题和表达方式也发生较大变化。一是网络活跃人群的活跃程度发生较大变化。网络大v参政议政热度降低，以李开复、任志强、吴雁等为代表的网络大v影响

① 喻国明主编:《中国社会舆情年度报告》(2013)，人民日报出版社2013年版，第53页。

呈下降趋势，其发布的信息量呈逐月减少趋势，且原创性比例降低，以转发为主。娱乐明星博主关注度上升明显，主要以分享个人工作和生活信息为主。专家类博主话题讨论重理性和建设性，活跃范围局限小圈子传播。二是活跃人群关注话题和表达方式发生转变。随着互联网监督力度加大，不少网络大v评点社会时政类言论明显减少，甚至一度出现"噤声"状态，而"心灵鸡汤"式无关痛痒的话题言论增多。以任志强为例，2013年7月、8月、9月三个月发布的微博数量呈明显下降趋势，与时政相关的话题由20.61%降到4.05%。另据社交媒体资料分析公司知微对4500名知名微博用户统计，8月份发帖数量相比2012年同期减少11.2%。一些网络名人还减少发博数量，甚至删除以往有争议的微博。另外，网络话题中揭发贪腐类信息明显减少，言论表达方式更多的由"直抒胸臆"到"含蓄表达"方式转变，以规避风险。在形式上，讽刺性段子开始密集出现，讽刺推迟退休和以房养老等政策。还有一些网络名人通过"转发不置评"的方式传播信息，暗含自己立场和观点。

二、当前首都网络舆论发展中存在的主要问题

黑格尔曾指出："在公共舆论中真理和无穷错误直接混杂在一起。"①舆论是直接影响社会的一股无形的力量，因为社会舆论有正确和错误之分，所以相应带来积极和消极的影响。网络舆论也是一把"双刃剑"，一方面，它可以在给人们带来信息的丰富性和传递的快捷性同时，增强社会凝聚力和自信心；另一方面，它也可以带来负面舆论困扰，引发社会的信任危机甚至大规模恐慌。当前首都网络舆论主流是好的，总体呈现积极向上态势，但也存在一些不可忽视的问题。

（一）首都处于我国网络意识形态领域引导的重心，面临复杂网络舆论格局

互联网和移动通信等新技术的出现打破了地域和国家的界限，任何人

① ［德］黑格尔：《法哲学原理》，范扬、张企泰译，商务印书馆1979年版，第333页。

在网上的行为都是超地域的甚至是国际性的，这就使得不同价值观、文化体系之间的矛盾冲突不可避免，而且更加尖锐，由此产生了网络舆论的文化冲突。所以，能否保护我们的文化和价值观，增强网民对西方意识形态的抵御能力，是新时期我们面临的重任。

北京处于我国“网都”地位，其意识形态领域的激烈交锋也将对全国网络舆论产生冲击和影响。网络舆论场出现由民生诉求向政治诉求转化和具体事件向政治领域延伸的倾向，一些商业网站利用网民关心民生和时政话题的特点，加大对时政问题的报道和热炒力度，通过吸引网民眼球提升首都网络舆论在意识形态领域的温度。一些带有政治企图的所谓自由派“公知”和部分带有非理性偏见的网民利用网络平台发表不同政见，攻击基本制度，批判核心价值，具有一定的煽动性和破坏力。一些网民利用互联网宣泄不良情绪，表达非理性诉求，甚至通过嘲讽、戏谑等方式解构核心价值观，冲击主流意识形态，特别是在重大突发事件和重要热点话题发生时，表现出集体无意识喧嚣，强化了网络舆论的无序状态。近两年，大量外国政要和官方机构、新闻媒体开始进驻以微博为主体的自媒体舆论场，通过热点事件传播西方价值理念，发挥了网络意见领袖的作用。目前进驻新浪微博的外国媒体有 60 多家，华尔街日报中文网的粉丝量达 141 万，通过认证的外国政要有 300 多人，人气较高的如澳大利亚前总理陆克文有 35 万粉丝。

（二）网络谣言和负面信息增多的倾向，持续影响首都网络文化健康

在网络舆论中，有真实的民意反映，也有大量的网络谣言和负面信息。互联网高度开放、互联互动等特征，使公众的网络舆论生成点显著增多。在所谓网络推手、意见领袖的作用下，任何局部的事件，任何普通的个人，任何个体的情绪，都能成为网上舆论焦点，并在短时间内形成广泛影响。但是，由于一些公众缺乏自律和诚意，使这个公共话语空间充斥着流言、传言甚至是谣言，极大破坏了公民之间交往的前提和基础。心理学研究表明，受天然禀赋影响，人们对外部世界可能影响信息安全的负面信息具有天然的接近性和高度关注度。通过对全年网络热点事件进行信息倾向研究，我们发现负面信息更能引起网民的关注，2011 年占到总体的 69. 3%，2012 年占到总

体的75.9%,即占到三分之二以上,正面信息2011年为5.2%,2012年为9.3%,正面信息多为提升国民爱国热情和弘扬民族美德的消息,如航母舰载机试飞、"光盘行动"、最美中国人物等。①

新时期首都谣言借助互联网呈现出集中爆发、"病毒式"扩散、几何级数增长的特点。如由于最近两年雾霾对首都天气影响很大,许多网民疯传雾霾危害,包括雾霾影响生育等。另外,近期查处的多名利用互联网制造和故意传播谣言人员,有的是为达到个人目的、非法攫取经济利益而故意造谣传谣,如秦志晖("秦火火")、杨秀宇("立二拆四"),通过微博、贴吧、论坛等,组织策划并制造传播谣言、蓄意炒作网络事件,以此来牟利,被公安机关刑拘。2013年年底,一条题为"开车发微信刷微博是高速路拥堵主因"的新闻,在网上引发激烈争论。原因在于"刷微博导致高速拥堵"的误传与媒体报道的"标题党"。《北京日报》的原标题为"返程日事故频发高速遇堵",人民网变为"北京交通委:司机开车发微信刷微博是拥堵原因之一",在经过商业网站转载变为"北京交通委:开车发微信发微博是高速路拥堵主因"。最后,这样荒谬的结论在网上引起了热议。

(三)网络暴力形成并成蔓延之势,成为首都文明治理亟待改善的现象

网络的虚拟性使网民可以在这个虚拟的环境中不显现自己的身份,毫无顾忌地发布言论,而在一些情况下,网民因气愤而完全丧失理智,流于情绪化的宣泄,甚至进行人身攻击。一些热点事件经过网民的激烈讨论后,网络舆论往往偏离了人们所期望的轨道,走向了极端。它以一种具有巨大破坏性力量的面目出现,形成网络舆论暴力,对社会造成不良影响。

近年来,虽然"文明上网,文明发言"等时刻出现在发帖留言的提示中,但网民的情绪化宣泄和语言暴力几乎充斥在很多社会负面问题的评价中。公众参与性的提高并没有让每个公民去理性地思考和判断。在网络论坛以及各种讨论的跟帖中,交织着理性和非理性、自由和敌视、尊重和亵渎等积

① 喻国明主编:《中国社会舆情年度报告》(2012),人民日报出版社2012年版,第35页。

极和消极的因素。社会转型时期的现实问题，一些负面内容容易在网络上吸引眼球和引发认同。网络自主设置话题标签，同类标签相互作用和传播，导致网络舆论容易发酵，后续难以掌控。一些关系民生问题、官民冲突、权力腐败等的公共事件，往往带有舆论暴力和舆论审判色彩。如 2013 年 11 月 10 日，北京地铁官方微博发布图文，称"'蝗虫'过后的 10 号线，一片狼藉"，并称"北京有时候宽容过了头，对于恶意破坏首都的行为，我们想说：'这里不欢迎你'！"此微博发出后引起巨大争议。一些网民认为，北京地铁日客流量达千万人次的级别，10 号线更是其中最繁忙的线路之一，几乎爆棚的人流过后留下些许垃圾，并不是不能接受的事情。作为公共交通部门，北京地铁不应该带有歧视色彩地对待任何人，更不应使用"蝗虫"等明显歧视的词语。在这起舆情实践中，由于官方微博措辞失当，批评地铁微博及相关工作人员的言论较多，呈现一边倒趋势。

（四）首都地区民间意见领袖影响力凸显，网络舆论话语权不平衡

在网络里发表的言论不能代表绝大多数人的观点。网络环境下"沉默的螺旋"理论，即网民发觉自己的观点和绝大数人一致，就会大胆说出自己的观点；当发觉自己观点正在处于劣势时，为了避免遭受攻击，便会沉默，这就促使了主导性舆论的形成。并不是所有的网民都可以成为舆论的制造者、话语权的拥有者。

首都社会各阶层网络媒介以及移动互联网的渗透率、使用率领先于国内其他省市，网民群体的总体知识文化层次以及社会能量相对较高，因而在北京地区的公共事务中网络新意见阶层的作用也更为明显。北京云集了全国一大批著名的高校和学术机构，堪称全国新观点、新思潮的发源地。中国微博意见领袖排行榜前 10 位中有 6 位工作、生活在北京；中国的"新左派"、"新自由主义"代表、"毛左"主力等都常居北京；民族主义、民粹主义、自由主义、普世主义，南方系、左派、改革派等在北京都拥有大量"粉丝"；加上各大高校、科研机构的师生及 BBS、意见网站等形成的强大舆论场地。意见领袖和学者纷纷涉足热点话题，对焦点问题进行评论影响社会舆论，加上持不同立场的意见领袖互相攻击引起人心混乱，这都会导致首都网络话语

权的失衡。

三、加强首都网络舆论管理引导的对策建议

新形势下加强网络舆论引导是建设首都网络文明的重要环节。“爱国、创新、包容、厚德”的北京精神是个宏观理念，需要融入到首都政治、经济、文化和社会发展的全过程。北京作为中国的互联网“网都”，属地管理全国40多万家网站，全国约90%的重点网站集聚在北京，网站种类齐全，数量众多，每天全国80%的网民浏览北京属地网站。管理好北京属地网站关乎全国，责任重大。因此，只有认清新媒体发展对首都网络舆论带来的影响，针对影响首都网络舆论的新问题采取相应的政策，不断加强网络舆论引导工作以适应新形势，才能将互联网建设成为传播社会主义先进文化的新途径、公共文化服务的新平台和人们健康精神文化生活的新空间。

（一）加强主流网络媒体建设，强化主流媒体的权威性和公信力

中央和地方重点新闻网站是各级政府主办的自有、自主、自控的主流舆论传播平台，要大力彰显主流网站的权威性和公信力。权威性和公信力是新闻媒体在激烈的全球化传播竞争中增强舆论影响力和竞争力的基石，要以核心网站的公信力带动其他综合新闻网站的规范化，以综合新闻网站的规范化增强网络舆论的公信力和权威性。

要增强主流网络媒体建设管理，加强网络文化建设中的先进文化价值引导作用。通过加大资金投入、加强政策扶植，对首都重点新闻网站进行重点支持，形成一批信誉良好、管理规范的主流网络媒体，实现对网络信息传播的监督和控制。通过加强千龙网等政府媒体、主流网站在移动互联网、无线网络、手机网络等新兴媒介中的移植和传播，加强网络文化的品牌建设和品牌扶持，用先进文化引导网络电视、网络音乐、网络文学、多媒体数据库等新兴文化产品。政府通过提高自身网络新闻宣传工作水平，建立健全适应新形势新环境的首都网络新闻管理体制，努力掌握网络舆论宣传阵地的主动权，正确引导网络舆论。

（二）营造新媒体环境下网络舆论的人文关怀，推动网络“首善之区”和“人文北京”建设

中共十八大报告提出：“牢牢掌握意识形态工作领导权和主导权，坚持正确导向，提高引导能力，壮大主流思想舆论。”“改进网络内容建设，唱响网上主旋律。加强网络社会管理，推进网络依法规范有序运行。”①新媒体环境下网络虚拟人际关系会让人与人之间的关系异化为角色与角色之间的关系，更需要人文关怀的温暖。这一种关怀和温暖的传递也可以以新媒体作为载体。网络要发挥其正确的舆论引导人的作用，就必须以客观、真实、准确为标准，以坚持社会主义核心价值观为导向，以广大人民群众积极投身于全面建设小康社会的伟大实践活动为重点，积极进行正面宣传，努力营造积极、健康、和谐的网络舆论环境。

通过搭建与网民良性互动的网络平台，营造人文关怀的网络舆论环境。信息化时代，网络成为政府与公民沟通的重要渠道，我们应该以网络为平台，在与网民的良性互动中抢占舆情的主动权，宣传治理政策，获取更多的社会支持。搭建网络平台，要重视政府及其部门官方网站的建立和维护，及时利用网站平台发布信息，开设网民诉求通道，回应网民关心的各种问题，有效化解隔阂和对立情绪，在收集网络舆情上发挥自身平台的作用。政府官员和人大代表、政协委员，还可以采取开放博客、公布电子邮箱等方式，征求网民意见和监督议题，畅通网民访求渠道和网络监督通道，提升公共治理水平。

（三）高度重视意见领袖在网络舆论中的重要作用，扶持和培育宣扬主流价值的意见领袖

意见领袖在网络上具有较强的感染力和号召力。意见领袖因为代表或维护一部分群体的利益，存在一定的政治倾向性，其观点往往能影响舆论走向。因此，要高度重视网络意见领袖的作用，团结并支持坚持主流立场的意

① 《胡锦涛在中国共产党第十七次全国代表大会上的报告》，《人民日报》2007 年 10 月 25 日。

见领袖，主动争取坚持中间立场的意见领袖，旗帜鲜明地与持敌对立场的意见领袖进行舆论斗争。

首都作为全国舆论中心和风向标，要充分重视对意见领袖的舆论引导工作。一是要凝聚和团结大多数意见领袖。通过转变观念和创新机制，相信大多数意见领袖是可以争取的积极力量。二是要充分利用首都高校和科研机构众多、人才集中的智力优势，动员各行业专家积极介入网络舆论场。通过动员首都有思想和权威的学者专家作为理性言论代言人，能够更有效地澄清错误言论，抑制和消除不良舆论影响。三是培养党政部门自己的意见领袖。通过创造条件，整合资源，培养一批首都党政部门、企事业单位自己的网络意见领袖，使他们成为引导网络舆论的“先锋官”。

（四）加强网络舆论管理力度，健全首都网络文化规制体系

网络是一种快速发展的电子媒介，网络舆论管理是需要政策法规、公众自律和社会监督等多方面的综合工程。一方面，首都要建立和完善党领导下的网络社会化管理体系，把政府管理要求内化为网站的自律规范，推动网站将自律规范转化为虚拟社区公约，通过网民共识实现网络公共治理。要进一步完善首都新闻评议会、妈妈评审团、自律专员、社会义务监督员、举办热线等行业自律体系。深入开展首都文明网站创建活动，引导网站文明办网，引导网民文明上网。另一方面，坚持并完善依法依规管理首都互联网。要坚持依法管网和科学管网相结合。当前，要贯彻落实全国人大常委会《关于加强网络信息保护决定》、《互联网使用法》和《北京市微博客发展管理若干规定》、《北京市移动电话信息服务管理若干规定》等，还要加紧制定出台《北京市互联网发展管理规定》、《新闻单位及新闻从业人员微博客发展管理暂行办法》和《北京市登载新闻信息管理规定》，逐步健全首都互联网管理的法律法规体系，规范和引导首都网络舆论健康发展。

（五）探索新技术和新功能应用的风险评估机制，明确准入门槛和应用边界

对网络新技术和新功能应用前后应进行社会管理风险评估。尤其是对于具有媒体交互属性的新功能和新应用，不仅要从产业发展和经济社会发

展角度评估，还要站在维护政权和社会稳定角度进行评估。要参考互联网发达国家管理经验，明确应用主体责任义务，明确应用主体不仅要提供可靠的技术服务，还要承担相应社会责任。对已经上线的新技术和新应用，如存在不可控因素，要及时限制或“瘦身”。如近期微博用户逐渐向微信、移动客户端等新平台转移，客观上弱化了微博的媒体属性，非理性声音减少，而微信和移动客户端在传播主流声音方面展现出更大潜力。近期市场研究机构 Global Web Index（中文互联网数据研究资讯中心）公布的全球社交网络的用户活跃度数据显示，中国新浪微博的用户活跃度下降了近 40%。微博似乎正在变得安静，微博评论、转发热情有所下降，很多强关系社交行为正转向微信。如石扉客、薛蛮子、徐昕等微博大 V 均开通微信公众账号；“蛮子文摘”、“一个韩寒”、“法政观察”等自办媒体入驻微信；各大政府机构、企业的品牌“官微”、营销号等各路公众账号均抢滩微信。新闻客户端的人气愈发高涨，人民日报、新华社、新华网、人民网等均开通新闻手机客户端服务。

“创新是一个民族进步的灵魂，是一个国家兴旺发达的不竭动力，也是一个政党永葆生机的源泉。”①北京建设中国特色世界城市是一个长期过程，需要社会主义文明网络舆论的引导。加强新媒体条件下首都的网络文明建设不能简单重复过去的老方法、老模式，必须有所突破，以适应经济全球化发展的要求。网络舆论引导是一项社会性系统工程，必须多方面、多渠道、多路径展开，通过整合各种思想文化资源，引导和把握主流方向，凝聚全体市民的精神力量，构筑共同的精神家园，从而调整和平衡多样化社会利益关系，把全市人民的智慧和力量凝聚到推进中国特色世界城市建设中。

① 《江泽民文选》第 3 卷，人民出版社 2006 年版，第 64 页。

2013年首都网络文化法治化新进展分析

王　洁　张乾雷*

摘　要：2013年，首都网络文化发展迅猛，政府对网络文化的治理也取得较大成效。在规则、机制、治理、实践四个方面，政府与网络文化行业密切配合，加强对网络文化的治理与引导，使网络文化的发展从混乱无序逐步走向理性法治，确保网络文化的法治化发展方向。同时，首都地区对于网络文化的管理还存在不足，网络文化法治化最终要靠政府、网络服务提供者和网民三方的共同推动。

关键词：首都　网络文化　法治化　新进展

党的十八大报告强调："法治是治国理政的基本方式。要推进科学立法、严格执法、公正司法、全民守法，坚持法律面前人人平等，保证有法必依、执法必严、违法必究。"在网络媒体日益繁荣，网络媒体的社会责任日益凸显的时代背景下，不断加强与完善首都网络文化的法治化建设，推进首都网络文化的法治化进程，是首都全面推动文化发展，发挥全国文化中心示范作用的重要内容。2013年，首都围绕网络文化的法治化建设，不断探索新的机制与路径，引导、规范网络文化健康、有序发展。

一、首都网络文化法治化发展新进展

从规则、机制、行动、实践四个方面来考察，2013年首都网络文化的法

* 王洁，博士，北京市社会科学院法学研究所助理研究员；张乾雷，法学硕士，北京市第一中级人民法院刑一庭审判员。

制化建设取得了相当可观的成绩与进步,网络文化产业一直努力在自由与规范之间保持着法治化发展的平衡。例如通过打击网络谣言,取得了净化网络环境的效果;通过开通政务微博,既开启了官民交流的新形式,又丰富了网络文化;通过微博直播庭审,开启审判公开的新模式,既向民众普及了法治精神,又保障了司法的公正。网络文化发展与法治建设相得益彰。

(一)规则互动:政府法规与行业规则相继出台

网络文化的内容和形式关系到网络文化是否合乎法治,是否保障公民正当言论自由的表达,是否侵害社会和公民的合法利益。网络在文化传输方面具有的强大功能,不仅会被不法之徒用于非法目的,而且也容易被媒体、记者和一般民众滥用。网络不仅日益成为色情内容泛滥的温床,而且还成为从事颠覆政府、破坏社会秩序的主要工具。如何有效地规范、管理网络文化,成为各级政府的一项艰巨任务。鉴于网络文化中存在的非法、有害信息问题具有跨地域性,政府一般通过地区性法律或者针对媒体的法律对网络文化予以规范。

2013 年 9 月,最高人民法院、最高人民检察院公布《关于办理利用信息网络实施诽谤等刑事案件适用法律若干问题的解释》,明确网络诽谤等刑事案件的入罪标准和公诉条件,为治理利用网络实施侮辱、诽谤以及寻衅滋事、非法经营等犯罪行为提供了明确的法律依据。首都司法机关在办理相关案件中,严格适用该司法解释,有力地促进了首都网络环境的净化和网络文化的法治化发展。2013 年 2 月,《北京市网络与信息安全事件应急预案》进行了修订,完善了网络与信息安全预案体系建设和突发事件应对处置流程,使预案更具实际操作性,确保突发事件应对处置工作高效有序。该规定将网络与信息安全事件分为有害程序事件、网络攻击事件、信息破坏事件、信息内容安全事件、设备设施故障和灾害性事件等。其中,信息内容安全事件是指通过网络传播法律法规禁止信息,组织非法串联、煽动集会游行或炒作敏感问题并危害国家安全、社会稳定和公众利益的事件。对网络与信息安全事件的处理主要包括监测预警、应急响应、恢复重建三大步骤。该规定增强了政府管理网络文化的法治意识,从而更有效地处理网络与信息安全事件。

在政府大力整顿网络文化环境，将违法的网络文化行为入刑，引导网络文化法治化发展的同时，首都网络文化行业深感行业自律的重要性，纷纷出台自律规则，与政府法规进行互动，确保网络文化的法治化发展。2013 年 5 月，首都互联网协会发布“承担社会责任、共筑网络诚信”倡议书，倡议文明办网、打击谣言，承担社会责任；文明上网、理性发言，共筑网络诚信。2013 年 7 月，首都互联网协会发布《致广大网友和属地互联网企业的一封信》，倡导网友使用文明用语，理性发言，共建文明网络家园；互联网企业承担社会责任，搭建绿色网络平台；社会共同监督，维护文明网络秩序。2013 年 8 月，“网络名人社会责任论坛”在首都召开，共话网络社会责任，提出“七条底线”，包括法律法规底线、社会主义制度底线、国家利益底线、公民合法权益底线、社会公共秩序底线、道德风尚底线和信息真实性底线。2013 年 9 月，全国百家网站发出倡议，“建设绿色互联网、弘扬青春正能量”，坚守“七条底线”，促进网络文化的法治化发展。

（二）机制协调：政府机构与行业管理互动

在法律法规和行业规则不断健全的同时，设立具体执行机构有利于进一步保障网络治理的实效。蓬勃发展的网络文化，特别是以微博为代表的新媒体的兴起，①也使得成立专门的管理机构显得十分必要。

2013 年 5 月，经市政府同意，北京市互联网信息办公室正式设立。其主要职责包括：落实互联网信息传播方针政策和法律法规，推动首都互联网信息传播法制建设；负责网络新闻业务及其他相关业务的审核及日常监管；指导首都有关部门做好网络游戏、网络视听、网络出版等网络文化领域业务布局规划；协调首都有关部门做好网络文化阵地建设的规划和实施工作，负责首都重点新闻网站的规划建设，组织、协调网上宣传工作，依法查处违法

① 微博已经成为网上信息传播的主要途径之一。据新华网公布统计数据，截至 2013 年 11 月底，我国微博账号总量已经突破 13 亿，仅在新浪和腾讯微博平台，媒体机构微博账号已达 3.7 万个。@人民日报、@新华视点、@央视新闻三大媒体法人微博在新浪平台就有超过 3000 万粉丝。

违规网站等。北京市互联网信息办公室的设立，对于进一步建设好、利用好、管理好首都地区网站，推动首都互联网健康有序发展具有重要意义。

新的网络文化管理机构的设立，在网络文化行业中产生了重大影响，纷纷开始建设行业自律机制，与官方管理机构进行配合。2013 年 8 月，在北京市网信办和首都互联网协会指导下，由千龙 · 中国首都网联合搜狗、新浪微博、搜狐、网易、百度等 6 家网站共同发起的"北京地区网站联合辟谣平台"正式上线。北京地区网站联合辟谣平台是中国互联网史上第一个在管理部门、行业组织指导下，基于大数据结构，以开放平台方式，由行业领军网站联合建设的辟谣平台。此平台由千龙网 · 中国首都网负责内容搭建；搜狗负责数据整合；新浪微博、搜狐、网易、百度提供辟谣信息，将谣言以统一的形式进行汇集，再以统一的数据平台进行呈现。对于不能确定的首都本地事件，将由千龙网记者向相关区县、委办局核实，确为谣言的将予以曝光。

在处理网络谣言的同时，网络文化行业开始注重推进网络文学创作，抢占网络文化传播阵地。2013 年 11 月，北京作协成立网络文学创作委员会，在全国省级文联系统中，这是第一个专门团结网络文学创作者的机构。这为网络文化的法治化发展设置了监管机构，也为网络文化的健康发展提供了更为优质的服务和平台。

（三）治理联动：政府治理与行业自治并行

政府治理与行业自治是网络文化法治化建设中两条重要的路径。2013 年，首都地区开展了多项网络文化治理行动，在治理活动中，政府与行业协调联动，有效惩治了网络谣言和非法网络公关，净化了网络文化环境。这些依法治理和规范网络文化的行为获得社会广泛认同。

在政府治理层面，加强对网络环境的净化，依法对网络谣言进行打击。2013 年 5 月，国家互联网信息办部署打击网络谣言，查处多名利用互联网制造和故意传播谣言人员，关闭了一批造谣传谣的微博账号，公安机关对相关人员处以了治安拘留等处罚。2013 年 8 月，首都警方将"秦火火"、"立二拆四"等有关网络造谣者抓获，成为治理网络谣言，确保网络文化法治化发展的标志性事件。同月，全国公安机关决定集中开展打击网络有组织制造传播谣言等违法犯罪专项行动，在全国范围开展网络文化的治理活动，利用法治手段使得网络文化环境得以净化。

在政府大举治理网络文化的同时，网络文化行业也开启了行业自治的活动。针对网络谣言泛滥，首都互联网协会呼吁，抵制网络谣言，共建网络诚信。① 新浪微博成立了微博辟谣小组，24 小时不间断工作，同时推出了“不实信息曝光专区”，专门曝光虚假信息。百度“阳光行动”也已经删除、屏蔽超过亿计的不良信息。腾讯公司进一步完善微博安全策略和措施，除了最大程度控制网络谣言在微博平台上的传播外，同时还对 QQ 群、QQ 空间、搜搜及其他互动业务进行了集中整治清理。各大门户网站均通过在网站显著位置设置举报入口、向社会公布举报电话、招聘自律专员等，发动网民参与清理虚假信息。这些行业自治的举措有力地推动了网络文化的净化和提升。

（四）知行合一：政府实践与法治思维结合

网络是文化形成和传播的媒介，是文化建设和发展的平台，深刻地影响着当今社会的价值取向和行为方式。网络不仅把人类带进一个新的传播时代，而且把人类带进一个新的表达与交流时代。网络文化是与互联网技术结合而产生的文化，它既是一个技术问题又是一个文化问题，其在发展过程中表现为“网络的文化特性”和“文化的网络形态”。② 网络文化需要发展，也需要法治化的治理，而治理网络文化的目的也在于确保网络文化的法治化发展。在发展健康向上的网络文化，引导网络文化法治化发展的理念下，2013 年首都地区官方和民间都以不同形式推动着网络文化的发展，在发展网络文化的实践中贯彻法治精神。

第一，网络文化倒逼政府法治。法治中国的目标就是形成一个公开、公正、公平的社会，法治社会的前提是政府法治。公正要让人以看得见、摸得着、感受得到的方式实现就需要做到公开。如今，政务微博、微信等新平台

① 京平：《不给谣言提供任何阵地》，《北京日报》2012 年 4 月 10 日。
② 常晋芳：《网络文化的十大悖论》，《天津社会科学》2003 年第 2 期。

的快速发展有利于政府形成一种公开、高效、公平的应对机制。政府通过开通官方微博，与民众在微博上进行互动、交流，共同参与网络文化的形成过程，既给公众提供了更为自由、宽广的发表言论的空间，又影响着其他人对社会现状的态度和认识。

2013年11月，新浪网上线运行的中国首个政务微博群——北京微博发布厅运行已满24个月。[①] 截至2013年10月底，微博发布厅粉丝总量超过6600万，全国每5个微博网民中，就有1人是首都官微的粉丝。北京微博发布厅运行良好，政民互动频繁。据统计，微博发布厅71个政府部门成员中，33个官微粉丝超过50万，20个官微粉丝超百万。“@平安北京”粉丝总量达635万，“@北京发布”粉丝总量达570万，“@北京消防”粉丝总量达377万，“@交通北京”粉丝总量达218万。[②] 政务微博显示了网络文化发展的新途径。实践表明，政务微博在社会管理创新、政府信息公开、新闻舆论引导、倾听民众呼声、树立政府形象、群众政治参与等方面起到了积极作用。

第二，网络公开助推司法公开。2013年8月，首都警方将嫖娼的网络名人薛某抓获，依法行政拘留。央视《新闻联播》节目破例用3分钟时间，揭露薛蛮子的劣迹。2013年8月，北京法院网微博公布李某某案庭审情况，让备受社会关注的李某某案的审判有限公开于网络上。通过微博直播庭审（仅限图文直播），对于法庭秩序影响小，风险处于可控范围。由法庭直接主持庭审微博直播，可以避免媒体的干扰，又使得文字记录准确、全面、真实，既回应了新媒体时代公众对社会典型案件的关注，又从源头上有效避免了网络谣言的产生与传播，推进了网络文化健康、有序发展。

---

① 2011年11月17日，北京市新闻办官方微博“@北京微博发布厅”正式上线。该官方微博联合了北京市发改委、北京市公安局、北京市环保局等上百个北京市政府微博账号发布新闻内容和发起活动，成为国内首个城市政务微博群。

② 王东亮：《政府官微须每日更新，政务信息将占六成》，《北京日报》2013年10月25日。

二、首都网络文化法治化过程中存在的问题

2013年，虽然首都网络文化的法治化建设取得了一定进展，但由于网络文化在法治化建设过程中所面对的技术与人文、开放与封闭、自由与规范、虚拟与现实、理性与价值、创新与传统、个人与社会等方面的冲突与困境，①因此，给首都网络文化的发展提出了新的问题与挑战。从规则、机制、行动、实践四个方面来考察，2013年首都网络文化的法治化进程在面对飞速发展的网络媒体与网络文化时，法律、法规建设及其治理层面仍显示出一定的滞后性和不足，主要表现在以下几个层面。

（一）互联网立法滞后

中国互联网立法仍然滞后于互联网发展。这种滞后性表现在立法思路上仍然沿用了条块分割的立法方式，各部门分别就自己主管的事项起草制定规范性文件，互相之间缺乏协调，进而导致应急性立法大量出现。当新的技术或网络文化传播媒介出现时，因缺乏统一的法规、政策而难以管理；在网络文化发展出现问题时，又要采取应急立法，以堵住管理漏洞。如《北京市微博客发展管理若干规定》是专门针对微博这一新媒体而出台的，但是又不能完全规范微信的发展。这样的立法模式不仅被动、分散，而且所出台的法规、政策往往属于“亡羊补牢”，落后于网络的发展。应急性立法由于出台时间短，缺乏深入调研，常常可能导致网络法治化的发展陷入被动。

（二）网络文化治理公示渠道欠缺

在政府花大力气治理网络文化环境时，其治理效果往往仅限于公示在专门网站，而专门网站的受众有限，大部分民众难以了解网络文化法治化发展的效果。

例如，首都地区新设立的网站联合辟谣平台，是专门针对网络谣言而设

① 常晋芳：《网络文化的十大悖论》，《天津社会科学》2003年第2期。

立的机制，自开设以来取得了不错的成绩，一上线即整合汇集数据 10 万余条。但是其辟谣结果、谣言曝光台仅设置于该网站，一般的网民无法了解其辟谣的结果。其他众多来源于新浪微博等平台的谣言经辟谣，由于缺乏信息整合机制，不能及时发布于谣言初次出现的平台，导致众多网民不能及时看到辟谣平台更新的信息，仍可能继续受到不良网络文化的影响。

（三）政府法治意识尚需提升

网络文化作为一种新型文化，其在传输媒介、表现形式、功能作用及问题影响等方面均与现实文化不同。在民众对政府提出质疑时，政府应严格按照法律途径处理该事件，不能自造“官谣”。例如当官员在网络上被实名举报时，官方首先要做的应是查证，而不是盲目回应，给“官谣”留下生存空间。在“刘铁男”事件中，官方新闻发言人的非理性回应，显示其法治意识的缺失，导致了该事件在网络热炒，形成“官谣”。①

网络谣言往往基于一定的社会焦点事件，特别是重大的突发事件。当政府部门没有准确及时公布信息时，就为网络谣言的形成提供了想象和发展的空间，网络谣言则成为民众获取事件信息的主要途径，并通过网络不断扩散，甚至变异。在政府权威部门信息缺失、滞后或模糊的情况下，民众就缺乏获悉真实信息的有效渠道，而网络谣言就容易占据舆论阵地，从而对社会产生巨大负面影响。② 网络文化的法治化发展，不可能仅通过限制或关闭新媒体和新技术来应对，而是需要大力修复和提升政府公信力。作为网络文化的管理者，政府更要严格遵守法律和执行法律。

（四）网民法治意识欠缺

网络参与者妨碍网络文化法治化发展的行为有多种原因，其中法律意识淡薄是一个重要因素。法律意识缺乏可能是由于没有经过相关规则训练，不熟悉网络法律法规，也可能是因为利益驱动，在利益诱使下将法律弃置一边，径直实施违背网络规则行为。

---

① 王洁、丁琪：《“围观刘铁男案”背后的法治思维缺失》，《中国经济周刊》2013 年第 19 期。

② 柴艳茹：《网络谣言对社会稳定的危害及其治理》，《人民论坛》2013 年第 20 期。

2013年5月，网上出现编造安徽女青年在首都死亡的"京温商城事件"，从一开始的网络谣言发展至现实中的群体性事件，引得舆论哗然。嫌疑人事后供认其听到有人议论该事件，便在其微博上编造"京温女孩被七名保安强奸，警察拒不立案"的博文。[①] 由此可见，网民法治意识的欠缺往往容易非理性地对待生活中的事件，一经发布于网络，很容易形成网络谣言，成为网络文化法治化发展的障碍。2013年9月，李某在网上恶意转帖散播谣言，称丰台区某村党支部书记张某侵吞集体财产，然后以删帖为由向当事人索要钱财。[②] 尽管丰台检察院以涉嫌敲诈勒索罪对李某提起公诉，但是司法威慑并不能阻止此类事件的发生。可以说，仅从道德角度要求全体网民在网络上理性发言、文明发言，并以司法手段进行威慑往往收效甚微。

三、推动首都网络文化法治化的建议

为了进一步推动首都网络文化的法治化进程，规范与完善网络文化治理，根据存在的相关问题，提出以下建议。

（一）完善互联网相关立法

在网络文化管理规则方面，我国目前的形势是政策多、法规少，政策的制定主体是各级政府及其部门，难免出现冲突与混乱现象。因此，首先要梳理现有的网络管理法规和相关政策，开展法律清理活动，去除交叉、重复内容，统一加以规范。其次，在专门的网络发展管理机构已经设立的情形下，要着力集中网络管理权限，有效解决管理部门职责交叉的问题，避免法规、政策之间的冲突问题。再次，要在认清互联网发展规律的基础上，不断补充与更新互联网管理法规，杜绝立法空白，清理网络环境，促进网络文化的法治化发展，为建设法治社会添砖加瓦。网络文化的法治化发展最终要依靠

① 黄洁：《京温商城事件13人传谣被批捕》，《法制日报》2013年5月23日。

② 王晟：《男子转帖传谣坐等求"删帖"》，《京华时报》2013年9月22日。

法律的规制，因此，将来有必要制定一部涉及网络文化发展与监管的专门性、纲领性法律，使网络文化法治化有法可依。

（二）拓宽网络治理绩效公示渠道

治理网络谣言，首先必须对谣言进行科学的分类。谣言大体可以分为两类：一是与生活常识有关的谣言，大多数是人们的科普认识误区。二是与社会事件有关的谣言，大多数是涉及侵害公民合法权益、危害国家与社会利益的谣言。对于第一类谣言，可以由辟谣平台主动发布辟谣结果，通过网站主页、微博、微信等平台予以公示，并且可以集中时间、地点发布。对于第二种谣言，则需要被侵权方通过法律手段进行辟谣，譬如提起诉讼追究其侵权责任等。

其次，整合网络辟谣机制。现在加入辟谣平台的网站众多，但基本上是只提供信息而不管辟谣的结果，各网站之间缺乏治理辟谣的机制整合。在完善网络文化治理机制的同时，应通过机制整合，将加盟网站的治理效果适时发布于网络谣言集中地，以真相攻克谣言，让广大网民得以了解事实真相，以达到辟谣效果最大化。

再次，提升辟谣平台的功能。联合平面媒体与电视媒体以及其他传播媒体，通过专门的电视节目、专栏等对辟谣结果进行公示与评论，最大限度地发挥辟谣的效果。2013 年北京电视台加盟联合辟谣平台，在每周五播出的《特别关注》节目中，专门开辟“一辨真伪”栏目，用 10 分钟左右的时间破除网上谣言。① 这种通过传统媒体与新媒体合力，不仅增强辟谣平台的能量，丰富破除谣言和权威求证的手段，而且增强民众提高辨析谣言的能力，有助于推动网络文化法治化水平提升。

（三）提升政府法治水平

面对复杂的网络文化发展形势，政府应不断提高自身的法治意识，以法治思维和法治方式面对网络质疑，推动网络文化的法治化发展。北京作为国家首都，是我国政治中心、文化中心、国际交往中心和创新中心，同时也是

① 金可：《北京电视台“一辨真伪”栏目开播》，《北京日报》2013 年 11 月 22 日。

我国互联网应用发展最快和大型网站建设最集中的地区，是名副其实的"网都"。首都在网络法治建设中要充分发挥其"网都"的引领作用，积极引导网络法治文化建设，促进与网络相关制度的发展。

面对网络与信息安全事件，从"预警"到"善后"都应当从容应对，要通过法治方式进行处理，而不是一味地"删帖"、"断开连接"、"关闭网络"。谣言止于真相，政府机构通过法定程序及时进行调查，及时公布真相是平息争议的最有效途径。譬如，"京温商城事件"中，首都警方在事件发生后，迅速组织警力对该事件进行调查，抓获编造谣言嫌疑人，并及时发布《京温商城女子坠亡警方调查情况通报》，避免了事件进一步升级。这种依照法定程序，由法定机关对网络文化的直接参与者进行规制，有利于提升网络文化法治化水平。

（四）增强网络参与者的法治意识

网民是网络行为的主体，既是网络文明发端的起点，也是网络文明的最终影响对象。无论是虚拟空间的文明还是现实生活中的文明建设，其主体都是人，依赖于人的素质提高。网民自觉遵守各类社会规范，弘扬社会主义道德风尚，客观理性发表言论，审慎使用各类互联网服务，警惕、辨识和抵制各类不良信息等等，都是网民自律的表现。

2013年9月，知名"环保专家"董良杰因涉嫌寻衅滋事罪被首都警方依法刑事拘留，董良杰反思"微博出了问题"的原因：一是不应该把还处于学术研讨、未有定论的敏感内容发到网上；二是不应该受标题党坏风气的影响，片面追求博眼球，"语不惊人誓不休"；三是为了个人私利编发微博传递虚假信息，造成社会恐慌，最终害人害己。① 这三种原因都指向一个关键点，亦即网络参与者自身的法治意识与网络法治化密切相关。对于普通网民而言，有时是无意识转发网络谣言，有时是受到谣言标题以及网络名人影响而转发谣言。由此可见，政府必须重视对网民的教育和引导，必须从加强全社会的法治教育出发，提高网民的法律意识和维权意识，使得不良网络文

① 刘洋：《虚假网络信息背后的恐慌营销术》，《人民公安报》2013年9月29日。

化的散布者和易受不良网络文化影响者持有法律观念，传播健康网络文化，从源头上保证网络文化向法治化方向发展。

（五）通过个案的公正审理助推网络文化法治化

网络文化的法治化发展，不仅需要净化网络环境、治理网络谣言，更要提升网络文化的法治品质和法治内涵，让网络文化在法治大道上前行。当下，加强网络文化的知识产权保护是提升网络法治品质的一个有效途径。2013 年 11 月，北京市海淀区人民法院就优酷土豆集团诉百度盗版案件做出一审判决。判决认定被告百度公司侵权事实成立，要求百度公司自判决生效之日起停止涉案侵权行为，赔偿原告经济损失及合理费用，并承担部分诉讼费，判决总金额达 49.1 万元。① 尽管该案最终结果尚未定论，但是该案已经凸显网络文化法治化的内涵和意义。

百度是国内最大的网络搜索公司，百度和优酷都是知名网络品牌，通过司法居中裁判二者涉及的知识产权纠纷，不仅提醒网络服务提供者要规范自身行为，推动我国著作权保护进程，更重要的是，通过这种个案的审理，能切实宣传和普及法治精神，使网络使用者能普遍尊重网络法治规则，为网络文化的法治化发展贡献力量。

当下，网络文化代表着一种文化复兴，它为公民的言论自由提供了契机，但网络言论自由必须依法规范行使。我国《宪法》规定“公民在行使自由和权利时，不得损害国家的、社会的、集体的利益和其他公民的合法的自由和权利”。有底线才有自由，有边界才有秩序。因此，在首都网络文化的法治化进程中，不仅需要政府颁布法规、执行法律以规范和保护网络文化的发展，还需司法行为来纠正阻碍网络文化法治化发展的因素，更需要广大网民不断提升法律意识和法治观念，以共同建构和维护良好的网络文化发展空间。

---

① 王伶伶：《优酷土豆诉百度盗版案一审宣判——百度被判停止侵权》，《法制晚报》2013 年 12 月 6 日。

2013年首都网络文化环境整治与青少年教育

晏 晨*

摘 要：2013年北京市继续推进针对青少年群体的网络环境的净化工作，工作的形式更加丰富、行动实施强度继续加大，取得了较好的成效。针对青少年暑假上网集中的特点，北京市于7至8月展开了净化暑期网络环境行动；在全国互联网信息办等四部门的指导下，百家网站联合开展了“绿色网络 助飞梦想”——网络关爱青少年行动，为青少年的健康成长提供了健康和谐的网络环境。透过2013年的网络环境整治行动，可以发现，良好网络空间的营造依赖于政府、互联网行业、社会舆论、青少年自身等的多重合力，同时，从青少年心理特点和青少年教育的角度出发，努力探索网络教育的模式、开展积极健康的青少年网络活动也有着积极的意义。

关键词：青少年 网络环境整治 网络监管 网络教育

近年来，随着我国互联网的迅速发展和网络手机端应用的普及，与社会、政治、经济、文化、娱乐等人们工作生活高度融合的网络空间逐渐成为一种新的生活方式，对人们的日常生活产生着重大影响。在我国数量庞大的网民中，青少年群体占据了相当大的比例，据2013年7月发布的第32次《中国互联网络发展状况统计报告》数据显示，截至2013年6月底，我国网民中30岁以下网民数量达3.2亿，占全国网民总数的54%。青少年网民在

---

* 晏晨，博士，北京市社会科学院、北京大学艺术学院在站博士后，主要从事城市文化软实力研究。

互联网上的活跃表现一方面体现了他们利用网络及时获取信息、学习知识的愿望;另一方面也是他们通过网络平台沟通交流、表达意见和休闲娱乐的体现。毋庸置疑,网络对青少年的成长影响巨大而且深远,而网络上充斥的不良信息、低俗新闻、网络暴力游戏等严重阻碍了青少年的健康成长,让他们沉迷其中影响现实的学习生活,甚至误入歧途。基于此,开展净化网络环境活动、创造绿色网络空间成为当前北京网络环境建设的当务之急。

一、青少年使用网络现状与当前网络环境

青少年是网络主体中不可忽视的一部分,随着近年来网络技术的迅猛发展、上网终端的多样化以及网络与学习、社会生活的渗透融合,青少年网民数量呈现出逐年增长的趋势并保持较大基数,在一些表现突出网络应用如即时通信、社交网站中占据了较大份额,青少年手机网民的数量也呈现出递增趋势①。青少年网民上网行为作为一个突出的群体现象,已经引起了广泛关注。青少年处于成长发展和世界观、人生观、价值观塑造的关键时期,极易受到外部信息和环境的影响,而网络日益成为影响人们工作生活的重要部分,当前网络环境又呈现出一定的复杂性,加强对网络的监管、为青少年打造健康向上的网络环境显得极为重要。2013 年 7 月 17 日,中国互联网络信息中心(CNNIC)在京发布第 32 次《中国互联网络发展状况统计报告》,CNNIC 报告显示全国网民年龄结构中,20—29 岁群体所占比例为 29.5%,10—19 岁群体所占比例为 23.2%,分别居网民不同年龄段比例排行的第一位和第三位;而在网民职业统计方面,学生是网民中数量最多的职业群体,占比为 26.8%。在使用社交网站方面青少年群体也扮演了重要作用,据《2012 年中国网民社交网站应用研究报告》统计,社交网站用户中 20—29 岁用户占比最高,达到 34.1%,其次为 10—19 岁用户(28.8%),这

① 据《中国青少年上网行为调查报告》2009 年为 1.44 亿,2010 年 1.7 亿,2011 年 2.32 亿,而且截至最近发布的一期报告,显示未成年网民中使用手机上网的比例已超过台式电脑。

两个年龄段人群在社交网站用户中占比明显高于整体网民；而在移动社交网站中，20—29岁用户同样占比最高，达到43.1%，其次为10—19岁用户（28.9%），这说明青少年对智能手机、平板电脑的应用度较高。在移动社交网站用户使用功能方面，统计显示年龄越小通过手机发布个人状态、日志或拍照上传的比例就越高，19岁及以下用户和20—29岁用户中超过八成利用手机发布个人状态，约六成发布日志或日记，五成以上选择手机拍照片并上传。青少年通过社交网站展示自我以及与朋友分享个人心情成为一大趋势，这充分反映了处于成长期的青少年借助网络寻求关注和认同的心理特点。网络的使用为青少年的学习、交往、娱乐等带来了极大便利，但同时处于人格塑造期的青少年也是网络主体中最容易受到网络不良内容影响的群体。据《小康》杂志开展的2013媒体公信力调查显示，作为新媒体代表的网络已经超过传统媒体报纸成为人们获取信息和知识的主要来源，网络在传播信息、普及知识方面扮演着日益重要的角色，处于成长期的青少年通过网络学习、交流时极易被网络上充斥的暴力恐怖、淫秽色情以及低俗内容误导，对他们身心健康产生不良影响，因此加强网络环境整治、创造良好的网络氛围具有十分重要的现实意义。

在我国数量庞大的5.91亿网民中，就有3亿以上的青少年网民，青少年群体在网络主体中所占比例比较大，具有较高的网络使用普及率，同时也是我国网民中互联网应用水平最高的群体之一，青少年群体在使用手机在线聊天、手机阅读、手机搜索等的使用率都高于整体手机网民。青少年在互联网上极高的渗透率直接体现在对手机这一网络终端的使用上，《中国青少年上网行为调查报告》统计显示从2007年到2010年，青少年网民使用台式电脑的上网比例从94%下降到74.6%，手机上网比例则从49.7%提升至80.3%。目前，青少年手机使用比例非常高，手机成为青少年上网第一选择。可以预见，随着互联网络水平的提升、手机客户端网络应用的增强和手机持有低龄化比例的提升，青少年使用手机上网的趋势会进一步扩大化。手机取代台式机成为青少年主要上网工具，需要结合青少年的特点来看。首先，青少年群体对现代信息技术应用的接受度很高，尤其是在各类电子科技产品风靡的今天,智能手机、平板电脑包括 iPhone、iPad 等的使用成为一股波及范围广、影响力极强的风尚,在青少年群体中广受追捧。这些高科技电子产品迎合了青少年追求新异、同时以对潮流的追逐和效仿为乐趣的心理和年龄特点。其次,手机上网的移动性和便利性满足了青少年获取信息的需要,同时也为他们沟通交流提供了极大的便利,青少年对手机的依赖程度越来越高,手机聊天、手机阅读、手机网络游戏、手机社区等极大地影响了青少年的生活方式和感知世界的模式,他们可以通过网络了解他们希望了解的东西,同时也可能受到不良信息和内容的影响。第三,根据 2012 年 1 月发布的第二十九次《中国互联网络发展状况统计报告》,手机网民已经呈现低年龄的特点,尤其是智能手机和平板电脑的触摸屏便于低龄儿童的使用,使得未成年人接触网络的年龄大大提前,而低龄群体主动获取信息的意识很强,在这种情况下,为青少年提供健康和谐的网络环境刻不容缓。

目前,我国移动互联网正处于快速发展时期,智能手机、平板电脑等移动终端与互联网以及社交网络的有效融合催生了许多热门移动应用,移动互联网用户数量增长迅速,但当前网络环境面临的形势十分复杂,网上信息内容和质量参差不齐,淫秽色情、暴力恐怖及低俗信息充斥移动网络。据工信部统计,截至 2013 年 5 月份,手机上网用户数达到 7. 83 亿,另据最新一期的互联网统计报告显示,手机网民数量达 4. 64 亿①,我国新增网民中使用手机上网的比例高达 70. 0%,远远高于使用台式电脑和笔记本电脑的比例,手机对互联网的应用展示出了巨大的推动力,使得数字化生活成为常态,这得益于 3G 的普及、无线网络的发展以及手机应用的创新。但同时我们也要注意到,3G、WiFi 的普及和日新月异的手机应用都可能给网络监管带来新的难题,这表现为移动终端的色情传播存在极大的潜在危害。随着

① 工信部发布数据和 CNNIC 统计数据存在差异在于两者统计口径上的差别:工信部统计的是手机上网用户数(号码数),CNNIC 统计的是手机上网人,因此工信部公布的数据要多于 CNNIC 调查数据。原因一是在于一个手机网民可能同时使用多个号码,根据 CNNIC 本次调查,平均每个手机网民拥有 1. 45 个手机号,二是由于 CNNIC 采用电话调查的方式统计的上网人数,只包括有意识的主动上网群体。

智能手机、平板电脑成为中小学生连接互联网的移动终端,各类手机应用也成了他们休闲时的娱乐项目,过去通过传统网站、论坛、贴吧等传播的淫秽色情和低俗内容现在悄然内置于各类应用之中,可能充满不良内容的小说、游戏、图片、视频等应用充斥着应用下载排行榜,对中小学生构成了极大的危害①。由此可见,视频播放软件、网络游戏、微信等手机客户应用端在推动手机移动应用的发展、为公众提供便利的同时往往容易出现涉黄漏洞,青少年对手机应用娴熟,他们利用无线宽带和移动终端浏览非法网站或某些含"雷达"功能的涉黄视频播放软件时隐秘性强,家长、老师不易发现。色情、暴力内容等不良信息会严重损害青少年的身心健康,由于网络信息传播迅速,容易在群体中扩散传染,这一威胁还存在扩大化的趋势,而相关监管却存在空白,原因在于互联网监管总是跟着新型技术走,一般会呈现出滞后性,往往是出现漏洞堵漏洞,防范和处理措施不及时,使得不法分子有机可乘。这需要政府部门摸索研究新的网络监管模式,从法律上、技术上加强对网络环境的监管。

二、2013年北京青少年网络环境整治行动和事件效果透视

(一)整治青少年网络环境,营造良好的互联网空间

2013年,北京青少年网络环境整治取得重大成果,国家互联网信息办公室、文化部、教育部、共青团中央、全国妇联等国家有关部门以及北京市互联网信息办公室、市公安局、文化执法大队等相关市级部门针对青少年网民持续开展了对互联网网络环境的专项集中整治。2013年1至2月,国家互联网信息办会同工信部、公安部等已依法关闭了传播淫秽色情和低俗信息的"爱优网"等225家网站。自2月起至5月止,北京市在全市范围内开展了网络淫秽色情信息专项治理"净网"行动,通过深入清理网络、集中整治

① 《新华调查:中小学生遭遇"口袋色情"之祸》,http://money.163.com/13/0918/14/992H3ITJ00254TI5.html。

网吧、大力查办案件等方式净化网络环境,健全网络监管制度和工作机制。4月,首都互联网协会联合妈妈评审团部分成员与北京市网络管理部门、市妇联及教育、法律专家人士召开评审会,就网络上出现的影响青少年健康成长的不良信息现象进行了交流和讨论,呼吁立法加强网络监管。2013年暑假,国家互联网信息办联合全国"扫黄打非"办、工业和信息化部、公安部、文化部、国家新闻出版广电总局、国家工商总局、共青团中央、全国妇联等部门,利用青少年暑期集中上网特点对互联网淫秽色情和低俗信息进行集中清理整治,对商业网站、新闻网站、音视频网站进行全面排查,为广大青少年营造良好的暑期网络环境。此次暑期网络环境净化行动召集多部门的联合行动,采用网上网下联合整治的方式:一方面关闭淫秽色情网站、处罚违规提供接入服务的企业同时依法查处淫秽色情网站主办者,对含有暴力和淫秽色情内容的网络游戏及渲染暴力色情、传播招嫖信息等网络广告全面清理,继续治理网站弹出窗口,打击利用弹出窗口推送淫秽色情和低俗信息的行为,全面清理网站低俗音视频、图片、文字信息,以及论坛、贴吧、博客中的淫秽色情及低俗信息;一方面打击网上制售淫秽色情物品和为青少年下载、拷贝淫秽色情图片、音视频内容的行为,并开展了对网吧的全面集中整治,有效遏制了不良信息的传播蔓延。在暑假期间,共青团中央和全国妇联还组织开展了一系列青少年安全上网暑期主题教育培训和专题夏令营等活动,邀请青少年心理健康专家在网上家长学校和社区妇女之家为家长和孩子开展专题培训,引导青少年安全上网、文明上网。2013年7月30日中国家庭教育学会和全国妇联儿童工作部在京联合举办净化暑期网络环境座谈会。来自中科院心理所、北京青少年法律援助与研究中心、中国青少年研究中心家教研究所、北京师范大学、中国传媒大学等单位的专家、学者就青少年成长教育与网络环境的净化发表自己的观点,呼吁各相关部门积极参与净化暑期网络环境家庭护卫行动。

2013年7月至8月,在国家互联网信息办联合多部门进行净化暑期网络环境的工作部署下,首都展开了净化暑期网络环境的专项行动,积极为青少年创造良好的网络文化环境,政府相关部门,行业专家学者以及民间组织

“妈妈评审团”等都就暑期网络环境整治予以充分关注并采取了相关反应措施。自8月底国家互联网信息办、教育部、共青团中央、全国妇联等四部门联合开展的“绿色网络行动”活动以来，举报量较平时增长22%，截至9月27日9时，相关部门累计接到举报5800余件次，多为淫秽色情类信息，占日举报量的73%以上，主要涉及境外淫秽色情网站、境内主要门户网站的互动版块、手机客户端低俗内容以及网络暴力游戏等，取得了较好的整治效果。9月份以来，百家网站积极响应四部委关爱青少年打造绿色网络空间的号召，并于9月29日在北京举办“绿色网络 助飞梦想”网络关爱青少年倡议活动。9月29日中宣部等五部门发出《关于加强少儿出版管理和市场整治的通知》后，相关部门集中清理整治涉黑、涉暴、淫秽色情和低俗有害少儿网络出版物，将少儿出版网站和登载面向青少年作品的文学类网站都包含在内，清理了“雪儿漫画网”等大量包含淫秽色情、暴力的不良网站。同时，国家新闻出版广播电影电视总局会同北京市文化市场行政执法总队与登载传播含色情、暴力、恐怖网络出版内容的“漫画家”、“百度贴吧”、“新浪微盘”等网站相关负责人约谈，要求立即删除违法违规少儿出版物，并对网站出版内容进行全面清理，依法严厉查处存在严重问题的网站（栏目、频道）。

（二）净化暑期网络环境，北京市开展专项行动

2013年7月17日，北京市互联网信息办公室联合市公安局、通管局、文化执法总队、广电局等部门，做出在全市范围内对网上淫秽色情及低俗信息进行集中清理的全面部署，包括：坚决关闭淫秽色情网站，清理含有暴力和淫秽色情内容的网络游戏、不良广告，针对为青少年提供网络淫秽色情信息传播和下载服务的行为进行集中治理，清理网站首页及论坛、贴吧、微博、社交网站、音视频网站中的低俗信息，加强对网吧的监管和整治，坚决关闭“黑网吧”，严厉惩处网吧违法接待未成年人上网的行为。整治活动于7月底至8月31日在全市范围内集中展开，清理黑网吧、接受举报关闭不良网站取得良好成效，同时强化日常监督、社会监督等途径。按照北京市暂行的互联网违法和不良信息举报奖励办法，对于举报北京属地网站的违法和不

良信息的，由举报中心给予1000元至10000元的奖励，并在千龙、新浪、搜狐、网易、百度、北青、和讯等26家属地重点网站向社会公布举报方式，受到社会的关注并引起积极反响，为北京地区青少年暑期上网营造和谐健康的网络环境创造了条件。其中，"妈妈评审团"作为民间组织发挥了极好的舆论监督作用。

在暑假来临前夕，首都互联网协会积极发挥社会监督力量，组织"妈妈评审团"发出净化网络环境的倡议，希望网站主动承担社会责任，网民网络自律、文明上网，同时提高优秀网络文化产品的供给，开展净化暑期网络环境行动为孩子们营造健康、文明、绿色的网络环境。此外，"妈妈评审团"定期就部分网站内容进行评审，并在各网站显著位置开设举报入口，推动互联网行业自律，充分发挥社会监督力量的效力，形成全社会监管网上不良信息的氛围。成立于2010年1月的"妈妈评审团"是由首都互联网协会发起成立的关注互联网青少年保护的民间组织，借助社会舆论监督的力量推进互联网站文明办网、文明上网。"妈妈评审团"成员由未成年人家长组成，以青少年利益和家长关爱为原则，由家长对互联网上影响未成年人身心健康的内容进行举报、评审，形成处置建议反映给相关管理部门，并监督评审结果的执行。2013年以来，"妈妈评审团"已经开展了"妈妈想对你说"系列微博活动四期，分别为"关注孩子手机上网"、"融入自然　体味春天"、"网络社交虚与实"、"关注青少年人专属网站　建立绿色上网空间"，以线上主题分享的方式就青少年网络安全教育、户外亲子活动、新媒体素养教育等展开交流和讨论，并就网络评审意见下达《妈妈评审团评审意见书》，切实为净化青少年暑期网络环境提供了社会和家庭支持。

网吧也是青少年上网的主要活动场所之一，北京市公安机关一直重视对市内网吧的监管，取得了明显效果，2012年取缔"黑网吧"437家，拘留"黑网吧"经营者359人。2013年暑期以来，一方面开通网络举报平台便于网民对网络违法案件的举报，一方面查处"黑网吧"、对网吧违规接纳未成年人的行为予以惩罚，确保网吧绿色的上网环境。北京市网吧协会和北京市网络媒体协会也积极响应网络环境净化活动，分别发出倡议号召从业人员加强行业自律,践行“北京精神”,为青少年打造网络文化精品,构建健康的网络环境。

(三)“绿色网络 助飞梦想”——网络关爱青少年系列行动

9月16日,在国家互联网信息办公室、教育部、共青团中央、全国妇联四部门指导下,全国百家网站共同实施的网络关爱青少年行动正式启动。此次活动是为贯彻落实习近平总书记在全国宣传思想工作会议上的重要讲话精神,加强网络内容建设,发挥网络在维护青少年健康成长方面的重要作用。行动面向青少年群体展开,一方面针对他们的学习生活和心理行为特点,积极宣传普及互联网法律法规知识和上网常识,加强青少年网络伦理道德建设;另一方面开展家庭教育指导和实践,引导青少年文明上网、绿色上网,树立和践行社会主义核心价值观,提升网络素养,养成良好的网络习惯。活动期间,人民网、新华网、中国网络电视台、千龙网、北方网等新闻网站,新浪网、搜狐网、凤凰网、腾讯网、网易网、百度网等知名商业网站,还有教育、妇女、儿童领域的行业网站积极响应。

绿色网络行动是由国家互联网信息办等四部门组织百家网站联合开展“绿色网络 助飞梦想”——网络关爱青少年系列行动之一,从9月下旬开始为期两个月,针对各类网站、手机软件运营商、移动客户端软件运营商展开,重点仍为清理淫秽色情及低俗信息,渲染凶杀、暴力、恐怖的信息,侵犯青少年个人隐私的信息,对青少年进行网络攻击、谩骂、诽谤等“网络欺凌”信息,炫富比阔、追求刺激、盲目追星等宣传腐朽落后价值观的信息等五类不良信息。网站对照重点清理五类信息,自查整改,建立长效机制,广泛发动学生、家长、社会组织等向互联网违法和不良信息举报中心举报违法违规信息,互联网信息管理部门则要加强督促检查清理工作,根据举报信息协调相关部门查处违规网站。9月29日全国百家网站共同发起的“绿色网络 助飞梦想”——网络关爱青少年倡议活动在北京举行,国家互联网信息办、教育部、共青团中央、全国妇联负责同志出席,百家网站负责人发出《建设绿色互联网 弘扬青春正能量——百家网站网络关爱青少年倡议书》,新华网、人民网等新闻网站和知名商业网站参加活动并呼吁全国网络媒体积极参与网络关爱青少年活动，加强网络空间管理，为青少年成长成才创造良好网络环境，从坚持正确导向、恪守媒体职责，依法文明办网、守住“七条底线”，加强内容建设、服务学习生活，严格行业自律、加强内部管理，开展网络关爱、呵护青少年成长等方面切实履行网络社会职责。期间，参加活动的百家新闻、商业、行业网站纷纷在双首页开设专题专栏，集中报道并与网友互动交流，社会各界积极参与、反响热烈，为营造安全、文明的青少年网络环境创造了良好和谐的氛围。

（四）2013年青少年网络环境整治效果分析

纵观全年北京市开展的青少年网络环境整治活动，在政府部门的大力查办、监管以及指导下，互联网行业和社会各界都积极投入其中，总体上取得了良好的整治效果，净化了社会风气，切实为青少年群体提供了一个健康和谐的绿色上网环境。

从政府层面来看，针对青少年网络环境的整治由于多政府部门联动有效遏制了网络不良信息传播。对网络环境的监管和整治涉及文化、新闻出版、工商、广电、公安、通信、治安管理、文化执法等多个部门，网络环境整治效果就极大地依赖于多部门联动的反应机制和行动力度，只有较好地汇集并整合各部门力量才能见到实效。为确保净化暑期网络环境专项工作取得实效，国家互联网信息办与各有关部门的执法人员突破常规开始集中办公，对一个阶段以来的大众举报线索进行逐一梳理，并组成多个专项工作组对各类网站进行排查，取得了良好的工作效果。但如何将这种多部门联合办公的做法制度化并作为有效经验推广开来，还要建立在对各部门职能认识的基础上继续探索和研究专项整治的工作经验，更好地提高办事办案效率。其次，通过清理网络、整治网吧、查办案件、强化责任、动员监督等手段，政府有效调动了社会各方力量；同时加强网上监管和网下教育、治理的结合，引导青少年提高网络素养、养成良好网络习惯，要求互联网从业人员加强行业自律，北京市还集中网络监督志愿者、网站自律专员、“妈妈评审团”三支社会监督力量对活动进行举报、评审和监督，实现了多渠道、多方式的有效融合。

从互联网行业的角度来看,要加强行业自律。首都互联网协会、北京市网吧协会、北京市网络媒体协会、百家网站等都在2013年的青少年网络环境整治活动中发出了倡议,为端正互联网络行业风气、塑造行业文明风尚起到了一定的作用。但加强行业自律不能仅停留在口头上,实际上正是由于某些互联网从业人员为谋取经济利益、忽略法律义务和社会责任才导致网络淫秽色情、暴力恐怖等不良内容和信息的出现,这有赖于法律法规的完善和互联网从业人员职业素养的提高。同时也要注意到,在网络关爱青少年活动中,参加的百家网站主要是相对于大众而言的主流媒体,但对于青少年而言是否足够关注还存在疑问,因此活动开展要对青少年的网络习惯和倾向予以重视,以青少年为阅读、浏览主要群体的网站今后也要积极加入到网络整治活动中来。

从社会舆论监督的视角来看,民间组织"妈妈评审团"对青少年网络环境整治活动的开展起到了很好的助推作用,从开展系列微博活动加强线上和线下交流,到发出净化网络倡议到积极发挥社会监管力量的效力,都扮演了良好的社会角色。但"妈妈团"活动在质和量上仍有待提升,以后可多开展针对青少年的互动交流,目前"妈妈团"尚不能很好地发出自己的声音,引起社会的足够关注,今后要形成政府职能部门与社会监督力量的良性互动,建议定期召开集中会谈,就当前面对的突出问题进行探讨并切实提出解决方案,做到有的放矢,提高网络监管和办案的效率。

当然,2013年北京的网络环境整治活动尚存在着一些有待改进的问题:第一,现在的网络整治和净化行动往往集中在传统网络样态,也就是台式电脑网络环境的整治,对智能手机、便携式电脑上网网络环境的监管和整治尚显缺乏。随着我国3G的发展、无线网络覆盖率的提升,如何净化移动网络的网络环境治理成了当务之急;第二,面向网络淫秽色情、"黑网吧"等的整治虽取得了重大的成效,但网络环境的整治和维护不能光靠专项整治行为,而应该作为长效机制固定下来,将网络环境的净化作为一项长期持续的文明工程,为青少年提供绿色和谐的网络空间。

三、为青少年营造健康和谐网络环境的对策建议

（一）继续加强政府监管，完善现有法律法规体系

政府监管和整治对于青少年网络环境的净化起着至关重要的作用，一方面互联网信息办公室、新闻出版等有关部门要随时关注互联网络环境动态，对互联网实行有效动态监管，发现问题及时整改；网络违法和不良信息举报中心、网络违法犯罪举报网站、公安局网络报警中心等也要及时向公众公开举报和奖励方式，保持信息畅通，发动社会力量同时加强各部门通力配合，并将相关情况通报公安等职能部门。另一方面，公安局、文化执法大队等对于网络环境整治中遇到的突出问题要重点立项，办案中对于违法违规行为要严肃查处，形成政府各部门通力合作的良好局面，提高联动效率和办案水平。总的来说，对利用互联网传播淫秽色情及低俗信息的行为，需要各职能部门常抓不懈，并通过结合专项治理和强化日常管理机制维护巩固良好的网络环境。同时也需加强技术方面的投入和研发，努力扭转互联网监管跟着新型技术走、出现问题解决问题的模式，重在用技术手段鉴别、过滤色情和低俗信息，为青少年营造健康向上的网络环境。

在网络法律法规方面，目前我国针对互联网行业的法律法规出台的已有《互联网信息服务管理办法》、《互联网文化管理暂行规定（2011 年修订）》、《关于加强互联网视听节目内容管理的通知》、《互联网行业自律公约》等，而北京市颁布的相关法规有《关于互联网有害信息专项整治工作方案的通知》、《关于审理整治网吧等互联网上网服务营业场所行政案件的若干意见（试行）》、《北京市互联网上网服务营业场所安全管理规范（试行）》等，为互联网络行业提供了一系列可供依循的法律法规，也规范约束了从业人员的行为。不过，现行的法律法规体系仍有待完善，需要进一步完善网络分级并加强技术研发如安装过滤软件。工业和信息化部曾于 2009 年公布了《通信网络安全防护监督管理办法（征求意见稿）》，其中提出网络五级分类的设想，目前需要具体针对网络内容分级的政策标准进行细化。在法律

法规制定方面，也要结合互联网当前新的发展状况，对于无线网络的监管和整治的相关法律法规进行完善。随着移动互联网络的发展，一些新的网络违法行为开始出现，如针对当前手机应用“口袋色情”的情况也需制定相关法规整治，一些色情网站没有固定网址，以动态网址形式传播淫秽色情信息，给网络治理带来了很大难度，而相关法律缺乏。

关于政府监管和法律法规方面，建议参考国外经验。比如英国2013年先后推出“干净 WiFi”和要求互联网运营商自动屏蔽互联网色情内容的政策。由政府机构和网络服务提供商经过磋商后达成协议，对咖啡厅、宾馆、酒吧火车站等儿童可能出现的公共场所实施无线网络色情内容屏蔽政策，确保公共场所的无线网络干净健康，使儿童无法利用智能手机或便携式电脑在公共场所浏览不良网站，保护儿童免受网络色情内容伤害。同时要求互联网络自动屏蔽色情内容，若用户在互联网上传播带有色情内容的图片或视频将被裁定为犯罪行为，并要求互联网搜索引擎公司配合将一些色情用语进行关键词屏蔽。而韩国通过颁布《不当站点鉴定标准》、《互联网内容过滤法令》从法制上保证信息内容鉴定和过滤的有效性，要求网吧、学校、图书馆等公共场所上网尝试安装过滤软件；日本也通过《青少年网络环境整备法》，明确规定了网络运营商、监护人的责任，如在未成年人的手机中安装过滤有害网站的软件防止网络色情侵害，这些都是政府网络监管的成功案例。我国也可考虑制定针对青少年网络使用的法律法规，并通过网络过滤等技术手段的提升应对复杂网络环境的能力。

（二）加强互联网行业自律，拓展行业协会职能，积极发挥监督评议作用

早在2006年北京网络媒体协会就公布了《北京网络媒体自律公约》，之后，北京网络媒体协会又倡导网络设立自律专员。2012年北京市互联网行业确立了“首都互联网行业自律工作五大自律体系”，由互联网违法和不良信息举报热线、网络监督志愿者、网络新闻评议会、妈妈评审团、网站自律专员组成的五大自律工作机制。机制的形成是对行业自律的创新发展，更广泛地集合行业内和社会各方力量加入到健康网络环境的建设之中，也更

好地发挥了社会各界对互联网上低俗内容的监督评审作用,切实解决违背社会公德、危害未成年人健康成长的突出问题,营造出良好的网络舆论氛围。目前网络环境净化遇到的突出问题是一些互联网运营商及电信增值服务商,只顾追求经济效益而忽略了社会责任和法律义务,这要求广大互联网从业人员要自觉遵守《互联网行业自律公约》和各项管理规定,加强对网络信息内容的审查,认真配合公安机关开展手机淫秽色情网站的整治工作和日常执法检查工作,有效遏制互联网淫秽色情的传播。

还可借鉴邻国经验,韩国积极倡导民间自律和监督行为,如韩国广播通信委员会和互联网振兴院联合提出"用手指尖打造E世界",推出以青少年为教育主体的网络道德巡回讲演和体验展,加强网络伦理教育。日本同样注重民间组织所发挥的教育和监督作用,日本软银公司和NPO法人企业教育研究会开设"考虑手机——信息传播道德课程",为未成年人开设了专门的课程网站供其学习,等等。

(三)发挥社会舆论的监督力量,加强青少年网络教育

为青少年创造良好的网络环境,离不开社会舆论的支持。第一,要努力发挥民间组织如"妈妈评审团"的网络评审监督功能,更要调动社会舆论的力量,营造健康和谐的青少年网络环境。广大网民在网上活动要注意言辞,不辱骂、谩骂他人,不散布谣言、侵犯隐私、发布散播淫秽低俗信息,对违法违规的网络活动自觉举报,做到全民参与、群策群力,遵守互联网"七条底线"。当然,学校和家庭教育也是不可缺少的一环,老师和家长要承担好青少年网络教育的义务,让青少年认识到不良信息的危害,可以通过课外实践和亲子交流充实青少年的课余生活。第二,网络名人也应积极发挥好示范作用,针对北京网络名人集中的特点,还可以利用网络大V的名人效应对青少年进行名人引导,发挥网络大V良好的示范作用,引导青少年自觉遵守网络公德和网络文明条例。通过良好的社会舆论引导、广大网民的自觉维护和抵制,共同创造文明健康的网络环境,以网络文明塑造社会新风,为青少年创造良好的成长环境。

为贯彻落实北京市网络文明建设工程,加强青少年网络教育,打造优秀

的网络品牌，目前北京市已推出“北京市文化经典在线文库”。“经典在线”借助网络平台向青少年传播和普及优秀传统文化，以经典学习的方式引导青少年健康成长、塑造美丽的心灵和健全的人格，同时帮助他们树立正确的世界观、人生观、价值观。这一举措体现了创新文化服务方式，以更符合青少年兴趣和倾向的方式进行教育的特点。打造先进网络文化阵地，培育良好的网络文化环境，加强数字图书馆、博物馆、文化馆、艺术馆建设，从青少年的需求和兴趣出发，以更丰富有效的文化形式为其提供网络文化产品，培养青少年创新创造能力，包括开发内容健康有益身心的网络游戏，帮助青少年健康成长。

（四）青少年要加强网络自律，努力提高自身的责任意识

开展网络环境整治、营造和谐健康的网络氛围，不仅是政府、互联网从业人员、社会各界的责任和义务，青少年本身也应积极承担起应有的担子，为营造绿色健康的网络环境贡献自己的力量。

首先，青少年要正确认识和使用网络，认真遵守《全国青少年网络文明公约》，提高自身的网络职责。自觉抵制网络淫秽色情、暴力恐怖等不良信息和新闻，不轻信、不传播网络流言，维护和谐健康的网络环境。青少年作为网民的重要组成部分，在移动互联网使用方面所占比例达60%，这个庞大的群体对于抵制网络谣言应担负起义不容辞的责任，一方面要保持理性、不轻信、不传播谣言；另一方面要提高法律意识和法制观念，加强自身的媒介素养，做“七条底线”的倡导者，参与建立健康有序的网络环境，积极传播青春正能量。其次，还要开展积极健康的网络活动，加强自身的责任意识。利用青少年对计算机的兴趣和对网络技术特长培养他们的社会公益意识、创新并提升网络的社会服务方式，红十字青少年网络平台的建立和青少年网络扶贫志愿服务活动就是很好的例子。通过志愿活动，青少年更好地认识到自身的社会责任，积极践行传承人道、博爱和奉献的精神，以青春之力量向社会传播正能量，宣传绿色健康、昂扬向上的精神，为实现中国梦贡献青春力量。

北京市网络谣言治理机制研究

王颖吉　齐　琪
李　清*

摘　要：2013 年是我国网络谣言频发的年度，也是北京网络谣言的高发年份，对社会生产和生活产生了诸多不利影响，探索谣言治理的有效机制具有紧迫性。从近年谣言治理过程中所存在的问题可以看出，网络谣言治理应当要有针对性，线上线下治理手段相结合，加强网络自净功能，建立包括政府、媒体、非政府组织和社会大众等多元主体的联动机制。

关键词：北京　网络谣言　治理机制

随着新媒体的蓬勃发展，网络谣言带来的负面效应已不容忽视，我国目前的谣言现象基本处于一个“不断辟谣—不断产生新谣言”的无限循环中，辟谣手段虽然有所增强，但谣言的数量并未减少，甚至呈现出数量增多、辟谣艰难、事件复杂化的趋势，这不得不引发对谣言产生原因和辟谣困境的重新思索。加强健康的网络信息传播渠道方面的建设，是网络文化建设不可忽视的重要内容。

北京有着重要的政治地位和经济地位，同时也是互联网产业集中地、高等人才聚集地之一。根据中商情报网行业分析，2013 年北京市网民人数达

---

* 王颖吉，北京师范大学文学院新闻传播研究所副教授。齐琪、李清均为北京师范大学文学院新闻传播研究所研究生。

到1556万人,普及率为75.2%,同比增长6.7%,排在全国第一位①。也就是说,比起国内其他城市,北京市有机会接触网络谣言的人数比例更大。因此,谣言一旦与“北京”挂钩,则往往具有极高的政治敏感度和破坏力,容易影响社会稳定,严重威胁首都乃至全国的和谐政治、经济、文化、社会和生态环境的建设。

一、网络谣言传播和治理现状

网络谣言的传播是一个涉及传播动因、传播渠道和传播后果的复杂社会现象,相应地,网络谣言治理由于谣言本身和网络环境的双重复杂性也面临着许多困难,我国目前网络谣言治理机制亟待完善。

(一)首都网络谣言的发生和传播现状

网络谣言复杂多变,根据其所引发或可能引发的社会后果的不同可分为严重危害型和轻微危害型。其中,严重危害型是指那些已经或可能引发社会秩序紊乱、群体性事件等重大后果的,如突发公共事件中的谣言就往往具有这样的破坏力;轻微危害型是指那些基本不会引起危害社会和个人利益的严重后果的谣言,如经久不衰的名人死亡闹剧等,一般会很快被辟谣而销声匿迹。网络谣言治理重点主要是针对前一种谣言,但同时,也应警惕后一种谣言因某些触动机制而向着严重危害型谣言转化。

谣言发生必有一定的诱因,根据谣言的发生机制,可将谣言分为五类,详见表1:

① 见中商情报网:《2013年北京市网民规模统计分析》,http://www.askci.com/news/201401/17/17955164066.shtml。

表1 网络谣言分类(根据其发生机制)

类 型	特 征	案 例
循环发生型	曾经被辟谣的谣言卷土重来,或以换汤不换药的新形式蒙蔽公众	名人死亡谣言经久不衰; 食物致癌谣言,如兰州拉面加蓬灰致癌的传闻; 9—11层楼房扬灰最严重
突发事件引发型	伴随着突发公共事件而产生	有关H7N9禽流感的谣言
出于个人利益炮制型	网民为博取眼球、宣泄情绪等个人目的而造谣	"秦火火"、"立二拆四"等网络推手的造谣案例
误读误解流传型	对信息内容的误读、误解造成谣言传播	"中国大妈"抢黄金被套牢; 误读申纪兰发言"只有社会主义国家才发养老金"
"媒谣"+"官谣"	媒体的不实报道产生谣言	《信息日报》报道《流浪9年回家瞬间变》; 《南风窗》发表《村官腐败透视》一文

循环发生型谣言一般不会引起十分严重的社会后果,属于轻微危害型谣言,这种谣言的特点是长传不衰,并且因时间地点相异,版本会有所不同。该类型谣言一般在被辟谣一段时间后会有所沉寂,之后因某些事件触发,或者在根本无时间触发的情况下被挖掘出来,并改版流传。2013年网上多次流传的名人死亡的谣言就属此类案例,虽然很多网民对此表示愤慨,但当此类谣言发生时,依然会有人信以为真,不过鉴于此类谣言一般不会引发严重的社会后果,经过媒体辟谣后也就不再做深入追究。

突发事件引发的谣言则正相反,由于公共突发事件往往和社会大众利益密切相关,且发生突然难以预测,因此,与此相伴随而生的谣言往往引起较大的社会恐慌,甚至导致严重的社会后果。在2013年的网络谣言案例中,关于H7N9禽流感谣言的传播就是典型例子,基于之前SARS事件和"抢盐"事件的教训,此次H7N9禽流感出现以来,各地政府对网络舆论保持高度警惕,及时对网络上的不实言论进行驳斥,并对恶意造谣者施以法律打击,谣言由是一出现就被迅速澄清,没有酿成类似前两次事件中所引发的群体性事件,扰乱社会秩序。

出于个人利益炮制型谣言自网络诞生之日起就一直存在,而在自媒体时代以来出现尤为频繁。此类谣言制造者的制造动机多为博取眼球、宣泄私人情绪等,但也不乏利用造谣威胁他人谋取经济利益的网络犯罪行为。2013 年 8 月,"秦火火"、"立二拆四"等一些以谋取私利为动机的网络推手因造谣落网,各地纷纷掀起打击网络谣言的热潮。这类因私人利益而炮制的谣言往往具有一定的指向性,如"秦火火"所杜撰的"铁道部已向在'7·23'动车事故中意大利遇难者茜茜协议赔偿 3000 万欧元(折合人民币接近两亿)"、"张海迪拥有日本国籍"、"李双江之子并非其亲生"等谣言都借助于受到广泛关注的公共事件或公共人物指向特定的对象,于个人是诽谤和污蔑,于社会则更易激化反社会情绪,造成严重的社会后果,是谣言治理过程中应当予以严厉打击的。

因对某些信息的误读误解而流传开来的谣言也不在少数,由于网络碎片化的传播特征,许多信息在传播过程中造成了理解不清、断章取义的现象,形成美国学者奥尔波特等提出的"削平—磨尖—同化"的谣言异化机制,致使谣言愈传愈烈。2013 年 5 月热传的"中国大妈"战胜华尔街大鳄、"中国大妈"购黄金被套牢等说法被斥为谣言后,有关专家表示,谣言的兴起主要是由于网民将黄金首饰等同于黄金的概念误读。

"刘铁男"事件使"官谣"一词成为舆论热点,而"媒谣"(媒体失实报道)的例子也不少见。以《南风窗》发表的《村官腐败透视》一文为例,该文一经发出,即刻被各大网站以《村支书性侵村民留守妻子:村里一半都是我的娃》为题进行了转载,然而这篇文章里对村支书吹牛的话进行夸大其词的不实报道,对报道对象造成了严重的伤害。不管是媒体还是政府,作为信息权力机构,其信息的权威性不容侵犯,而频频出现的"官谣"和"媒谣"现象不仅造成了不实信息的广泛传播,更损伤了政府和媒体作为权威信息发布机构的公信力。

这五种谣言类型并非对网络谣言的完全分类,各类之间也存在着交叉之处。如与突发公共事件相伴随的谣言也有可能是出于个人利益炮制出来或被公众误读或媒体以讹传讹的报道而产生的,2013 年 5 月备受关注的"超级淋病菌"谣言事件就是一个例子,"夏威夷发现超级淋病菌"、该病菌传染性超过艾滋病等言论甚嚣尘上，媒体在其中不经考证的报道应负主要责任。针对不同种类网络谣言的不同特点进行有针对性的治理将是一个值得探究的治理途径，然而，就我国目前的网络谣言治理现状来说，并没有形成一个具有针对性的、完善有效的治理机制。

（二）网络谣言治理现状

网络谣言已成为全球性话题，治理网络谣言成为各国政府工作的重要内容之一。网络谣言的治理可分为线下手段和线上手段。

1.网络谣言治理的线下手段

就目前现状来看，网络谣言治理的线下手段主要集中于线下的行政和颁布法律法规等法律措施。据悉，美国目前已设立《联邦禁止利用电脑犯罪法》、《通讯正当行为法》、《儿童互联网保护法》等 130 项法律对网络传播内容进行管制；而印度也于 2000 年颁布《信息技术法》，规定对在网上散布虚假、欺诈信息的个人最高可判处 3 年有期徒刑；英国则为治理谣言设立了公民咨询局，通过开放一个官方信息确认渠道来打击谣言。另外，西班牙、墨西哥、韩国、日本等国都针对网络谣言制定了一系列治理措施。

相比而言，我国对于网络谣言的治理相关法律规范还不甚完善，法律方面的治理主要限于线下行政行为，即通过人民法院、监察机关、公安部门，在谣言事件发生后对造谣、传谣者进行量罪和拘捕。尤其是 2013 年以来，我国政府对"秦火火案"、"傅学胜案"、"周禄宝案"等多起造谣传谣事件进行了揭露，体现了政府治理网络谣言的决心。但是，在 9 月公安部门连续公布的五起典型案例中，涉及的罪名主要是"寻衅滋事罪"、"敲诈勒索罪"、"诽谤罪"和"非法经营罪"，其中没有一个罪名与互联网直接相关。实际上，关于法律中修订的适用于现实生活的罪名是否也适用于网络空间的争论一直接连不断，套用以往的法律法规条款已无法完善地对当下的网络犯罪进行打击。虽然 2013 年 9 月 9 日出台了《最高人民法院、最高人民检察院关于办理利用信息网络事实诽谤等刑事案件适用法律若干问题的解释》（下称《解释》），确立了"同一诽谤信息实际被点击、浏览次数达 5000 次以上，或者被转发次数达到 500 次以上的"应被认定为诽谤行为"情节严重"，确立了严格量化的入罪标准，并对主观恶性、诽谤后果等方面进行了具体化，但《解释》出台后的执行效果却不理想，甚至造成了张家川初中生“杨某”因质疑当地非正常死亡案件而被拘留的闹剧，引发网民的极大不满，导致针对司法解释的舆情发酵。不难看出，目前我国对于网络谣言治理的立法还不完善，执行也存在着一定的问题。

另外，网络谣言的治理的线下行政制度需要依靠完善的法律法规体系，而没有这个支撑就急于行政无疑会产生许多问题，如上文所提到的未成年人杨某被捕的闹剧，而且，这种硬性的线下行政，不仅不能在源头上遏制网络谣言的产生，还会造成网民的反感。

2.网络谣言治理的线上行为

网络谣言的线下行政治理具有一定的局限性，必须配合线上治理才能达到最佳效果。在我国网络谣言的治理过程中，这种线上行为主要体现于利用网络媒体进行紧急辟谣的过程，如微博辟谣等。但是，目前网络谣言的线上治理手段还存在着许多问题。

（1）线上辟谣手段不丰富，没有形成一个完善机制，缺乏共进措施。自从微博辟谣取得巨大成功后，各政府组织纷纷仿效，建立起微博辟谣平台。但目前的问题是，微博辟谣一枝独秀，缺乏其他辟谣手段的辅助，没有形成有效的网络辟谣机制，缺乏辟谣手段的创新。从更根本的角度讲，也没有净化网络环境方面的共进措施，谣言治理的线上手段仅仅限于辟谣，而缺乏谣言之前的控制措施和净化措施。

（2）辟谣效果不佳，这主要源于政府公信力的缺失和网络本身特征的制约。近年来，由于官方信息透明度不佳、行政上存在疏漏、信息传达速度慢、官媒“报喜不报忧”传统等因素的作用，我国政府的形象屡屡遭到破坏，政府的公信力常被质疑，长此以往，网民必然会倾向于相信民间的信息。而网络信息海量性、模糊性的特性也容易使政府的辟谣声音被喧嚣所淹没，辟谣效果大打折扣。

（3）“官谣”现象导致信任危机。如 2013 年的刘铁男贪污案，早在 2012 年 12 月底罗昌平就曾发布微博实名举报国家能源局局长刘铁男学历、经济等方面的问题，当即国家能源局回应称罗昌平所说"纯属污蔑造谣"、并称将采取法律手段处理此事，而就在几个月后，刘铁男贪污的事实既被认定。类似事件的屡屡发生，必然会导致官方声明可信度的急剧下降，官方和人民产生信任危机。在官方信息无法相信的时候，网民自然地去求助于民间信息，"民谣"就此获得了生存的空间。

(4)缺乏监督机制。在辟谣方面，网络谣言如何证伪，在"谣言"和"反谣言"信息之间公众该如何选择？对于有处罚权力的官方组织来说，其处罚是否得当？这些问题都需要一个完善的监督机制来解决，而我国目前在监督机制方面尚且缺乏，这也是上面提到的未成年人杨某被捕案发生的原因之一。

3.北京市对网络谣言治理机制的新探索

以上所述谣言的治理机制同样也体现在北京市的网络谣言治理中，但值得关注的是，北京市对网络谣言治理机制的建设除了立法和行政执法措施之外，还进行了一些其他方面的新的探索：

(1)打造网络谣言揭露平台。2013 年 8 月 1 日，北京地区网站联合辟谣平台正式上线。平台由北京市互联网信息办公室与首都互联网协会指导，是全国第一家地区辟谣平台。该平台由千龙网、搜狗网、新浪微博、搜狐网、网易、《北京日报》、《北京青年报》等 22 家媒体联合发起，目前有 41 家联盟网站，其中《北京青年报》、《人民日报》、新华社、中国人民广播电台、中国中央电视台五家优质严肃媒体将辟谣相关专栏投放在平台上，实现了传统媒体和新媒体联动辟谣。平台设置照妖镜、谣言曝光台、恶意骚扰电话甄别、警方行动等栏目，全方位报道辟谣信息。另外，北京地区网站联合辟谣平台还举办了"我的辟谣故事"征文等与网民互动的活动，大大增强了平台的参与度。

(2)打造网络信息交流平台。早在 1998 年 7 月 1 日，北京国家机关互联网统一网站群"首都之窗"就已成立，包括北京市政务门户网站、区县政务门户网站和各级国家机关网站，旨在宣传首都、构架桥梁、信息服务、资源共享、辅助管理、支持决策，宣传党和政府的方针、政策，展示首都形象，发布各类政务信息，提供网上服务和引导公众参与。① 2008 年 5 月 1 日出台《北京市政府网站政府信息公开专栏管理规定》后，北京市及各区县逐步建立了政府信息公开专栏，截至 12 月 18 日，北京市政府信息公开专栏已公布政务信息 93 万余条，日均访问量在 7200 人次左右。

（3）注重利用政务微博等新媒体渠道发布政务信息，拉近官民距离，现已取得良好反响。北京市公安局、北京市政府新闻办公室、北京市交通委员会、北京市旅游发展委员会、北京铁路局等部门都已在新浪微博上开辟了政务微博，其中北京市公安局的微博“平安北京”粉丝量已经超过 621 万，微博梳理的网络谣言特点一文更被多家媒体转载，为北京市实行信息公开、破除网络谣言立下了赫赫战功。而且，在微博等互动新媒体上发布政务信息，还通过话语方式的转变、沟通姿态的转变和官民地位的平等化构建了和谐的官民关系，帮助政府树立起亲民的形象，体现人民政府为人民的特质，提高了政府的公信力。

（4）打造首都互联网协会自律体系。首都互联网协会成立于 2004 年 10 月 26 日，其前身为北京网络媒体协会，是由提供新闻服务的网站、科研机构和个人联合发起的非营利性社会团体，搜狐副总裁兼总编辑于威、优酷网副总裁兼总编辑朱向阳、奇虎 360 总裁齐向东等媒介领导人都是该团体成员。首都互联网协会下设立了谣言曝光台、网络新闻信息评议会、网站自律专员、妈妈评审团及互联网公益联盟等分支机构，形成了一套网络自律体系。相对于在谣言广泛传播、产生了巨大的社会危害后采用硬性的执法手段进行处理，协会倡导的行业自律和网民自律则作用在谣言发布、传播的过程中，能够更为有效地避免谣言扩散。

北京市目前的网络谣言治理措施较之国家整体网络谣言治理措施更加多角度、全方位、以人为本，但是在操作中仍存有许多问题。比如，仅设立一个谣言揭露平台，靠网民举报和媒体发现来寻找谣言，必然会有一些“漏网之鱼”。

---

① 见首都之窗介绍：http://www.beijing.gov.cn/zdxx/sdzcjs/t1306339.htm。

二、网络谣言治理模式探究

面对网络谣言泛滥和谣言带来的严重社会后果，建立完善有效的治理机制已势在必行。

从我国目前网络谣言治理现状中所存在的一些问题可以看出，目前谣言治理制度的不足之处主要在于缺乏针对性和联动性，即缺乏一个有针对性的、完善有效的多主体参与的谣言控制联动机制，这个联动机制的形成不仅仅要依靠政府和媒体，还应积极发动非政府组织与公众的多方参与。

针对性是指治理应针对不同种类的网络谣言的不同特征采取不同的治理措施，以求取得最佳治理效果。在表1中，根据网络谣言的发生机制将谣言进行分类有利于更清楚地认识到不同种类的谣言产生的不同特征，而根据其影响后果进行分类则可以帮助判断辟谣手段的温和性程度。例如，对于循环发生型谣言，由于其内容往往是以前出现过的，而危害后果也较小，因此在谣言控制过程中应主要采取清晰辟谣、频繁辟谣的措施，并不宜采取过于严厉的行政手段，而最好以说明教育为主的温和手段进行；而对于伴随突发公共事件发生的谣言，由于其往往引发严重的社会后果，应当予以及时、严厉地打击，防止谣言扩散引起难以控制的社会动荡；鉴于“官谣”和“媒谣”的严重后果，也应当给予严厉惩治，并建立和加强对政府和媒体的监督机制。

联动性是指应建立多主体参与的联动机制，在这个联动机制内，政府和媒体、非政府组织是相互配合、紧密合作的关系，并且利用各种手段充分调动公众的积极性。这个动态机制的建立有利于畅通信息传播渠道、正确引导社会舆论，当然，这个机制的建立首先依赖于社会各主体的自律，增强组织和个人的社会责任感。这个谣言的治理和控制机制主要分为两个方面：一是谣言产生之后进行紧急辟谣的应急处理措施，二是针对谣言发生规律完善常态管理制度。

(一)以辟谣为主的应急处理措施

目前,我国正处于突发事件高发期,网络谣言常常作为突发性公共事件的后续反应发生。比如隔三差五出现的"疯抢"事件,从2003年"非典"期间民众抢米抢醋,再到2011年日本福岛核泄漏后的抢盐风波,谣言都是在事件发生后不胫而走的,这类"疯抢"事件严重扰乱了社会治安和经济秩序。突发性公共事件发生后,群众常常陷入恐慌,容易轻信谣言,给了谣言可乘之机。因此,建立一个应急处理机制是重要的。应急处理措施主要指谣言产生后为遏制谣言传播、澄清事实真相而采取的一些措施,旨在形成一个以政府和媒体为主、以非政府组织和公众为辅的联动治理机制。

对于政府来说,首先应当和媒体形成良好的互动合作模式,利用召开新闻发布会等方式,在事件发生的第一时间利用各种媒体进行辟谣。在突发公共事件中,考虑到公众对信息的急迫性、媒体报道的热衷性、政府信息发布的权威性,政府有着无可比拟的传播优势。但是,在突发性公共事件中,网民对信息的接收更容易"先入为主",首因效应产生作用,因此当突发事件发生时,政府要在时间上保障率先发布信息。其次,随着网络时代的到来,媒介种类不断增多,公众的媒介使用习惯发生变化,据《CNNIC:2013年第32次中国互联网发展状况统计报告》显示,到2013年6月底,我国网民规模达到5.91亿,半年内新增网民2656万人;而手机上网人数则达到了4.64亿人,显示出手机网民已经形成较大规模,并保持着较快的发展速度。[①] 新媒体的用户群已经成为不可忽略的一部分,要使辟谣信息到达率提高,就必须将新媒体作为新闻舆论宣传的利器。

其次,媒介是网络谣言治理中重要的一环,无论是谣言还是辟谣信息都要通过媒介传达给公众。尤其是在突发事件发生时,媒介成为公众获取权威信息的主要渠道。治理突发公共事件的谣言的过程中,媒介首先要和政府达成默契,配合政府传播正确的信息,以保证信息传达畅通;其次,媒介之间要统一观点、形成共识,齐心协力引导舆论,避免因意见出入导致公众思

① 参见《CNNIC:2013年第32次中国互联网发展状况统计报告》,第10—11页。

想混乱，媒介尤其要做到细心考证、不轻信谣言，传达已经证实的消息；最后，当突发性公共事件发生时，媒介、尤其是新闻媒介必须注意新闻信息的修辞传播技巧，一方面不要使用模棱两可的语句误导公众，另一方面要着力传达正确的价值观，传递正能量，并给予正确的指导性建议。

再次，非政府组织是谣言治理的另一个重要凭借力。非政府组织的网络活动，如科学松鼠会、谣言粉碎机等，既具有亲民性也具有趣味性，能够吸引大量受众，成为政府辟谣的有力补充。作为非政府组织一方面要配合政府进行应急处置工作；另一方面要利用自身优势积极参与应急辟谣，并在日常运行中积极向公众普及科学知识，这有利于提高公众对社会风险正确认识的能力，维护稳定和谐的社会秩序。但是，应当注意的是，非政府组织在信息发布方面也具有一定的局限性，例如其披露信息的真实性难以保证，甚至可能造成新谣言的滋生。

最后，在利用大众传播手段的同时介入人际传播手段是一个有效的辟谣渠道。相比于大众传播的组织性、规范性和受众广泛等特征，人际传播的信息传递方式则更加直接，得到的反馈也更加准确和及时，尤其是进入新媒体时代，人际传播更是依靠现代技术打破了空间界限，使人际间的信息传播速度更快、范围更广。以微博为例，微博广播属于大众传播，而博主的私人互动则属于人际传播，人际传播与大众传播结合起来能够达到更好的辟谣效果。

（二）多主体参与的常态管理制度建设

比起应急处理措施的事后补救逻辑，建立一套完备的常态管理机制对治理网络谣言的控制来说更有意义。

首先，一个完善的舆情监测分析机制和信息透明化机制对政府和媒体来说都是必要的。谣言是舆论的产物，也是舆论的反映，一个完善的舆情监测和分析机制能够帮助政府和媒体及时地把握舆论动向，解答网民的疑问；而信息透明化机制则有利于减少不必要的猜疑，尊重公民的知情权，这是也是公共服务的重要部分。从 2013 年的北京网络谣言案例来看，政府和媒体在信息透明化方面做出了一定的努力，这尤其体现在 H7N9 事件中，但在信息发布方面仍存在一些问题，如许多事件信息发布中断或模糊，虽然暂时达到了辟谣效果，然而难以避免其日后借机发酵。如网络流传的我国每年有20万儿童失踪的说法被斥为谣言后，却不见关于这个数字的详细说明。我国每年失踪儿童究竟有多少？这个数字又是谁、如何炮制出来的？这些问题都没有解答，难免为以后谣言的卷土重来埋下隐患。

其次，要完善突发事件谣言传播应急预案、完善问责制与法律教育以及追究惩戒机制具有重要的意义。对于前者，将应急谣言传播的措施写入应急预案中，形成具体、详细、具有可操作性的预案体系，对谣言治理具有指导性意义。对于后者，破除网络谣言不能仅靠道德的约束，同时需要法律制裁的威慑，并为日常的法律法规管理提供坚实的依据。

再次，应加强行业自律，提高政府和媒体从业人员的素质和专业素养。政府要落实执政为民的理念，切实做到为人民服务，解决人民最关心、最直接、最现实的利益问题，这样才能从根源上化解种种社会矛盾，提高政府公信力，防范谣言的产生。而对于媒体来说，在处理网络谣言时，其行业自律主要就是要坚持新闻专业主义，当一则信息出现在网络中，切不可盲目为了博公众眼球将其作为新闻传播。在12月3日的“北京老外撞人事件”中就是如此，有部分媒体还未查明真相，仅靠网友一面之词和几张图片就将事件描述为“外国小伙扶起大妈被讹”，导致公众对该则新闻的误解，引发了新一轮对“扶不扶老人”的讨论，造成公众核心价值观的动摇。传统媒体对于新媒体而言的突出优势就在于其权威性和拓展的深度、广度，因此，在网络时代要把受众的注意力从谣言中夺取过来，从业人员的业务素质和新闻媒体的媒介公信力缺一不可。

最后，谣言传播的主体是人，因此对于谣言的治理必须落实到个人身上。从公众角度看，最主要的是应加强个人的媒介素养和公民意识，营造理性文明的互联网信息环境。美国媒介素养中心认为，媒介素养使人们具有接触、分析、评价和创制从印刷到影像再到网络等各种空间形式信息的能力，媒介素养是构建民主社会公民的基本探究技能、必要的自我表达和对社会媒介感悟的能力。公众的媒介素养的提高可以增强其对信息进行甄别的能力，不轻信谣言，营造理性的信息环境，这对以信息过载为特征的互联网尤其重要。此外，公民意识是指个人在社会生活中所形成的高度自觉的价值准则和道德规范的总称，它包括责任意识、监督意识、法律意识等基本道德意识以及公民独立自主的选择判断能力。公民意识包含有省察、逻辑能力、社会责任、法律道德等多方面内涵，是从公民个人角度防范谣言产生的根本途径。

三、网络谣言治理困境：自净与他净

网络作为一个自由开放的公共言论平台，过度的打击和监管必然会带来桑斯坦笔下的“寒蝉效应”，自由与监管的平衡是网络谣言所面临的治理困境。以上所谈论的主要是网络谣言的治理和控制手段，但是这种以法律和监管为基础的控制行为作为正义底线不应被看作建设理想网络文化的唯一凭借，在法律和监管之上还应有伦理道德的制约，这是建立网络自净机制的基础。对于网络媒体的主要参与者、同时也是谣言的主要发起者和传播者的网民来说，其个人素质的高低直接影响着网络信息环境的建设。在许多谣言事件中，网民积极澄清事实、驳斥谣言的行为由于其亲民性、可信度而受到广大网民的认可。网络自净是以谣言产生和传播的方法来消解谣言，因此，加强网络自净功能将是从根本上解决网络信息环境混乱的方法，但同时，这也是一个长期任务。

网络自净功能需要培养，也需要监督。目前来看，虽然在许多谣言消解过程中，网络的自净机制起到了一定的作用，但仅从网络谣言爆发的数量趋势就可看出，网络自净功能还有待强化。这一方面需要引导，通过提高媒介素养等方式提高网民素质和鉴别信息的思维；另一方面，自净信息也可能引发新的谣言，因此网络自净机制应当与网络谣言的控制管理机制联合作用，方能还网络一个健康的信息环境。

首都网络新空间与网络文化形态透析

Media and Configuration of Capital Cybre Cultrue

借鉴智慧城市建设经验，推进北京智慧城市发展

闫玉刚　骆臻洋*

摘　要：北京推进智慧城市建设，是为应对网络信息时代的到来及解决现代化进程中出现的一系列城市问题而作出的战略性选择。新加坡、首尔、纽约等发展历程为北京智慧城市建设提供了可资借鉴的经验。在推进智慧城市的建设过程中，北京市可从顶层设计、评价指标、发展模式、协调机制和区域联动等层面进行探索。

关键词：智慧城市　网络信息　历史选择　经验借鉴　对策建议

智慧城市是新一代信息技术支撑下的城市形态，作为城市网络化、信息化发展到更高阶段的产物，代表着未来城市的发展方向。为了探索中国特色城市发展之路，规范和推动我国智慧城市健康发展，2012 年 12 月，住房城乡建设部正式发布《关于开展国家智慧城市试点工作的通知》，并印发了《国家智慧城市试点暂行管理办法》和《国家智慧城市（区、镇）试点指标体系（试行）》，开展智慧城市的试点申报。2013 年 1 月和 8 月，住房城乡建设部分两个批次公布了国家智慧城市试点名单，共 193 个。北京市东城区、朝阳区、未来科技城、丽泽商务区、经济技术开发区以及房山区长阳镇等 6 个区、县、镇列入智慧城市试点。在北京加快智慧城市建设的时代背景下，借鉴世界其他智慧城市建设经验，增强网络化、信息化、数字化对北京城市发

* 闫玉刚，文学博士、经济学博士后，中国传媒大学经济与管理学院副教授，主要研究方向为文化产业、城市品牌；骆臻洋，中国传媒大学经济与管理学院硕士研究生。

展的驱动,是北京城市发展的重要课题。

一、网络信息数字化发展与智慧城市建设

“智慧城市”的概念,最早起源于IBM公司提出的“智慧的地球”这一愿景。“智慧城市”作为“智慧的地球”的重要组成部分,在IBM的《智慧的城市在中国》白皮书中被定义为:“能够充分运用信息和通信技术手段感测、分析、整合城市运行核心系统的各项关键信息,从而对于包括民生、环保、公共安全、城市服务、工商业活动在内的各种需求作出智能的响应,为人类创造更美好的城市生活。”智慧城市的内涵即城市创新,是技术创新、组织与管理创新和政策创新相互影响与作用的有机整体。① 它的核心价值观是致力于提高居民生活质量,其鲜明特征是融入信息通信技术,努力以创新、集成和系统的方式管理和服务城市居民。这也是2007年《欧洲中等智慧城市排名》发布智慧城市应包含六大维度(智慧经济、智慧移动、智慧环境、智慧公民、智慧生活和智慧管理)的应有之义。

智慧城市并不简单等同于城市的网络化、信息化或数字化,它们分别代表城市发展的不同阶段。信息化和网络化是在城市工业化尚未完成或将要完成之时提出来的,以信息化、网络化和数字化带动工业化,以工业化促进信息化、网络化、数字化,实现工业化与网络信息共存的“并联式”发展模式。信息化、网络化的具体内涵是充分利用网络信息技术,开发利用网络信息数字资源,促进网络信息交流和知识共享,提高经济增长,推动经济社会发展转型。而智慧城市则需要以信息化、网络化、数字化的系列基础设施发展为基础,同时,它又不仅仅是相关技术的简单推广与普及,它是一种形成

---

① Nam T, Pardo T. Smart City as Urban Innovation: Focusing on Management, Policy, and Context. Proceedings of the 5th International Conference on Theory and Practice of Electronic Governance. New York: ACM, 2011: 185-194.

竞争环境的战略,是推动城市包容性与可持续发展的方法。[①] 总体来看,“智慧城市”主要有以下特点:

第一,智慧城市以物联网、云计算、Web2.0、移动智能终端和大数据处理等新兴科技为技术支撑。在整个智慧城市的网络架构和文化生态中,无论是感知层、网络层还是应用层,都需要网络信息数字技术的强大支撑,从而实现高效的信息识别、采集、捕获、传递、生产和交互处理。

第二,智慧城市将实现调度资源共享的城市一体化管理。数字城市仅能实现城市单个生态系统内部的信息共享和互通,而智慧城市将打通各个独立的“信息孤岛”,建立一个互联、互通的城市网络文化生态系统,实现城市运行管理“一张网”,建立“牵一发,动全身”的城市自我调节机制。由于智慧城市的网络架构和网络文化生态将城市的物理基础设施、商业基础设施以及社会基础设施有机地联接起来,从而推动城市各子功能系统间的协同管理。

第三,智慧城市的核心原则是“以人为本”。智慧城市在技术上实现城市形态升级,其核心目的在于通过运用信息化手段“实现人与经济、人与社会、人与自然环境的和谐发展”。比如通过信息技术手段,打造智慧交通、智慧医疗、智慧食品等等,解决实实在在的民生问题,提高城市居民文化生活质量,构建“宜居城市”。

二、走向智慧城市:北京城市建设的必然选择

(一)北京的“大城市病”

随着我国城市化进程的加快,北京已经成为名副其实的“特大城市”。北京市统计局、国家统计局北京调查总队联合发布的数据显示:到2013年末,北京常住人口已达2114.8万人,比上年末增加45.5万人。快速的人口

① “Smart City”,The Free Encyclopedia from Wikipedia.http://en.wikipedia.org/wiki/Smart_city.

膨胀,直接导致了这座千年古都的消化不良和运行不畅,患上了严重的“大城市病”,病症主要表现在交通拥堵、住房紧张、能源供给、环境污染、大气污染、蔬菜粮食供给、垃圾治理、公共安全等方面。

比如,2013 年初,北京机动车保有量就突破 520 万大关。尽管交通设施在逐年增加,但新增的交通供给能力很快被人口增量所抵消。北京市空气质量也急剧下降,重度污染天气时有出现,“雾霾”已然成为首都北京的又一张“名片”。北京市年均可利用水资源为 26 亿立方米,实际年均用水量则约为 36 亿立方米,超出的 10 亿立方米水依靠消耗水库库容、开采地下水和应急水源常态化来维持。自然资源和社会资源在人口的压力下日渐显得匮乏的同时,治安问题却由此而显得日趋突出。一系列社会问题的凸显,引起了北京市的高度重视。2013 年 12 月,郭金龙在北京市委十一届三次全会上指出:“经过多年发展,北京发生了沧桑巨变,但快速发展中也出现了一些新情况、新问题,集中表现为‘城市病’,如人口无序过快增长、大气污染、交通拥堵、部分地区环境脏乱、违法建设问题突出等。这些问题已经严重影响到北京的可持续发展,影响首都形象和人民群众的生产生活,必须痛下决心进行治理。”①在对北京“大城市病”治理所开具的药方中,智慧城市以其特质和化解现代城市发展危机的能力,成为北京解决“大城市病”的方法之一。

(二)为何必然选择智慧城市

面对日渐严峻的城市病,在构建世界城市的过程中,北京必然选择智慧城市这一发展路径,这是由北京城市文化发展的内在需求以及智慧城市的功能和意义决定的。

第一,智慧城市建设有利于在一定程度上缓解北京面临的“大城市病”。构建智慧城市能够有效治理北京市的“大城市病”,打造“宜居城市”和“低碳生态城市”。通过将整个城市联接为一个有机整体,完善城市公共服务网络,构造一个完整的生态系统,北京市可以有效解决交通拥堵、能源

① 朱竞若:《理性对待换挡期新常态》,《人民日报》2013 年 12 月 25 日。

供给、看病困难、食品安全等一系列重大民生问题,并有效实现循环经济、文化资源、水资源的综合利用等。

第二,构建智慧城市能够转变政府管理模式,真正构建服务型政府。智慧城市将城市生态从单个组织的生产制造、部门式的社会管理模式,转变为全供应链协同生产、各部门协同管理的管理模式。在已有"数字城市"建设的丰富实践基础上,更快、更好地实现城市政府从管理到服务、从治理到运营、从零碎分割的局部应用到协同一体的平台服务的三大跨越。通过智慧化管理,能够全面提升城市运行效率,为北京城市发展提供坚实的管理保障。

第三,构建智慧城市有利于北京市新一轮的科技创新、文化创新。智慧城市的创建是以强大的科学技术作为支撑的,如物联网、互联网、NGN/NGI/NG××/NetSE/FIA/FN、移动互联网、宽带光网络、云计算、MESH、SON、SDN、大数据处理、智能运营管道等一系列网络新技术,每种技术又是一个庞大的体系,涉及众多的学科和领域,在行业越界与扩容的时代语境下,与文化业态积极融合,催生了大量文化新业态,如威客模式、多媒体广播影视等。智慧城市建设有利于人才要素、技术要素、资金要素向这些新兴产业聚集,从而推动新一轮科技创新浪潮。北京市目前已经组建了中关村物联网产业联盟,建成20万亿次公共云计算平台,助力中关村成为具有全球影响力的科技创新中心。

第四,构建智慧城市能够促进文化创意产业优化升级。智慧城市建设离不开物联网、云计算等技术的支持,而物联网涉及的技术是一个大集成,将带动大规模文化创意产业链的形成,包括物联网设备与终端制造业、物联网网络服务业、物联网基础设施服务业、物联网基础支撑产业、物联网软件开发与应用集成服务业和物联网应用服务业。据美国独立市场研究机构Forrester预测,物联网所带来的产业价值要比互联网大30倍,将形成下一个超10000亿元规模的高科技市场。世界银行的研究结果表明,一个超过百万人口的城市如果摒弃传统发展模式,在投入不变的情况下实施全方位"智慧城市"建设,将能增加城市的发展红利2.5到3倍,实现4倍左右的可持续发展目标。作为一个常住人口超过两千万的特大城市，北京智慧城市建设将为北京城市文化产业结构优化升级产生巨大推动作用。

三、北京建设智慧城市的经验借鉴

目前世界上“智慧城市”的开发数量众多，特色鲜明，全球大概有200多个智慧城市的项目正在实施中。其中新加坡、首尔、纽约、日本、欧盟等在“智慧城市”建设中取得了突出的成绩。本文在大量学者研究的基础上，对新加坡、首尔和纽约的做法进行整合，并总结出值得北京市借鉴的内容。

（一）新加坡

2006年，新加坡启动了具有重要战略意义的《智慧国2015计划（iN2015）》①，期望通过该计划在未来十年提升新加坡的竞争实力和创新能力，并利用无处不在的信息通信技术将新加坡打造成一个智慧的国家，一个全球化的城市，最终建构一个真正通信无障碍的社会环境。

“iN2015”计划重点关注感应技术、生物识别、纳米科技等技术的发展。政府主要通过四大策略以完成“智慧城市”的建设目标：一是建立超高速、广覆盖、智能化、安全可靠的网络信息通信基础设施；二是全面提高本土网络信息通信企业的全球竞争力；三是发展普通从业人员的网络通信能力，建立具有全球竞争力的信息通信人力资源；四是强化网络信息通信技术的尖端、创新应用，以带动包括主要经济领域、政府和社会的改造。“智慧国”的重点应用领域包括数字媒体与娱乐、教育、金融服务、旅游与零售、医疗与生物技术、制造与物流以及政府7大领域，建设主体为政府和企业合作。

（二）首尔

2006年，韩国政府启动了以首尔为代表的“智慧城市”（U-city）建设，U-city（Ubiquitous）即“无所不在的城市”，其核心是通过建设遍布整个城市

---

① iN2015 Steering Committee. Innovation. Integration. Internationalization. http://www.ida.gov.sg/doc/About%20us/About_Us_Level2/20071005103551/01_iN2015_Main_Report.pdf.

的互联网,使市民可以在任何时间、任何地点、通过任何电子装置获得各项信息与服务。基于建设国际一流"智慧城市"的愿景,首尔政府在规划 U-city 时构建了"FIRST 五大战略目标"和"BEST 四项关键建设"的理念体系。①

"FIRST 五大战略目标"具体如下:(1)亲民政府,包括建设 U 化行政复合都市、提供行动公众、建设 U 化投票系统。(2)智慧科技园区,包括建设 U-city 整合管理中心、建设智慧交通网络、完成电子护照入境监控系统。(3)再生经济,包括运用 U 化技术发展与扩张商业模式、推广 U-Payment 的运用。(4)安全社会环境,包括建设智慧型紧急网络系统、食品与药品来历追踪系统、建立无人化保安巡逻系统。(5)U 化定制服务,包括提供 U 化身份辨识卡、提供 U 化家庭生活。

"BEST 四项关键建设具体如下:(1)平衡全球领导地位,包括吸引 U-It 全球领先公司进驻、支援企业全球化标准定制工作、巩固 U-city 与 U 化产业。(2)生态工业基础设施,包括培养五个关键性策略产业、吸引 U 化产业聚落的龙头企业、提供工业测试平台服务。(3)现代化社会基础设施,包括健全 U-city 基本规范与政策、提升 U 化服务、避免数位落差、巩固 U 化环境的安全性。(4)透明化技术基础设施,包括落实 U-It839 策略政策、开发 U 化服务核心技术。

首尔 U-city 的重点应用领域包括福利、文化、环境、交通、商业和行政管理,建设主体为政府与民营力量合作。

(三)纽约

在坚实的信息化基础上,2009 年 10 月,纽约政府宣布启动"连接的城市"(connected city)行动,以增加普通民众与政府的联系、人与人之间的联系、企业与政府的联系以及企业与民众的联系,要利用信息通信技术,使纽约在信息时代走在世界城市的前列。这项行动的重点内容包括以下

① Kim J Y.NIPA e-Government International Cooperation.Korean National IT Industry Promotion Agency. http://www. koafec. org/admin/en/documents/fire. jsp? filename = 6.%20NIPA%presentation.pdf.

七项内容:①

一是“311”网络版、移动版服务。纽约的“311”市民服务热线与苹果公司合作,建设推广热线的移动版,使市民可以利用 iPhone 手机的 GPS 定位系统随时随地将图文并茂的信息传到“311”服务部门。

二是推进“电子健康记录”工作。2005 年,纽约调拨 1500 名健康保健师,启动了电子健康记录系统和服务的建设。2009 年,美国联邦政府与纽约健康和心理卫生局携手推进该工作,使其发展成为智能高效的城市保健系统。

三是实施“纽约城市 IT 基础设施服务行动”计划。纽约市拥有众多的数据中心,且管理混乱、运营成本高、工作效率低下。为此,由纽约信息技术局和通信局牵头,着力整顿了全市散乱独立的数据中心。

四是电邮系统升级改造。要求各级政府部门使用统一的电子邮件系统,并将电子邮件预先分类,以提高政府官员的工作效率。

五是建立“纽约城市商业快递”网站。该网站及时地提供覆盖 15 个行业领域的政府政策导引,为全市 92%的小企业提供服务。

六是向低收入群体普及宽带业务。纽约政府提出开展宽带服务进社区、进校园等系列计划,以便让互联网服务于每一个纽约人。

七是建立智能停车系统。纽约市政府提出采用新技术开发智能停车系统,以便掌握纽约各大停车场的即时车位图像信息。

纽约市的重点应用领域包括教育、医疗保险、能源管理、公共安全、交通和政府数据中心。建设主体为联邦政府政策支持,鼓励民营企业积极参与,引入竞争机制。

通过新加坡、首尔、纽约智慧城市建设过程中采取的系列措施,我们可以发现,上述城市在“智慧城市”的建设具有以下几点共同经验:

第一,由政府进行主导,制定中长期的发展政策,强调政策、规划和顶层

---

① Road Map for the Digital City—Achieving New York City's Digital Future. http://www.nyc.gov/himl/media/PDF/90dayreport..pdf.

设计的作用，循序渐进地推进“智慧城市”建设。

第二，政府在进行顶层设计时，有一个明确、清晰的定位，无论是新加坡的“智慧国”、韩国的“U-City”，还是纽约的“连接的城市”，均在“智慧城市”这一大的概念下，针对本市具体情况提出了更精准的定位，避免了在“智慧城市”这一大概念下摸不准建设方向。

第三，正确选择并实施适合本市的建设方案。新加坡尤其强调建设“智慧城市”要促进信息产业的发展；纽约则强调增加普通民众与政府、人与人、企业与政府、企业与民众的联系；首尔针对新城区和旧城区的建设情况，制定了不同的“智慧化”策略。

第四，鼓励民间力量参与“智慧城市”建设，三个城市的建设主体均是政府与民间力量合作，纽约市还引入了竞争机制。

第五，注重现代化基础设施的建设，尽可能扩大“智慧城市”网络的覆盖范围，消除数字鸿沟，并强调建立技术先进、不断升级的网络基础设施。

第六，在信息化建设的基础上，重视“城市综合发展”层面的建设，将信息技术运用于城市多个领域，构建起综合的、立体的、全面的“智慧城市”。

第七，均注重民生问题的解决，将公共安全、社会福利、交通、医疗、教育等与民众利益切实相关的公共服务作为“智慧城市”建设的首选和重点。

四、北京市建设智慧城市的对策建议

充分利用现代科技，在信息化、网络化、数字化的基础上强化智慧城市建设，是北京在城市建设过程中的必然选择。推进智慧城市建设步伐，既有利于北京解决城市发展过程中“大城市病”，也是强化人文北京、科技北京、绿色北京建设的重要手段。

2012 年 3 月 7 日，北京市政府发布了《北京市人民政府关于印发智慧北京行动纲要的通知》（京政发〔2012〕7 号），从《通知》规划的 2015 年行动目标看，智慧北京发展目标的落脚点主要在“城市运营管理体系”、“数字生活环境”、“新型企业运营模式”和“政府整合服务体系”四个方面。《通知》

明确提出到 2015 年主要推进“八大行动计划”：城市智能运行行动计划；市民数字生活行动计划；企业网络运营行动计划；政府整合服务行动计划；信息基础设施提升行动计划；智慧共用平台建设行动计划；应用与产业对接行动计划；发展环境创新行动计划。

在八大行动计划中，“城市职能运行行动计划”与“发展环境创新行动计划”二者所占篇幅较大，由此也可反映出北京市政府对于通过智慧城市建设解决北京人口管理、交通改善、生态治理、社会治安等方面的系列问题。“智慧城市”的建设贵在因地制宜，依据不同城市的具体情况，选择不同的发展路径。

（一）从规划角度做好智慧城市规划的顶层设计

目前，为推进北京智慧城市建设，北京市有关部门出台了《北京市“十二五”时期城市信息化及重大信息基础设施建设规划》（2011 年 9 月）、《智慧北京行动纲要》（2012 年 3 月）等相关规划文件，对北京市未来智慧城市建设进行了整体上的规划。在具体措施上，北京市重点结合物联网应用建立了物联传输专网，选用 TD-LTE4G 标准，目前覆盖到四环以内所有物与物的通信；在政务领域，北京市规划建设“1+1+16”框架，即一个市级的政务云，16 个区县和重点领域，以云计算的集中化为载体，逐步推进资源整合和业务集中；在城市安全运行和物联网安全示范工程方面，共分为十个工程，整体架构“1+1+1”，“1”是市领导的应急指挥平台，中间是物联网传输平台以及 10 个应用工程。①

相关规划为北京智慧城市建设的整体路径、顶层设计打下了良好基础，表明北京市已经充分认识到智慧城市对于北京城市发展的重要作用和意义，但同时，在相关规划制定和推进的过程中，也应充分认识到智慧城市建设不仅仅是当代信息技术的革新与应用，更是城市发展模式、管理模式、运营模式的转型升级。因此，在相关规划推进的过程中，在强化信息建设、数

① 《北京市经信委：北京智慧城市的规划与实践》，http://news.dichan.sina.com.cn/2013/02/06/647667.html。

字建设等基础设施建设的同时,更应注重城市发展的"综合智慧",在智慧城市整体理念的引导下,充分推进智慧城市规划与交通、人口、环境、旅游、文化等其他规划的结合与有效对接。

(二)注重公众需求,将"需求导向"作为北京智慧城市建设的重要评价指标

"城市,让生活更美好",是2010年上海世博会的主题,也是人类城市发展最为重要的目标所在。智慧城市建设过程中的所有努力——无论是对现代"都市病"的解决,还是数字化生活环境的营造——也必须以提高市民生活质量而不是以提升经济效益或强化管制政府为旨归。正如刘易斯·芒福德在其代表作《城市文化》中所指出的,"生命机能的标准必须凭借休闲、健康、生物活动以及感官愉悦和社会机遇得以体现",只有这样,才能使得城市中"最美好的生活成为可能"。①

北京在智慧城市建设过程中,必须将提高居民生活质量作为核心价值,努力以创新、集成和协同的方式管理和服务城市居民。袁文蔚与郑磊在《中国智慧城市战略规划比较研究》一文中,对上海、佛山、宁波、深圳四个城市在建设智慧城市过程中的政府文件进行比较研究后认为:虽然两岸城市在智慧城市建设过程中都就医疗、教育、社会保障等民生问题提出了智慧解决方案,但二者在出发点和落脚点上都有所差异,大陆城市政府多采用"政府主导"和"部门导向"的方式,自上而下地推动各项智慧应用建设;而台北政府则主要采用"公众主导"和"需求导向"的方式,自下而上地建设公共智慧服务方案,通过邻里网站、社区资源网等的整合实现"网络社区化"的目标。② 北京在未来智慧城市建设过程中,也应充分借鉴台北的有益经验,在完善"96156社区服务平台"、"221信息平台"、"农村信息管理系统"等信息系统建设的过程中,强化"需求导向"理念,避免传统政务管理过程自上而下色彩过浓的现象,真正从市民、外来务工人员、流动人口等城市居

① [美]刘易斯·芒福德:《城市文化》,宋俊岭等译,中国建筑工业出版社2009年版,第464页。

② 袁文蔚、郑磊:《中国智慧城市战略规划比较研究》,《电子政务》2012年第4期。

民或“准居民”的现实需求出发，完善基层社区的智慧化建设，使得普通大众能够真正从北京智慧城市建设中受益。

（三）采取以重点突破与整体推进相结合的发展模式

就2013年国家公布的193个智慧城市试点名单看，东部城市与西部城市之间、发达城市与欠发达城市之间、大城市与中小城市之间，在智慧城市发展的现实基础与目标定位上都存在很大差别。单纯就北京而言，各区县之间在基础设施、发展现实与发展目标之间也存在较大差异。因此，北京智慧城市建设过程中，既要做好整体性的顶层设计，从整体规划角度确定北京智慧城市发展的战略目标，同时也要兼顾各区县之间的现实差异，难以统一要求、平均推进。所以应首先在北京东城区、北京市朝阳区、北京未来科技城、北京市丽泽商务区、北京经济技术开发区、房山区长阳镇等进入国家智慧城市建设试点名单的区县重点推进。按照国家改革创新的精神指引，在政策扶持、体制机制等方面采取先行先试策略。在推动其达到国家智慧城市建设三星最高标准的同时，将相关成功经验进行全面推广，在重点突破的基础上带动整体推进，避免撒胡椒面式的平均化弊病。

（四）建立智慧城市建设的协调机制

到目前为止，国内智慧城市建设仍处于探索阶段，难以找到可复制的典型样本，智慧城市建设的整体推进机制也未能充分建立。如上文所述，智慧城市建设不单纯是信息化、数字化方面的硬件推进，更涉及政策、法规、信息等软件内容的配套完善。因此，在智慧城市建设过程中所涉及的政府部门既包括经济和信息化委员会等具体主管部门，在具体推进中也与规划、发改甚至文化、旅游等部门有着各种各样的联系。比如，北京旅游发展委员会便结合智慧北京建设制定了《北京“智慧旅游”行动计划纲要（2012—2015）》，2014年也被确定为“智慧旅游年”；北京市社会建设工作办公室发布了《关于在全市推进智慧社区建设的实施意见》，力争到“十二五”期末，在全市建设1500个左右的“智慧社区”。推进主体的多样性决定了北京智慧城市建设过程中应建立并强化各方协调机制。应由市委市政府主要领导挂帅，建立智慧城市联席会议机制，定期召开智慧城市工作调度会、协调会，整体解决智慧城市建设过程中面临的各种问题。同时，在联席会议的基础上，建设智慧城市建设专业信息平台，汇总智慧城市建设相关信息，分享智慧城市建设的成功经验，并形成专题报告定期报送主要负责领导及经信委等主管部门。另外，也应结合联系会议、信息平台，邀请有关专家组成北京智慧城市建设专家委员会，以论坛、课题、报告等形式深入研究北京智慧城市建设的各种问题，总结国内外智慧城市建设的有益经验，供主管领导与主管部门参考。

（五）强化智慧城市建设的区域联动

区域联动是整合资源的有效方式。郭金龙同志指出：治理北京“城市病”必须进一步拓宽视野、开阔眼界，“破除行政区划束缚，从促进区域协调发展、积极融入首都经济圈、京津冀一体化发展的新视角审视首都工作，找到功能疏解的新空间，找到产业优化升级梯度转移的承接地，找到首都可持续发展的新起点。”①在北京城市发展过程中，京津冀一体化的重要性日渐凸显，无论是产业转移还是交通、人口、环境等方面的综合治理，都需要北京强化与天津、河北等周边区域的合作。这一点在北京环境治理方面的迫切性更为突出，李克强总理在会见出席 2013 夏季达沃斯论坛的企业家代表时也曾指出，在打赢环境治理“攻坚战”的过程中，“京津冀鲁地区减少 8000 万吨煤的消耗”是其中的重要措施之一。在强化与京津冀一体化合作的过程中，北京也必须面向未来，从智慧城市建设的角度强化与天津、河北等周边地区的区域联动，在网络、数字化等硬件基础设施实现互联的前提下，打造京津冀一体化的智慧都市圈。

① 《北京市委书记郭金龙：治“城市病”须深化改革》，《新京报》2013 年 12 月 9 日。

2013年网络媒介中北京历史名城的文化传播

黄仲山*

摘　要：2013年，北京历史名城在网络中形成了较好的文化传播氛围，相比往年，这种文化传播在形式、内容和效应上出现了新的提升和改进，充分利用了网络传播即时性、延伸性、交互性和灵活性的特点，让网络受众获取新鲜而丰富的文化体验。然而，技术瓶颈、发展失衡、网络沟通障碍、管理不善等问题也困扰着网络媒介中北京历史名城的文化传播，需要从管理、人才、发展理念等多方入手，利用好网络平台，进一步推动文化传播的发展。

关键词：网络媒介　北京历史名城　文化传播

北京是世界著名古都和历史名城，又拥有得天独厚的网络资源，可以充分利用网络进行历史名城的文化传播。2013年，围绕北京历史名城的历史传承、遗产保护和文化精神弘扬等命题，网络媒介积极参与相关信息发布、知识探讨和文化传播活动，传播形式不断创新，传播内容不断深化，传播效应不断提升。

一、2013年网络媒介中北京历史名城文化传播的态势分析

（一）网络传播多元语境带来的角色新定位

北京历史文化名城是一个公共性话题，网络中参与此话题传播的角色

* 黄仲山，北京市社会科学院文化研究所助理研究员，博士后，主要从事城市历史文化和美学研究。

大致可分为政府官方、社会团体和个人(具体情况见表 1),共同搭建了信息分享、观点沟通、文化交流的桥梁。通过网络,北京历史名城的文化传播深入社会各群体,重新定位传播链条中的角色,汇聚各种意见和力量,推动北京历史名城的文化弘扬和历史文化遗产保护。

表 1　参与北京历史名城文化传播的主要网络平台示意图

类　型		媒体代表	内容偏重	传播对象
综合性门户网站		新浪、网易、腾讯	时事新闻报道	普通网民
		千龙网、北京网	时事新闻、历史文化专题报道	普通网民、热心网民
文化机构	网站	北京文博网、北京文化热线网	文化政策宣传、文化信息发布	热心网民、专业人士
	微博	北京文博		
文物保护单位	网站	故宫博物院官网、颐和园官网、天坛公园官网	活动信息发布、景点虚拟导览、历史文化知识解读	热心网民、专业人士
	微博	故宫博物院(新浪微博)、颐和园(新浪微博)、天坛公园(新浪微博)		
商业文化团体	网站	全聚德股份有限责任公司网站、北京东来顺集团有限责任公司网站、北京集古斋网上私人博物馆	文化、商业信息发布、历史文化信息介绍	普通网民、热心网民
	微博	北京盛锡福(新浪微博)、瑞蚨祥(新浪微博)		
民间文化团体	网站	艺驿网、北京文化遗产保护中心(CHP)网、老北京网、墙根网、胡同人网站	公益活动信息发布、历史文化信息交流	热心网民、专业人士
	微博	北京文化遗产保护中心(新浪微博)		
文化公益人士博客、微博		解玺璋新浪博客,华新民网易博客、罗亚蒙(新浪微博)、熊天宇 Bearsce(新浪微博)、北京正阳门郭豹(新浪微博)、夏宫的刘阳(新浪微博)	公益活动信息发布、历史文化信息交流	热心网民、专业人士

从表 1 可以看出,全国各大综合性门户网站——人民网、新浪、腾讯、搜狐、网易等,信息覆盖面广,辐射范围大,活跃程度高,在传播中担任重要角色。然而这些网站信息分类庞杂,针对北京历史名城的报道深入性和专业性不够,内容上以时事新闻居多,原创性比较缺乏,多为转载的文章。2013 年,新浪网新闻以北京历史名城为关键词的有 250 篇左右,与主题有效关联的有 90 篇,绝大多数为转载《北京晚报》、《北京晨报》、《北京青年报》、《京华时报》等纸媒的文章。千龙网是定位北京地区的综合性门户网站,传播北京历史名城信息更为细致深入,在文化频道开辟专版解读北京历史文化,介绍文化遗产保护动态,这种传播针对性强,信息密集度高,为受众提供了集中有效的文化资讯服务。

北京市文化机构和文物保护单位网站和微博是北京历史名城文化传播重要基地。到 2013 年,北京现有的 6 个世界文化遗产管理机构全部开通官方网站,125 家全国重点文物保护单位中的 30 多家开设专门网站,这些网站肩负着文化传播功能,提升了历史文化遗产的公众影响力。文化机构和文物保护单位还利用微博发布权威信息,历史街区改造、文物保护单位修缮、历史文物展览等文化信息,在网络中被多角度解读,甚至发酵成影响颇广的公共性话题。

全聚德、东来顺、盛锡福、瑞蚨祥等商业老字号通过网站讲述历史掌故,传承老字号文化。一些公益团体建立网站,开通微博,积极介入北京历史名城的遗产保护和文化传承。公益团队"守望圆明园志愿者保护队"发起建立"梦回圆明园"网站,集中关注圆明园的历史与现状,2013 年,该网站一直坚持对圆明园遗址进行现场探访,将遗址清理、整修等动态信息通过图文形式在网上实时发布,体现公益人士对圆明园遗址保护的关切以及参与文化遗产保护的责任意识。

普通网民是文化传播的受众,也承担传播者的角色。在人人都是自媒体的时代,网络使每个人都变成信息源,普通网民通过论坛发帖、评论,在微博上"晒"见闻、评历史、述传说,成为文化传播的主角。老北京网、墙根网、胡同人网站等一些民间网站和论坛聚集了一批关注北京历史文化的热心网友，以保护北京历史文化遗产、传播名城文化为宗旨，形成历史名城文化传播不可忽视的力量。

（二）网络传播技术带来的北京历史文化新体验

随着网络传播技术的不断发展，网友们可以通过网络及时获知北京历史名城相关的最新资讯，通过文字、图片、视频（包括微电影）等丰富的形式，获取北京历史文化的新体验。

首先，许多历史文化活动突破传统模式，利用网络交流平台，线上线下相互呼应，使得活动更为精彩丰富。2013年2月24日，北京龙泉寺举办元宵网络灯会，为传统灯会增添技术支持和延伸服务。主办方利用网络进行中英双语的活动主题介绍以及现场游览导引，提供QQ在线咨询，在线猜灯谜，组织“自制灯笼大赛”，给网友提供了传统灯会之外的新鲜体验。

其次，网络传播技术使得历史名城信息能够以图、文、视频等丰富的形式展现出来。电子杂志用超文本等形式整合图、文、视频等信息，提供纸质杂志无法比拟的超炫浏览体验。近年首都之窗网站的人文北京频道推出“风韵北京”系列电子杂志，有“城池漫游”、“故城寻梦”、“名胜巡礼”、“非物质文化遗产”等，2013年最新推出的是“皇城的建筑艺术”系列，制作精美、品味高雅、历史文化蕴含深厚，无论从艺术角度还是从文化信息传播角度来看，都堪称精品。此外，近些年微电影、微视频在网络中大放异彩，许多微电影通过故事的形式讲述对北京古都的热爱。2013年，《北京我爱你》这部7分钟长度的微电影受到网友热捧，讲述自2013年北京开始实施“72小时过境免签”政策后，一个加拿大多伦多美女在北京的72小时旅行故事，观赏京腔京韵的国粹表演、感受老北京的胡同生活，参观壮美的皇家园林，从一个外国旅行者的视角，展示北京这座历史名城古老与现代交织的魅力。

再次，近年许多文化机构、文保单位加快数字化建设步伐，尝试运用数字技术促进文化遗产的保护。2012年10月，“第二届文化遗产保护与数字化国际论坛”在北京举办，来自雅典卫城、颐和园、故宫等国内外著名文化遗产管理机构的代表介绍了利用数字化技术进行文化遗产保护的最新进展，来自海内外多个高校和科研机构的科研人员介绍了虚拟现实、社交网络、物联网等新技术在文化遗产保护领域多方面应用。这个论坛自 2010 年开始在北京举办，每两年一届，在文化遗产数字化方面搭建了国际交流的桥梁。2013 年 5 月 30 日至 31 日，“2013 年北京数字博物馆研讨会”在首都博物馆举行，会上探讨了近年来数字博物馆建设的新成果和新方向，包括基于网络平台的博物馆数字化建设经验交流和成果展示。

目前移动互联网发展迅猛，北京历史名城的文化传播也在借势拓展新的空间，让人们通过智能手机、平板电脑等移动互联网终端体验北京的历史文化，分享相关的信息。2013 年 5 月 23 日，故宫针对移动设备平台，推出了首个 iPad 应用《胤禛美人图》，以人们习惯的网络交互和浏览方式，初次尝试以移动网络应用的方式向公众展示故宫的藏品及其相关的文化信息。这个应用带来的是全新的视觉享受和互动体验，体现了移动互联网数字化应用技术的独特魅力。院方还表示，今后将研发更多的数字应用，让故宫文化传播以更加生动有趣的方式，吸引更多的公众参与。

（三）网络文化信息分众传播带来的新格局

随着新媒体时代的来临，媒体的运作方式和运作理念也产生了质的变化，分众化传播成为网络媒体优化信息、实现传播效果最大化的手段。网络的分众化传播模式契合了不同人群的接受习惯和信息需求，到 2013 年，网络中北京历史名城文化传播初步形成了三级传播格局，即以新闻事件为中心的浅层报道，以历史文化专题介绍为中心的次深层推送，以及以历史文化深度解读为中心的深层交流，满足了不同受众群体的信息需求。

网上信息量太大，普通网民对公共性话题一般不会作太深入的关注，即便关注也与网民兴趣点和利益点相联系。网民对北京历史名城的日常关注多来自新闻事件，且带有某种程度的猎奇心理和八卦心态，2013 年 5 月 4 日，故宫翊坤宫的一座清代钟表受到游客损坏，这一新闻立即登上网络头条，人们将这一事件与当时热播的电视剧《甄嬛传》联系到一起。翊坤宫是《甄嬛传》里华妃的居所，网络对这一事件的报道多少都有点娱乐心态，网易的标题为《游客至翊坤宫文物受损，网友吐槽“华妃要怒了”》，腾讯则是《翊坤宫文物遭游客损坏，网友调侃华妃之物也敢碰》，这些标题虽能抓人眼球,但作为文化传播只是浅表层次的,涉及核心文化信息并不多。

网络上积聚着一批热心北京历史名城文化传播的网民,他们更关注专门性的集中报道和历史文化主题探讨,网络上的新闻专题以及文化专栏满足了这一群体的需要。针对本年度北京历史名城相关重要话题,不少网站进行了专题策划。关于2013年北京建都860周年这一重要事件,千龙网、中国文化传媒网等策划了纪念专题,汇聚了有关新闻事件,并进行适当的历史文化背景介绍,这属于次深层的文化传播,兼有普及性与专业性的特点。此外,网上有对北京历史名城的研究性解读和深度交流,针对和参与的多为文化界人士和专家群体,北京市规划委员会网站开设了“北京历史文化名城保护专栏”,其中有法律法规汇编、中外媒体信息参考,这些非常专业的信息满足了研究专家的需要。

二、网络传播北京历史名城文化的特点分析

网络信息传播的重要特征和优势是信息发布的即时性、话题讨论的延伸性、传播各方的交互性以及传播方式的灵活性等,体现在北京历史名城的网络传播上,形成与传统媒体传播不一样的特点。

(一)利用网络媒介即时性,快速发布名城保护等讯息

网络提供了信息即时传播平台,利用网络可以将北京名城保护动态和文化讯息以最快速度发布出来。文化机构、文物保护单位的官网和微博经常第一时间发布官方组织的活动,让公众及时了解名城保护等方面的动态和进展。

北京文博网(北京市文物局官方网站)首页公告栏有文博信息、招中标公告、展览展示和文件通知四个栏目,公众可以了解最新文博动态、历史文化遗产的保护维修情况、文化遗产的展览展示情况等信息。该网站信息更新较快,截至2013年11月25日,本年度文博动态有305条,平均每天接近1条;招标信息54条,中标信息45条,大部分为文物保护以及古建筑维修项目;展览展示信息有45条,主要为本年度北京文博行业的文物、文化展

览、展示活动。从以上数据可以看出,2013年文博网发布的文博信息较丰富,更新较快,通过便捷的网络平台,北京市文物局增加了文保工作信息的透明度。

网络媒体利用自身信息传播即时性的特征,抢先发布有关北京历史名城保护和文化传播活动第一手讯息,这在微博平台上表现得最为明显。北京市文物局官方微博"北京文博"通过"#文博资讯#"、"#展讯速递#"、"#工作动态#"等栏目标识,提醒微博网友最新的文保工作和活动资讯。目前微博已成为网友获取名城保护等讯息最快捷的渠道,微博的官方认证身份又为这些讯息提供了可靠保障,满足了信息时代传播的快速化、可靠性要求,为网络媒介文化传播开拓了巨大的生存空间。

(二)发挥网络传播的延伸性,引导相关话题深入探讨

北京有许多关心历史名城保护、热心名城文化传播的有识之士,网络媒体对这些人物的报道往往引发相关讨论。2013年10月22日,被誉为"活北京"的中国科学院院士、北京大学教授侯仁之先生病逝。侯仁之先生对北京的历史文化了解透彻,是北京历史名城的守护者,他的去世在网上引发了悼念活动,新浪微博的"微话题"发起了"#纪念侯仁之先生#"主题悼念活动,这在网上掀起了"谁来守护北京历史文化"的话题,远远超出了知名学者逝世这个新闻事件本身,将公众的目光延伸到北京历史名城保护这个大的命题。在网络中,这种由人物报道向话题讨论延伸的情况体现了网络传播延伸性的特点,围绕单个人物的报道就有了更深层的意义。

网络中单个事件常常触发北京历史名城的主题讨论。2013年6月,坐落于北京市东城区的现代建筑银河Soho获得英国皇家建筑师学会(RIBA)授予的国际奖项,这则消息一经发布,在网络上引起广泛的质疑,因为这座建筑正处于北京市旧城保护范围内,是拆除了大量的胡同、四合院以后建立起来的。北京古城保护的知名人士华新民在微博上提出抗议:"它令热爱北京老城的人受到伤害并感到愤怒。"民间文化遗产保护组织北京文化遗产保护中心(CHP)在网站上挂出了《为Galaxy Soho获得英国皇家建筑师学会2013年国际大奖事,致英国皇家建筑师学会的信》,信中认为银河Soho

是破坏北京老城的典型案例,却不幸成为该建筑师学会的获奖作品,这变相鼓励了破坏古城的行径。古城保护的热心人士通过网络媒介表达了愤怒和不满,广大网民也在论坛和微博上发表评论,表示对此事的遗憾和焦虑。由建筑获奖这一新闻事件引发的文保之争在网络中扩散,专业人士、意见领袖率先发声,得到网民广泛响应,在社会中形成较大反响。这种由新闻事件衍生为公共话题的例子在网络上普遍出现,拉长了新闻事件的曝光率和曝光时间,有效地提升了名城保护话题的关注度。

(三)借助网络传播的交互性,最大限度吸引公众参与

网络媒介一个重要优势是信息的交互分享,在北京历史名城的文化传播中,网络媒介打破传统媒介的单向传播方式,吸引公众参与讨论,积极投入到名城保护实践中去。

2013 年 5 月,北京市西城区新闻办发布了一则消息:将投资 83 亿元进行什刹海地区的改造。此消息在网上引起了广泛关注和争议,什刹海地区是北京的一道历史名片,针对什刹海地区的改造牵动着网民的心。人民网在传播这条消息的同时,进行了一项网上新闻调查,调查内容为“你赞成改造什刹海吗?”调查结果显示,有 52.5%的网民表示不赞成,赞成的网民则为 47.5%,人民网作为网络媒体,很好地发挥了网络媒体互动优势,搭建起了网民发表意见的平台。

许多热心网民通过线上交流和线下活动,通过网络参与实际的守护工作,将北京历史名城的网上传播者和实际守护者双重身份结合起来。2013 年 5 月 8 日—10 日,新浪 10 位资深微博达人举行“带上微博东城行”活动,骑车漫游魅力东城,微博实拍雅俗共赏的皇城根,被新浪城市频道“微博汇”栏目评为“最深度文化传播”。这种线上线下的互动将网民力量充分延伸至网络之外,通过线下的活动巩固了网上文化传播的效果。

网络传播的交互性真正促进了官方与民间的沟通。2013 年 6 月底,北京市西城区通过官方微博“北京西城”收集网友关于西城历史文化名城保护的意见,并邀请文物保护专家、网友以及当地居民共同商议保护西城的历史文化资源。西城区表示,利用“北京西城”官方微博与网民沟通将成为一

种常态。政府在名城保护等方面，是政策的制订者和措施执行者，通过网络听取网民的意见，有利于政策方针的推行，促进自身认识和工作方法的完善。

（四）发掘网络传播的灵活性，全方位展现古都魅力

网络技术的发展应用赋予网络传播极大的灵活性，可将北京历史古都的文化魅力全方位展现出来。

网络中关于北京历史名城的传播涉及内容很广，大到古都发展建设的整体规划，小到地道“北京味”的各种小吃等，传播形式不拘一格，根据传播需要整合了多种资源，灵活搭配图、文、影像等展示形式，创造出让人耳目一新的传播效果。2013 年 4 月 7 日，千龙网推出北京视觉展——“美丽北京”，通过网络图片和视频等形式，展示北京独特的历史气质与文化古韵。作为网上展览，内容上体现了北京历史与现代交错的魅力，网页元素上借鉴了北京四合院的装饰风格，极具观赏性。

微博信息传播短平快，更充分体现了网络传播的灵活性。新浪微博利用微博平台开创了许多灵活新颖的传播方式，如“微访谈”、“微话题”等。2013 年 9 月 6 日，新浪微博邀请圆明园青年研究专家刘阳做客“微访谈”，进行一场名为“圆明园魂归何处”的在线访谈，接受网友互动提问，对圆明园历史与现实等问题进行现场解答，取得了很好的传播效果。

网络传播中，北京古都魅力体现在专门网站的历史文化专题介绍中，体现在普通网民发布的点滴体验中，有从大处着眼的粗略勾勒，有从小处入手的精细描画，北京古都形象在网络中显得丰富而立体。

三、网络媒介中北京历史名城文化传播存在的问题

北京历史名城的文化传播借助网络平台，拥有一个广阔的发展空间。在实际的传播过程中，也存在不少亟待解决的问题，具体如下：

（一）网络数字技术瓶颈的存在影响传播效果

网络技术的不断发展给文化传播的内容和形式都带来巨大改变，网友

们可以通过网络了解、感受北京历史名城丰富的文化，掌握最快的资讯、分享最炫的体验、获得最真实的情感。

然而，这种传播仍有不少技术瓶颈需要突破，尤其是对网络资源要求较高的视频观看、在线游览等，常受制于目前的数字网络技术。在历史遗址和博物馆的虚拟导览方面，虽然目前虚拟现实技术不断推陈出新，但图像压缩技术、数据传输技术以及网络流量限制等技术瓶颈制约了在线观赏的效果。颐和园、故宫博物院等网站着力建设虚拟游览平台，但多为链接文字和图片的方式，三维技术还未全面铺开，离360度数字化全景式逼真效果还很遥远。目前，除了图像和文字，许多网上视频受网速限制，存在下载过慢、观看不畅等问题，网页制作受到限制，网络传播的预期效果难以实现。

北京历史名城文化传播在移动互联网领域同样存在技术瓶颈，目前WiFi未实现全覆盖，网速问题未得到解决，移动网络数据传输速度与稳定性都受到制约，影响文化传播效果。随着3G移动用户越来越多，4G牌照在2013年12月开始向运营商发放，移动网络的数据传输瓶颈有望得到突破，历史名城文化传播将会在移动互联网领域得到进一步发展。

（二）部分网络平台的建设与维护不力影响沟通氛围

网络传播的活力在于各方维持积极交流的氛围，网站和微博作为沟通渠道，要维持活力需要持续积极地投入。一些文化部门和文保单位虽成立网站，开通微博，但在网站建设和微博维护中存在旧、慢、呆、少等问题。不少网站和微博内容陈旧，更新缓慢，显然缺少专门人员进行日常有效管理；有些网页和微博界面设计呆板，形式上没有展示北京的历史文化元素，体现与传播内容相一致的美感，削弱了文化传播效果。

网络给传播各方提供了很好的互动交流平台，然而一些单位和部门将官僚作风带到网络中，很难放下姿态与网民进行平等互动，已开通的交流平台流于形式，网民所提涉及遗产保护等方面的疑问得不到及时回应，严重打击了网民积极性。这些网站和微博在网民中人气很低，在传播中未能产生积极效应。

（三）区域、领域分布不平衡制约文化传播整体成效

在网络中北京历史名城的文化传播总体发展迅速，但存在区域、领域分布不平衡的问题，文化传播呈现城市历史文化核心区域和领域强而外围区域和领域弱的局面，造成资源过于集中，制约了北京在网络中打造历史名城文化形象的整体成效。

区域不平衡指北京不同地区在网络传播力度和效果上存在较大差距。东城区和西城区拥有众多历史文化资源，网络中对本地区乃至整个北京历史文化的传播非常活跃，历史文化传播信息量大、互动性强、效果好。海淀、朝阳等文化强区也比较注重借助网络进行本地历史文化传播，相比之下，北京周边区县无论在网络参与度、信息密集度、传播活跃度等方面都比不上那些文化实力强的区域。

领域不平衡是指网络中北京历史名城传播所包含的不同领域存在差距。紧密衔接现代生活的历史文化信息、与旅游休闲相关的历史文化景点、国家重点保护的历史文化遗产、市场化程度较高的历史文化资源等，特别容易受到公众关注，传播相对比较活跃。以微博为例，北京一些主要的文化机构和文保单位微博在受关注程度和活跃度等方面差别很大，下表为粗略的统计（数据截至2013年11月20日）。

表2　2013年北京部分文化机构、文保单位微博传播情况

序号	微博昵称	认证信息	粉丝数	2013年发博数	历史文化相关博文	主题关联率
1	北京文博	北京市文物局官方微博	70594	485	432	89.1%
2	文化北京	北京市文化局官方微博	94108	2264	1791	79.1%
3	国家博物馆	国家博物馆官方微博	1441108	2164	1284	59.3%
4	故宫博物院	故宫博物院官方微博	1216314	540	389	72%
5	首都博物馆的文化表情	首都博物馆官方微博	217521	917	812	88.5%
6	颐和园	北京市颐和园管理处官方微博	10914	972	105	10.8%
7	天坛公园	天坛公园官方微博	14285	90	7	7.8%

续表

序号	微博昵称	认证信息	粉丝数	2013 年发博数	历史文化相关博文	主题关联率
8	圆明园遗址公园	圆明园遗址公园	22940	189	134	70.9%
9	中国恭王府	文化部恭王府管理中心官方微博	1445	27	27	100%
10	雍和宫 Lama-temple	北京雍和宫管理处官方微博	4152	12	7	58.3%
11	北京市陶然亭公园	北京市陶然亭公园管理处官方微博	4343	1313	241	18.4%
12	文化前门	北京市前门大街管理委员会官方微博	10438	303	168	55.4%

统计结果显示，这些微博粉丝数与发博数量基本成正比，说明微博活跃程度与受关注度大体相互关联；微博受关注度还取决于文化机构和文保单位占有历史文化资源的数量和质量。北京市文化局和文物局整合了市内各种历史文化资源，信息发布权威且丰富全面，较受网民关注；国家博物馆、首都博物馆等地历史文化资源丰富集中，也受到网民追捧；故宫、天坛、颐和园这些世界文化遗产在微博中占据传播优势，恭王府、雍和宫、陶然亭公园等则稍逊一筹。除客观条件外，微博管护状况也影响受关注程度，历史文化关联度高、有质量的主题博文关注度更高，转载更多，吸引粉丝更多。北京市陶然亭公园 2013 年发博量虽有一千条之多，但原创主题博文占比并不高，不能有效地促进粉丝数量的增加。前门大街微博虽博文不多，但突出了前门大街历史民俗宣传，紧扣 2013 年重大活动如“第四届前门历史文化节”这些主题，所以吸引了众多网民关注。

（四）专业语境和网络语境抵触形成交流障碍

网络媒介在传播中大量使用网民所习惯的一套网络用语，形成所谓的网络语境。北京历史名城的文化传播涉及一些专业性较强的知识，许多从事名城保护和名城文化研究的专家参与其中，一些专业用语因此被移植到网络传播中，出现了专业用语和网络用语相抵触的情况，成为了专业人士与普通网民的交流障碍。原因之一是某些专家在这方面的传播不接地气,未能主动考虑网络受众的接受习惯和文化心理,将专业内容和网络语境很好地融合起来。

在网络信息爆炸的时代,网民在网上接受信息时会滤掉知识背景和兴趣点之外的东西,网络媒体在进行北京历史名城相关信息推送时投网民所好,弱化和稀释专业色彩。涉及北京历史名城保护与文化传承的一些新闻事件,许多网站通常选择普通民众感兴趣的话题进行报道,千龙网 2013 年 7 月 8 日发了一篇文章《北京旧城人口疏散,人均安置费 80 万》,这篇文章标题所提到的人均安置费是根据北京市规划委员会和城市发展研究院发布的一份《北京历史文化名城保护评价体系研究报告》测算出来的,网络媒体利用这一标题先抓住人们的眼球,然后介绍比较专业的研究报告内容,这是针对大众传播的策略。这种传播表面看是在弥合大众与专家之间存在的鸿沟,但从实际效果来看却是低层次的,客观上将报道中一般内容和专业内容作了切割,在短期内抓住了眼球,却并不能深入引导网友进入更专业的领域。

除了专家和网络媒体,网民是传播中的重要环节。网民知识水平参差不齐,对北京历史名城的关注程度不一,是形成交流障碍的重要原因。在一些网民的意识中,北京历史名城的保护和名城文化弘扬是文化专家的事,对这方面的信息反应比较淡漠,与专业人士形成隔阂,交流起来就产生了许多困难。

四、加强北京历史名城网络传播的对策与建议

(一)积极拓展与重点规范并行,开创名城文化网络传播的新局面

网络需要秩序的维护,无界的网络在有界的管理中,才能平稳健康地运行,因此北京历史名城的文化传播需要积极拓展与重点规范并行,在网络中实现良好的发展。

积极拓展包括数字网络技术拓展、文化资源拓展和媒体拓展几个维度,

在技术拓展方面，文化部门和文保单位应充分利用北京的网络科技优势，采取市场化运作的模式，通过商业招标与有实力的网络科技公司合作，解决网络传播所遭遇的技术瓶颈，将北京的历史文化资源更好地在网络上传播和推广。文化资源拓展就是要解决网络传播的内容问题，北京虽拥有一流的历史文化资源，但仍然需要广种深挖，一方面是发挥北京高校科研机构的研究力量，对北京历史名城文化进行深入研究，通过网络将研究成果第一时间发布出来；另一方面是调动网民的积极性，挖掘老北京轶事、胡同旧俗等深藏于民间的文化资源，使北京名城文化更丰富、更具韵味。所谓媒体拓展就是将网络媒体在文化传播中的作用扩大，与传统媒体形成联动和资源共享。目前传统媒体拥有强大的采编优势，网络媒体的新闻采访权受到制约，但可以在二次整合加工方面做文章，转发动态新闻只是一种简单的资源共享模式，网络媒体应该抓住一些新闻点，策划公众热点事件。2013年的“银河Soho获奖”事件等经过网络发酵成为公共话题，是较为成功的传播范例，但这种网络策划是一把双刃剑，如果忽视正面宣传效应，那么所谓策划事件就变成一种短视炒作，产生反面效果。2012年到2013年一些网站热炒“国内外富豪巨资购买四合院”，将公众的注意力转移到炫富、羡富话题上，四合院原本作为北京古都文化元素，现在却变成了财富和地位的象征，这与历史文化传承和保护的主题南辕北辙。网络传播的一些乱象牵出一个问题，这就是在网络传播北京名城文化的过程中，需要进行某些规范。

网络拥有海量的信息和相当大的传播自由度，事无巨细地规范不仅不现实，而且会制约网络传播的活力。在网络媒介的文化传播中，进行有针对性的重点规范是比较适宜的策略。北京历史名城的文化传播同时涉及北京古都保护和城市形象宣传两个方面，应被纳入北京历史文化名城保护的规划体系及首都文化形象的宣传战略，需要从城市发展战略高度落实具体管理，在城市规划全局视野下制订详细规范。在实际操作中，首先是争取做到有章可循，有法可依。这可以尝试从现有法规中寻找可依据的条目，在网络中进行北京历史名城的文化传播应该遵守国家互联网管理条例以及相关宣传法规。其次是考虑网络传播的特殊性，尝试有针对性地规范，网站信息发布、微博管理都要落实责任制。第三,文化执法机关应与文保单位进行合作,约束和剔除网上不良信息与冗余信息,维护北京这座古都的整体形象。

(二)专业性与大众化并重,创造雅俗共赏的历史文化体验

北京历史名城的文化传播需要体现与古都历史底蕴相一致的文化品格,这需要专业化的历史文化知识为依据;然而网络传播平台对接的是知识结构、文化兴趣不尽相同的公众群体,因此要在网络中得以有效传播,就要在内容和形式上结合大众、贴近大众、服务大众。

北京历史名城的文化传播涉及历史学、文化学和社会学等方面的专业知识,因此专业学者、文化界人士在传播中占有十分重要的角色,在名城保护的新闻报道中引用专家观点,邀请专家进行历史文化深度解读,在文化传播中成为常见的现象。这一方面是为增加传播内容的可信度,有了专家的观点,传播信息就有了相对可靠的依据,有利于文化影响力的提升。另一方面可以为网民释疑解惑,2013 年 1 月 7 日新浪网等网站转发一篇文章《北京市新增三片历史文化保护区》,文中邀请专家进行释疑,解释了"故居"、"旧居"有何不同等问题,回答了网民的疑问,让网民增加了知识。

北京历史名城的保护与文化传承与大众生活息息相关,向大众传播这方面的知识和信息时需考虑公众的接受能力和接受习惯,将专业的历史文化知识进行适当整合,使历史文化资源以最吸引人的方式在网上展示出来。在具体的网站、微博建设和管理中,应打造具有亲和力的界面,有选择地使用网络语言,创造娱乐性的话题,增加有营养的历史文化知识。故宫博物院的微博作出了很好的范例,微博管理者通过微博传播有关的历史文化知识,并分类标记成不同话题,"#晒家底儿#"专门"晒"故宫所收藏的文物;"#建筑的秘密#"主要谈故宫建筑的历史和风格样式等,"#话说紫禁城#"则围绕紫禁城的一些历史掌故进行叙说,这样,文化传播非常有针对性,具有亲和力,实现了雅俗共赏的传播效果。

(三)官方推广和草根传播结合,在双向互动中推进名城文化发展

北京许多文化机构和文保单位花力气建设、维护自己的网站和微博,在网络上形成了推广历史名城的官方平台,从官方的文化战略出发对北京历

史名城进行推广宣传;广大网民则利用微博和论坛,从自身对北京历史文化的喜爱和名城保护的责任感出发,发挥草根力量,积极参与北京历史名城的文化传播。

文化传播中来自民间的草根力量与官方的宣传力量并非格格不入,而是可以在双向互动中相生相长。官方推广面向广大草根民众,有赖于草根的支持与积极接受,来自广大网友的信息反馈则有利于官方改进传播策略,使其更适合在网络语境中生存和发展。普通网民或许对于北京历史名城相关知识的掌握不够专业,但来自民间的第一手信息十分丰富,探寻历史古迹现场、亲睹历史遗产种种遭遇、听闻各种历史掌故,网民的这些经历见闻通过网络集中,形成可观的文化财富,对官方的专业历史解读是一种有力的补充,对官方的宣传推广形成了推波助澜的作用。总之,北京历史名城在网络中的传播需要官方与民间草根形成一股合力,在官方推广的基础上,最大限度地增加网民参与度,在网上形成一股相互促进、相互推动的和谐氛围,向纵深拓展文化传播的空间。

(四)加强人才队伍建设,为文化传播提供有力的智力支持

网络开发和文化传播都是智力应用相对集中的领域,因此利用网络媒介进行北京历史名城的文化传播,人才的吸收和利用是一个关键性的因素。

首先需要网络技术人才的加入。制作网页和电子杂志、开发历史古迹导览软件、建设数字化博物馆等,都需要网络数字技术支持。吸收这个领域的人才进行历史名城相关的网页、软件等开发和制作,将有利于在技术层面上扫清障碍,实现网络传播的一些设计理念。其次是历史文化专门人才的吸收利用。北京历史文化博大精深,网络传播要做到厚积薄发,需要对这方面的知识有较为深入的了解,才能给人内行说话的感觉,增加传播话语的公信力。再次是需要熟悉网络公共关系的管理人才的加入。网络文化传播的活跃度和效果很大程度上取决于网站和微博的管理理念和方式,这和管理人员的素质直接相关。2013年11月10日,北京地铁官方微博用“蝗虫”比喻乘客引起了轩然大波,引发外界对官方微博管理人员素质的担忧。文化窗口网站和微博关乎北京历史名城的整体形象,对网络管理人才的选择和

任用是重中之重的一环。

网络中北京历史名城的文化传播涉及多方面的知识和技能，尤其需要既掌握计算机网络技术，又具备一定历史文化素质的复合型人才，才能够在网络日新月异的发展中，游刃有余地将北京的历史文化展示出来。

（五）立足北京进行文化传播，在网络中加强与外界的信息交流

北京的文化传播者首先应该肩负一种使命感，立足北京进行历史文化的拓展与传承，关注北京本地历史文化遗产的保护。只有在网络中将北京的特色充分体现，将北京历史名城的文化传播工作做足做好，才能有足够的底气和精力面向全国和全世界，对历史城市的保护和文化传承进行纵向和横向的探讨。

在立足北京、服务北京的基础上，网络传播者的视野应扩大至更广阔的空间。网络提供了无疆界的信息交流平台，北京历史名城的文化传播也不应局限于北京这一地域范围，从传播内容来说，北京和国内外其他历史名城的文化传播应该声气相通，甚至在网上构成一个整体话题向公众推出；从传播的主体来说，在全国各地乃至全世界都存在着大批关注北京历史名城的粉丝，文化传播应吸收国内外网友共同参与，而不仅局限在北京的专家、媒体和网民群体中。来自不同地方的文化传播者在网上相遇，共同交流历史名城相关的信息，这不仅深化和优化了传播内容，而且吸引更多的网民加入北京历史名城的文化传播中来，从而大大提升了北京历史名城的文化影响力。

2013年北京非物质文化遗产的网络建设与传播

靳凯元　王瑜瑜*

摘　要：本文通过对北京市级文化机构和区县文化机构的网站进行梳理，分析2013年度北京非物质文化遗产网络建设情况；对2013北京文化遗产日的互联网传播这一典型个案进行分析，并在百度和新浪微博中对北京市非遗项目进行抽样检索，探讨北京市非物质文化遗产相关活动网络传播概况；通过在淘宝网中对北京市非遗项目进行抽样检索，初步描绘北京市非物质文化遗产的生产性保护与非遗产品的网络营销状况；在此基础上对2013年北京非物质文化遗产的网络建设与传播存在的问题提出了一些针对性建议。

关键词：北京非物质文化遗产　网络建设　网络传播　网络营销

北京作为中国最著名的历史文化名城之一，具有丰厚的传统积淀和独特的人文风貌，保留了众多珍贵的非物质文化遗产。目前，北京市非物质文化遗产申报和保护体系已建立起来，截至2013年，全市拥有二百余项市级非物质文化遗产项目，其中近百个项目进入国家级非物质文化遗产名录（含扩展项目名录）。北京市非物质文化遗产普查工作始于2005年，当时普查到的项目超过2000项。2006年，北京市人民政府正式公布首批市级非物质文化遗产名录，共计九大类48项，其中，智化寺音乐、天桥中幡、抖空

* 靳凯元，中国艺术研究院助理研究员。王瑜瑜，中国艺术研究院助理研究员，博士。

竹、景泰蓝制作技艺、聚元号弓箭制作技艺等13个项目入选首批国家级非遗名录;2007年,北京市人民政府公布第二批市级非物质文化遗产名录,共计十大类105项,2008年,北京童谣、八达岭长城传说、北京绢花、北京料器、北京评书等35个项目入选国家级非遗名录;2009年,北京市人民政府公布第三批市级非物质文化遗产名录,共计九大类59项,2011年,天坛传说、曹雪芹(西山)传说、口技等18个非遗项目项入选国家非遗名录。这些珍贵的非物质文化遗产囊括了民间文学、传统音乐、传统舞蹈、传统戏剧、曲艺、传统体育、游艺与杂技、传统美术、传统技艺、传统医药、民俗各个门类,特点鲜明,拥有丰富的文化内涵,在历史、文学、艺术、科学等方面都具有重要价值。

在数字技术、网络技术广泛运用的今天,北京非遗项目的申请、批准乃至公布、保护、传承都与网络发生了千丝万缕的联系。可以说,网络已经成为北京非遗保护传承的重要载体,网络建设水平的高低直接影响、制约着北京非遗保护、传承工作,本文着重对2013年度北京非物质文化遗产网络建设情况、北京市非物质文化遗产相关活动网络传播概况、北京市非物质文化遗产的生产性保护与非遗产品的网络营销状况予以简要回顾和概述。

一、北京非物质文化遗产相关网站建设情况及改进建议

北京市建立有非物质文化遗产保护专门网站,曾发布北京市非物质文化遗产相关信息,但目前网站正在维护无法访问。① 北京市非物质文化遗产保护中心成立之后,更多专业人士加入了非遗保护事业,有待建立一个资料数据更加完备的北京非遗网站。除去专门的非遗网站之外,北京市政务门户网站首都之窗(www.beijing.gov.cn)、北京市文化局主办的北京文化热线(www.bjwh.gov.cn)以及北京市群众艺术馆主办的北京群众艺术馆网(www.bjqyg.com)都对北京市非物质文化遗产相关信息进行过发布与转载。

① www.bjfwzwhyc.com.

首都之窗、北京文化热线均保留了北京市首批四十八项非物质文化遗产项目的详细介绍，信息含量较大，包括专家论证意见书、图片、视频、文字资料在内，比较完备，有利于网民对各项目名称及内容获得感性认识。

此外，各区政府相关文化部门门户网站对非遗项目亦有所介绍。海淀区文化委依托海淀区文化馆，设立了非遗保护专题网页，该网页对海淀区拥有的国家项目名录、市级项目名录、区级项目名录以及申报材料、法规文件、艺术家庭等进行了介绍，兼顾了项目和传承人两方面的信息，可进一步补充图片、视频资料。① 东城区政府主页上专门设置魅力东城栏目，将非物质文化遗产项目如功夫、庙会、景泰蓝、医药、绢人等非遗项目很好地融入其中，并通过宅院文化、胡同文化、国学文化、戏剧文化、国医文化、创意园区等文化板块的设置全面立体地营造出浓厚的文化氛围，但总体上看对非物质文化遗产的介绍还可以更加突出。② 门头沟区对非物质文化宣传较为重视，不仅在走进门头沟板块文物文化部分专门列举非遗项目，还在人文门头沟板块用永定河文化统揽该区非遗项目，进行图文并茂的介绍，较好地利用了文化品牌。③ 朝阳区在其文化委官方网站朝阳文化网上亦专门设立文化遗产板块，并将非物质文化遗产纳入其中，对十几项非物质文化遗产进行了介绍，相对较为简略。④ 丰台区文化委在官方网站公共文化事业专题下列举了区级非物质文化遗产保护名录，并附有简略文字介绍，缺乏图片、视频等直观资料。⑤ 石景山区文化委在官方网站首页设置非遗保护专栏，提供了2项国家级非遗项目和6项市级非遗项目的介绍，也缺乏图片、视频资料。⑥ 顺义区文化委设有非遗保护专题，介绍了16项非遗项目，仅限于文字介绍。⑦怀柔区文化委在首页文博视野中设置非遗传承专栏，介绍了28项非

① http://www.hdqwhg.com/Feiyichan/.

② http://www.bjdch.gov.cn/n5687274/n5722232/index.html.

③ http://www.bjmtg.gov.cn/.

④ http://www.risingsun.org.cn/culherit/.

⑤ http://ww.bjft.gov.cn/ggsy.htm.

⑥ http://wenwei.bjsjs.gov.cn/.

⑦ http://www.wenhw.bjshy.gov.cn/more.asp? ChannelParentID=95.

遗项目,配发图片数量丰富。① 平谷区文化委在官方网站上将物质文化遗产、非物质文化遗产相对照,详列市级、区级非遗名录及传承人诸项,诸项目下都空缺,没有具体内容。② 密云县文化委也设有非遗保护专栏,但信息较为有限。③ 此外,西城、通州、房山、大兴、昌平、延庆等区县文化委网站对于非遗文化介绍均需要补充扩展。

北京各级文化部门网站对非物质文化遗产的呈现、宣传主要存在如下问题:

首先,内容存在较多缺项,信息更新缓慢,且较为零散。北京市第二批、第三批非物质文化遗产名录、传承人名录早在几年前已经向社会公布,但目前尚未被纳入整体介绍,很多部门对非遗项目和相关活动不够重视,非遗相关基本信息更新速度需要提高。其次,多数网站并未在首页建立独立版块或链接非物质文化遗产展示,极大限制了北京非物质文化遗产的宣传,同时也制约了这一具有丰富内涵文化资源潜在的吸引力和感染力的发挥。非物质文化遗产作为一个城市文化精神血脉和群众生活方式延续,完全可以作为一个城市的象征与代表在首页通过丰富多彩的形式加以呈现,吸引受众对于城市了解的兴趣和喜爱程度。再次,网站对于非遗项目的展示手段不够生动,内容不够丰富,多数局限于文字介绍,仅配发少量图片,其实许多非遗项目可观可听,与现实生活有密切的关联,而且具有极高的审美价值,单纯的文字介绍显然不利于受众全面直观了解其形态。

非物质文化遗产网站的建设可以在以下几个方面加以改进:

1.加快北京市非物质文化遗产保护专门网站的更新升级,尽快上线,为北京市非遗保护提供专业、科学、准确、丰富的基本数据库和展示的重要网络平台,并适当公布图片、文字、音频、视频资料,让网民更直观地了解北京市非遗项目,同时将北京市非遗保护成果、非遗体验、宣传活动信息进行整

① http://www.hrwh.gov.cn/wbsy/fycc/.

② http://pgww.bjpg.gov.cn/.

③ http://whw.bjmy.gov.cn/reading/protect/index.html.

合，及时向社会公布，引起公众关注和参与。

2.北京市重要门户网站以及文化、旅游网站须充分挖掘非物质文化遗产的特色，通过直观方式加以呈现，营造浓郁的人文气息。人文因素的增加不仅有利于提升网站的文化品格，也可以增加网站对受众的文化吸引力，各网站彼此协调，相互补充，形成合力，将北京市非物质文化遗产打造成城市的一张重要文化名片。

3.非物质文化遗产网络传播要注重图片、视频、音频等数字资料的综合运用，通过精心挑选的富于感染力、具有审美价值的非遗项目照片和制作精良的非遗视频、音频吸引受众，注重观赏性，在体验性、参与性方面可以尝试新的技术手段，让民众体验非遗之美，走近非遗，关注非遗，传承非遗。

4.注重非物质文化遗产传承人及其技艺的宣传，既有利于民众深入了解非遗的珍贵与精巧，同时有利于吸引更多的人加入传承非遗的行列。

5.2011 年《中华人民共和国非物质文化遗产法》已正式施行，相关法规及重要文件需要纳入网站宣传，帮助民众理解相关法规，增强广大群众保护非遗的责任意识。

二、北京非物质文化遗产相关活动网络传播概况及改进建议

北京市对非遗保护和传承活动一直高度关注，每年在文化遗产日举行系列活动。网络媒体对于相关活动也予以持续关注和报道。2013 年度，北京市文化局在官方网站北京文化热线公布了北京文化遗产日活动详细活动日程。新京报网、北青网、中国文化传媒网都迅速进行了跟进报道。本年度文化遗产日活动内容十分丰富，在各区县都设置了相关活动，充分调动了各区县、非遗保护相关群体的积极性。

2013 北京文化遗产日活动囊括了“名家传艺——非物质文化遗产代表性传承人收徒传艺工程”启动仪式、“守望——北京非物质文化遗产纪录片”首发式暨非遗电视展播、颁发“2013 年度北京市非遗保护贡献奖”、命名传统节日北京特色活动、命名 2013 年度“北京市非遗生产性保护示范基

地”、命名2013年度“北京市非遗传承示范校”、颁发2013年度北京市级代表性传承人传习补贴、举办“恢复经典、再现传统”非遗展演活动、举办非遗师徒作品展、举办“做文化遗产的小主人”系列活动等十项活动。活动着眼非遗传承,通过收徒活动,命名示范学校,向少年儿童普及非遗知识,为非遗传承培养了后备力量。

值得关注的是,在系列活动中,主办方积极利用多媒体手段和网络传播手段宣传非遗项目。其一,北京电视台“这里是北京”推出了“守望:北京非物质文化遗产系列节目”专题,对景泰蓝、牙雕、雕漆技艺等北京非物质文化遗产项目进行了生动详细的介绍,并普及了非物质文化遗产知识,在中国网络电视台网站纪实频道、网易视频广泛传播,对人们加深对北京非物质文化遗产的认识和了解发挥了重要作用。其二,主办方积极利用新兴媒体样式,拍摄了《天桥中幡》、《裕氏草编》微电影,并在土豆网等视频网站上线,吸引年轻观众和网民对非遗项目的关注。此外,对于非遗保护贡献奖颁发、命名2013年度“北京市非遗生产性保护示范基地”等活动,网络媒体也进行了跟进和宣传,增强了人们保护非遗的使命感、荣誉感,起到了较好的宣传效果。

2013年,北京市非遗项目在国内外都举办了许多会展。北京市文化局和首尔中国文化中心共同主办的“部省合作对韩文化交流年启动仪式暨北京非物质文化遗产展”在首尔举行,人民网、新华网都对此进行了报道。9月底到10月初,由文化部恭王府管理中心主办,中华传统技艺研究与保护中心承办的中华传统技艺精品展“北京月”活动——北京非遗展览在北京恭王府进行了近20天的展示。国家级非物质文化遗产项目景泰蓝制作技艺、北京灯彩、琉璃烧造技艺、“内联升”千层底布鞋、“盛锡福”皮帽等百年老字号,以及北京绒鸟(绒花)、北京绢人、传统药香等北京市级非物质文化遗产项目通过传承人现场制作、精品陈列、图文介绍,生动呈现在广大观众面前,展示了北京非物质文化遗产的魅力。京报网对该活动进行了深入报道,对相关项目进行一一介绍,并配发多张精彩图片,受到网民关注。

尽管北京市举办的大型非遗活动都有网络媒体及时报道,也对新媒体样式进行了尝试，但是仍较为零散，且缺乏深度，对于相关细节未能展开，影响了对非遗项目展示的效果，同时也不利于非遗工作资料的保存和传播。尤其是类似非物质文化遗产日的系列活动，宣传缺乏统筹，影响力受到制约。

因此，北京市今后的非遗宣传活动应当充分利用官方网站，或者主动与大型门户网站合作，制作专题和独立网页，及时跟进，迅速反应，连续报道，提供详细的活动信息和引导，让网民详细了解活动安排、活动亮点，逐步培养市级、区级非遗活动品牌，吸引民众参与相关活动。持久的宣传和连续的品牌活动必将为北京市非遗保护打造出精品，并通过网络产生广泛的社会影响，为北京非遗保护营造良好的网络环境，进而增强非遗保护工作的活力，助力北京市非遗保护传承事业。

与文化主管部门组织大型活动相对应，部分非遗项目和传承人主动运用网络工具，对相关项目进行宣传。本报告对部分北京市市级非物质文化遗产在百度的词条、网页、图片、视频搜索情况，以及独立网站、微博建立情况进行了简要统计：

表1　北京非物质文化遗产项目的网络传播情况①

非遗项目	网站	词条	网页数	图片数	视频数	微博	
						条数	账号数
智化寺京音乐	无	有	22700	1620	87	384	1
天坛神乐署中和韶乐	无	有	173000	1510	31	404	1
门头沟京西幡乐	无	有	9180	903	15	14	0
通州运河船工号子	无	有	32800	262	2	8	0
顺义曾庄大鼓	无	有	13800	351	1	12	0
门头沟京西太平鼓	无	有	40800	1220	58	298	1
延庆旱船	无	有	26300	1130	33	19	0
昌平后牛坊村花钹大鼓	无	有	126000	940	5	35	0

① 相关数据采集自2013年12月20日百度中文网页。

续表

非遗项目	网站	词条	网页数	图片数	视频数	微博	
						条数	账号数
密云蝴蝶会	无	有	11500	8510	1	1	0
米粮屯高跷会	无	有	11000	101	0	0	0
海淀扑蝴蝶	无	有	9490	148	0	2	0
白纸坊太狮老会	无	有	17700	562	2	25	0
大栅栏五斗斋高跷秧歌	无	有	3310	97	0	6	0
沙峪村竹马	无	有	2100	106	0	4	0
汤河川大班小班	无	有	870	53	0	1	0
昆　曲	有	有	16100000	81700	33605	1924352	3323
京　剧	有	有	94100000	1870000	481494	11510005	9566
河北梆子	无	有	5880000	76700	33533	92422	269
大兴诗赋闲	无	有	128000	3820	0	0	0
柏峪燕歌戏	无	有	1960	115	0	7	0
相　声	有	有	100000000	4550000	1331185	24100981	30442
岔　曲	无	有	1060000	1110	954	6626	10
单　弦	无	有	882000	32700	3008	130270	584
京韵大鼓	无	有	940000	13000	7959	117075	91
密云蔡家洼村五音大鼓	无	有	28300	1300	34	31	0
平谷调	无	有	14700	326	69	141	0
天桥中幡	无	有	277000	2220	151	180	1
抖空竹	无	有	1870000	30900	61669	1110799	55
帽山满族二魁摔跤	无	有	4110	581	4	51	0
围　棋	有	有	60100000	231000	86652	6372272	14575
中国象棋	有	有	76300000	184000	98667	1125986	2012
北京牙雕工艺	有	有	318000	32200	92	154	2
曹氏风筝工艺	无	有	232000	1570	50	404	4
北京玉器工艺	有	有	821000	131000	42	230	21
景泰蓝制作技艺	有	有	1050000	9610	147	124	4
聚元号弓箭制作技艺	无	有	220000	1220	5	95	2
荣宝斋木版水印技艺	有	有	912000	6910	52	14838	8

续表

非遗项目	网站	词条	网页数	图片数	视频数	微博	
						条数	账号数
北京雕漆工艺	无	有	1010000	19300	263	680	12
全聚德挂炉烤鸭技艺	无	有	1040000	79600	22	199	4
北京便宜坊焖炉烤鸭技艺	无	有	132000	9640	16	29664	9
宝刀衡制作工艺	无	有	48700	1360	2	19	2
绒布唐工艺	无	有	6570	445	3	38	0
同仁堂中医药文化	有	有	1010000	8290	39	65	3
北京春节厂甸庙会	无	有	102000	2590	48	230	0
门头沟妙峰山庙会	无	有	187000	3240	87	339	1
东岳庙行业祖师信仰习俗	无	有	118000	126	0	2	0
房山大石窝石作文化村落	无	有	2660	267	5	3	0
石景山古城村秉心圣会	无	有	3010	222	0	6	0
通州区漷县镇张庄村龙灯会	无	有	1870	86700	0	0	0
门头沟龙泉务童子大鼓老会	无	有	13100	141	0	2	0
北京童谣	无	有	1050000	28000	635	39567	1
颐和园传说	无	无	2220000	33700	76	14836	0
圆明园传说	无	无	2500000	29900	32	13186	0
香山传说	无	无	3110000	39600	58	342	1
八达岭长城传说	无	有	2040000	10000	0	25	0
卢沟桥传说	无	无	1080000	13000	34	682	0
永定河传说	无	有	471000	3800	6	201	0
八大处传说	无	无	358000	52300000	5	10	0
张镇灶王爷传说	无	无	258	94	0	7	0
仁义胡同传说	无	无	18700	1850	0	41	0
轩辕黄帝传说	无	无	1610000	617000	13	178045	0
杨家将(穆桂英)传说	无	无	455000	6530	88	56032	0
白庙村音乐会	无	无	11200	2190000	4	2	0
白纸坊挎鼓	无	有	1060	13800	0	3	0
漆园村龙鼓	无	无	2590	142	2	2	0
杠箱会	无	无	4950	1340	25	88	0

续表

非遗项目	网站	词条	网页数	图片数	视频数	微博	
						条数	账号数
石景山太平鼓	无	无	24900	300	0	2	0
怪村太平鼓	无	无	4230	161	0	7	0
杨镇龙灯会	无	无	951	5030	0	0	0
上金山狮舞	无	无	2550	2450	0	2	0
太子务武吵子	无	有	849	57	1	2	0
公议庄五虎少林会	无	无	6050	74	0	7	0
西北旺少林五虎棍	无	无	2260	64	0	1	0
北京评剧	有	有	682000	68300	1023	345	2
北京皮影	有	有	3440000	55100	783	579	6
西斋堂山梆子戏	无	无	1650	210	1	1	0
苇子水秧歌戏	无	有	1510	131	0	3	0
淤白村蹦蹦戏	无	有	3510	163	0	3	0
北京评书	无	有	2200000	24600	1811	779	15
北京琴书	无	有	877000	20700	533	16489	5
联珠快书	无	有	272000	1140	92	286	2
天桥掼跤艺术	无	有	29900	278	0	17625	0
老北京跤艺	无	无	1470	531	0	4	0
“张三”功夫	无	有	1200000	11200000	111	23548	1
南窖水峪中幡	无	有	5120	912	8	129	0
蹴　球	无	有	3670000	4310	145	791	10
北京鬃人	无	有	31600	1220	43	117	3
东田各庄九曲黄河阵灯会	无	有	809	402	0	2	0
通州大风车	无	无	133000	2150	0	5	1
京派内画鼻烟壶	无	有	770000	1490	11	80	1
北京宫灯	无	有	2470000	20000	67	89	2
北京灯彩	有	有	4240000	4000	32	135	0
北京“面人郎”面塑	无	有	102000	539	6	23	0
北京传统插花艺术	无	无	220000	62500	1157	3	3
北京“面人汤”面塑	无	无	20100	619	3	25	0

续表

非遗项目	网站	词条	网页数	图片数	视频数	微博	
						条数	账号数
北京料器	有	有	1110000	6740	61	153	3
“葡萄常”料器葡萄	无	有	7660	357	1	32	0
“泥人张”彩塑(北京支)	无	无	394000	1800	0	10	0
北京绢花工艺	无	无	765000	1520	2	17	0
东来顺饮食文化	有	有	612000	2300	0	4	0
天福号酱肘子制作技艺	无	无	94800	2020	0	81	0
鸿宾楼全羊席制作技艺	无	无	11700	471	0	4	0
北京烤肉制作技艺	无	无	3800000	11100	14	5	0
壹条龙清真涮羊肉技艺	无	有	137000	3280	0	0	0
“厨子舍”清真菜民间宴席制作技艺	无	无	1650	49	4	5	0
月盛斋酱烧牛羊肉制作技艺	无	无	20000	3260	4	6	1
都一处烧麦制作技艺	无	有	183000	4440	0	10	0

从目前的统计数据看，一些非遗项目尽管没有建立独立网站，但在民间具有坚强的生命力，而且与民众日常生活有密切关系，为民众深深喜爱，许多热心人士通过建立项目词条、上传图片、视频的方式，为公众提供了相关项目的基本信息，因此相关文字、视频、图片信息在网上早已流传广泛，民间文学类(如圆明园传说、香山传说、北京童谣等)、曲艺类(如北京琴书、岔曲、北京评书、京韵大鼓等)、传统体育游艺与杂技类(如抖空竹、天桥中幡、“张三”功夫等)、民俗类(如北京春节厂甸庙会、门头沟妙峰山庙会等)非遗项目表现尤其明显。

建立了网站，开通微博账户进行专门宣传的非遗项目相关信息更加丰富，传播更加有力，此类项目以传统美术类(如北京灯彩、北京料器等)、传统技艺类(如北京玉器工艺、景泰蓝制作技艺、荣宝斋木版水印技艺等)为代表。因此，暂时未建立专门网站的非遗项目可以尝试适当加大宣传力度，通过建立网站、微博对非遗项目进行介绍，加深公众对这些项目保护和传承情况的了解。

此外，还值得注意的是有一些非遗传承人和社会各界热心人士通过个人博客、微博对北京市非遗保护状况予以了热切关注，并提出了积极建议。如名为“老北京叫卖”的博客对北京市第二批非物质文化遗产老北京叫卖的命运和保护、传承的现状予以密切关注，并提出了许多意见和建议。① 应积极鼓励、引导社会力量为非遗保护事业建言献策，通过开启专门的非遗保护、传承博客、微博，采取访谈、展示等多种方式在特定网络空间为更多人提供交流、了解非遗项目的保护、传承状况的平台，为政府和文化部门非遗保护决策提供参考，鼓励社会各界人士采取相应的努力和措施。

三、北京非物质文化遗产的生产性保护与非遗产品的网络营销

在北京市非物质文化遗产项目中，有许多是传统技艺、传统美术和传统医药药物炮制类非物质文化遗产，这些项目涉及非物质文化遗产的生产性保护。2012 年文化部发布的《文化部关于加强非物质文化遗产生产性保护的指导意见》指出：“非物质文化遗产生产性保护是指在具有生产性质的实践过程中，以保持非物质文化遗产的真实性、整体性和传承性为核心，以有效传承非物质文化遗产技艺为前提，借助生产、流通、销售等手段，将非物质文化遗产及其资源转化为文化产品的保护方式。”②非遗生产性方式保护主要是针对我国非物质文化遗产中部分具有生产性质的项目特点而提出来的一种保护方式，这些项目在创造财富的同时，还需要得到积极有效的保护。

在北京众多节日庙会和各类展览、展销会上，我们能看到很多非物质文化遗产产品的展示，如景泰蓝工艺品、北京玉雕、北京料器、北京绢花、草编等，同时与生活更为密切的还有著名老字号（如全聚德、都一处、王致和、六必居、内联升等）制作的食品、衣物乃至鞋帽都是消费者竞相购买的对象，

---

① http://blog.sina.com.cn/lbjjm.

② http://www.ccnt.gov.cn/sjzz/fwzwhycs_sjzz/fwzwhycs_flfg/201202/t20120214_356522.htm.

还有著名老字号（如同仁堂、鹤年堂等）的中医治疗方法、中药炮制方法等也备受消费者青睐。其原因在于这些非物质文化遗产是凝聚了数代传承者技艺的结晶，拥有厚重的文化内涵，而且要靠人的手工创造体现、传承，在生产实践和生活运用中，这些非遗的传统工艺流程、核心技艺等才能得以保护、传承和弘扬。正因如此，这些产品受到市场的充分肯定和热烈追捧。

在电子商务日益活跃的今天，非遗产品也开始进入网络营销领域，取得了不凡的成绩。本报告对部分北京非物质文化遗产产品在淘宝网的网店、产品数量进行了统计：

表2　北京部分非物质文化遗产产品的网络营销

项目名称	淘宝网店铺数	淘宝网商品数
景泰蓝制作技艺	929	40600
绒布唐工艺	86	940
北京雕漆工艺	50	3505
北京玉器工艺	45	6662
北京宫灯	15	69
荣宝斋木版水印技艺	5	72
北京料器	4	99
北京绢花工艺	2	18
北京牙雕工艺	0	69
曹氏风筝工艺	0	1
聚元号弓箭制作技艺	0	19
全聚德挂炉烤鸭技艺	0	2
北京便宜坊焖炉烤鸭技艺	0	9
宝刀衡制作工艺	0	0
京派内画鼻烟壶	0	1

从上述表格可以看出，网络渠道销售的非遗产品以传统美术、传统技艺为主，因为这些技艺有工艺品实物作为载体，食品类产品限于保质期、口感等原因，在网络销售存在难度。而在网络渠道销售的产品来源及加工工艺

的认定仍存在难度,因为这些产品是否出自国家级或市级非物质文化遗产传承人或其弟子之手,难以确定。正因如此,其加工工艺过程是否保持了非遗本来面目亦难以确认。因此,北京市市级非物质文化遗产产品的质量评估、监控、推广、销售需要多方努力,我们既要让非遗产品随着时代发展和人们审美需求的变化进行相应调整,又要让其精髓不能轻易改变。

我们在享受非物质文化遗产产品网络营销创造的财富和经济价值的同时,还要牢牢把握非物质文化遗产生产性保护的重点,正如《文化部关于加强非物质文化遗产生产性保护的指导意见》所强调的:“非物质文化遗产生产性保护是一种保护方式,出发点和落脚点都是非物质文化遗产的保护和传承。因此,应当坚持非物质文化遗产生产性保护的正确导向,严格遵循非物质文化遗产传承发展的规律,处理好保护传承和开发利用的关系,始终把保护放在首位,坚持在保护的基础上合理利用,尊重非物质文化遗产生产方式的多样性,坚持传统工艺流程的整体性和核心技艺的真实性,不能为追逐经济利益而忽视非物质文化遗产保护和传承,反对擅自改变非物质文化遗产的传统生产方式、传统工艺流程和核心技艺。”①如果只是将非遗当做赚钱的工具,片面追求产品数量、经济利益,而忽略对非物质文化遗产核心技艺和文化内涵的坚守和保持,用其他投机取巧方式取代非遗项目的手工艺生产实践环节,就会严重损害非遗产品凝聚的最珍贵的民族文化内涵和艺术价值。非遗产品生产过程中的弄虚作假、泥沙俱下,只会让暂时的经济利益损害非遗保护本身。文化部非遗司副司长马盛德认为:“在开展生产性方式保护工作中,一定要坚持非遗项目的手工制作技艺和传统工艺流程这一重要性质,这是开展此类非遗项目保护工作的底线。同时,应更加关注‘生产过程’,关注蕴含和体现非物质文化遗产核心技艺和文化内涵的环节。在生产实践过程中,如果我们一旦冲破这一底线,一旦项目的制作工艺被完全机械化,完全被现代工艺所取代,那将会断送这些非物质文化遗产的

① http://www.ccnt.gov.cn/sjzz/fwzwhycs_sjzz/fwzwhycs_flfg/201202/t20120214_356522.htm.

生命,从而也就丧失了它的文化价值和艺术魅力”①。北京市非物质文化遗产产品的网络营销为非遗产品的推广提供了一个重要而广阔的平台,但是如何保证这些产品的质量,让真正的非遗精品进入商品流通领域,是未来需要关注和解决的问题。

随着 2011 年《中华人民共和国非物质文化遗产法》正式实施,北京的非物质文化遗产保护工作拥有了重要的法律依据,只要认真贯彻“保护为主、抢救第一、合理利用、传承发展”的方针,在非物质文化遗产生产性保护工作中,坚持以人为本、活态传承的原则,坚持保护传统工艺流程的整体性和核心技艺的真实性原则,坚持保护优先、开发服从保护的原则,坚持把社会效益放在首位,社会效益和经济效益有机统一原则,坚持依法保护、科学保护原则,就一定能够做好首都非物质文化遗产的保护、传承工作。

① http://finance.sina.com.cn/hy/20120108/104711151219.shtml.

2013年北京公共文化服务的网络化建设与发展分析

王林生[*]

摘　要:2013年北京公共文化服务的网络化建设取得了新的进展,本文以规划实施、文化信息资源共享工程、博物馆、图书馆等为切入点,分析公共文化服务网络化建设的发展现状,剖析发展中存在的问题,并提出进一步推动北京公共文化服务网络化建设的相关对策建议。

关键词:公共文化服务　网络化　现状　问题　对策

随着网络化进程的不断加快,公共文化服务的网络化建设日益成为公共文化服务体系建设的重要内容。《国家"十二五"时期文化改革发展规划纲要》明确提出加快现代科技应用步伐,提高公共文化服务的数字化、网络化水平。北京市"十二五"规划纲要指出,要完善基本公共文化服务网络,推动公共文化设施的数字化建设。围绕这一目标,2013年北京市不断巩固已取得的发展成果,加快公共文化服务与网络信息技术的融合发展方式的路径探索与创新,提升了北京市公共文化服务网络化建设的质量和水平。

一、北京市公共文化服务网络化建设的现状

2013年,北京市进一步加强规划的制定与引导,充分发挥政府调节、组

* 王林生,博士,北京市社会科学院文化研究所助理研究员、博士后。

织公共文化服务的职能，以文化信息资源共享工程和图书馆、博物馆等相关工作为重点，推动北京市公共文化服务网络化建设与发展。

（一）强化公共文化服务网络化建设的规划与引导

政府层面的规划与引导在公共文化服务的网络化建设中能够保障相关工程的有序开展，2013年北京市继续强化规划建设与政策引导，推动相关规划和工程的顺利实施。

1.加快实施《首都创新精神培育工程实施方案（2012—2015年）》

2012年北京市为践行"北京精神"，推动文化创新，制定并实施《首都创新精神培育工程实施方案（2012—2015年）》（下简称《方案》）。《方案》确立了在2012—2015年将创新创业环境优化工程、创新教育促进工程、创新文化建设工程、创新活动品牌工程和创新资源服务工程等作为北京创新工作的主着力点。在具体项目分解中，推动公共文化服务的数字化、网络化水平，进一步提高科技文化惠及民生的服务能力构成了实施创新活动品牌工程的主要内容之一。2013年，北京市继续以政府折子工程的方式落实《方案》及其他发展规划，其中涉及公共文化服务网络化建设的共3项，分别是推进信息技术在城市管理、公共服务等领域的广泛运用，让市民享受信息化、智能化建设成果；落实新媒体发展战略，改进网络内容建设，唱响网上主旋律；规划建设一批数字化社区文化站，推动重点镇文体活动中心建设。折子工程从内容看，具有"民生工程"、"民心工程"的性质，政府相关责任部门的亲力亲为有效地推动了相关项目的落实。

2.加强北京公共文化服务网络化规划建设

提高城市信息化水平，向市民提供方便、快捷和安全可靠的网络服务是北京市近些年来的主要工作之一，随着《北京市"十二五"时期城市信息化及重大信息基础设施建设规划》，以及"科技北京"、"数字北京"、"智慧北京"的实施或完成，北京市城市公共文化服务网络化、信息化水平不断提升。为进一步推动北京成为全球信息通信枢纽和互联网中心，2013年6月，北京市公布《宽带北京行动计划（2013—2015年）》（下称《行动计划》），确立了计划实施原则、目标、工程、标准和保障措施等。为提升城市公共文化服务的网络化、信息化水平,《行动计划》在原则上注重"创新发展,惠及民生",深化宽带在城市管理、公共服务和百姓生活等方面的应用。在发展目标上,将北京建成城乡一体的光网城市、高速便捷的宽带城市,完善信息基础设施,增强信息化应用。在实施工程上,一是通过光网城市建设工程,实现光纤对全部城镇家庭用户的全覆盖,促进不同权属单位的信息管道互联互通和资源共享;二是通过无线城市建设工程,以政府购买的方式,为公众在大型文化体育场所等区域提供政务、公共服务、旅游等公益信息;三是通过下一代信息基础设施综合示范工程和广播电视网络建设工程,完善信息基础设施建设,推进新一代广播电视网络改造,并加快向远郊城镇及农村地区拓展利用广播电视宽带网络资源的途径建设。《行动计划》的制定与实施,加强了北京市对网络化、信息化资源的集约与统筹,为北京市公共文化服务网络化建设提供了制度保障。

随着折子工程和《行动计划》的制定与实施,北京公共文化服务网络化建设的制度性保障体系得到不断丰富,一系列重要工程的开展,强化了网络化基础设施的建设,对提升北京市公共文化服务网络化、信息化的水平和层次起到了促进作用。

(二)扎实推进文化信息资源共享工程建设

文化信息资源共享工程在我国公共文化服务体系建设中发挥着基础性和战略性的作用。北京市自 2002 年成立"文化信息资源共享工程北京分中心"并对工程实施以来,经过多年努力,目前已经形成了"国家中心——北京市分中心——区县支中心——街道、乡镇基层服务点——行政村基层服务点"的五级网络体系。2013 年,北京市积极落实《全国文化信息资源共享工程"十二五"规划纲要》,并结合北京发展实际,不断完善文化信息资源共享工程体系建设和网络服务平台建设,努力实现优秀文化信息资源的全民共享。

1.不断完善文化信息资源共享工程体系建设

体系建设是文化信息资源共享工程的重要内容,2013 年北京市在实现文化信息资源全覆盖的基础上,不断完善服务体系建设,从基础设施建设、人才队伍建设、资金保障等层面推动公共文化服务网络化建设的实施。

第一,在基础设施建设层面,加强社区和乡村公共文化服务的数字化建设。社区公共文化服务关系到社区居民的精神文化生活和居民的生活质量,在整个公共文化体系建设中处于最基础性的地位。社区公共文化服务的数字化建设是增强公共文化服务便捷化、高效化的有力途径,北京市为稳步推进数字文化社区建设,在2012年建成100个数字文化社区的基础上,2013年北京市又将200个数字文化社区、100个数字化社区文化站纳入年度实施规划。为推动城乡数字化公共文化服务的"一体化"发展,2013年北京市启动行政村"多网合一"工程,在3935个行政村基层服务点或文化室安装有线电视、数字电影、全国文化信息资源共享和远程教育等接收设备,丰富基层文化服务内容。

第二,在队伍建设层面,加强服务者的技能培训。技能培训能够明确服务者的岗位规范,也是推动文化信息资源管理、传播与运用的重要途径。针对网络信息技术发展和宣传教育活动的需要,2013年北京市对各级文化中心和基层服务点的工作人员开展了以"下一代互联网"、"非物质文化遗产与文化共享工程"、"建设社会主义文化强国"、"国家公共文化服务体系示范区(项目)创建与公共文化服务体系建设"、"昂首阔步迈向社会主义文化强国:十八大以后的中国文化发展大趋势"等为主题的业务培训活动,在巩固技术队伍基础的同时,加强了对党和国家重大事件的网络传播和宣传。

第三,在资金保障层面,对共享工程建设予以持续的财政支持。北京市高度重视文化信息资源共享工程的财政保障工作,2009年专门制定《北京市关于文化划转事项及资金管理办法》,将各区县中心和基层服务点的经费纳入北京市级财政,从而在财政制度上推动了共享工程的顺利实施。"十一五"期间北京市级财政共投入10047.74亿元,有力地推进了共享工程的网络覆盖和设施建设。进入"十二五"以来,共享工程向特色化、高品质发展,虽然在财政经费的投入上比"十一五"期间有所减少,但仍保持较高的财政支持力度。2011年财政投入869.16万元,2012年财政投入665.35万元。2013年北京市为进一步落实文化部《全国文化信息资源共享工程2013年度地方资源建设方案》，加强共享工程的系统性建设，北京市级财政比去年增加17.3%的经费投入，共780.44万元，有力地保障了文化信息资源共享工程的资源建设和信息整合。

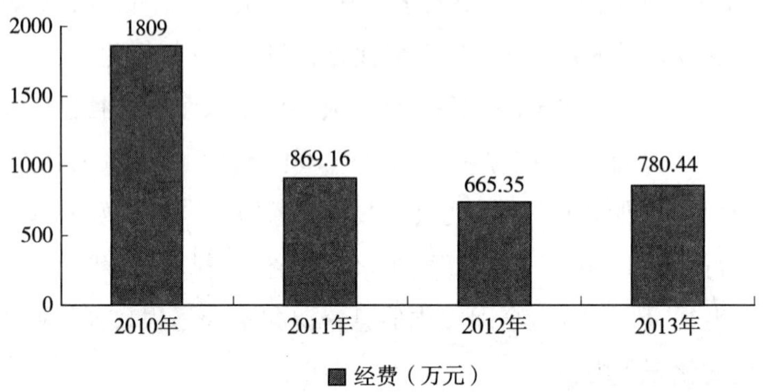

图1　北京市文化信息资源共享工程经费投入

2.搭建文化信息资源共享工程网络服务平台

文化信息资源网络平台建设是公共文化服务适应信息化社会的必然要求，且网络平台以其跨地域、跨部门、系统扩展性好、融合开放度高等特点，为文化信息资源的共享和传播以及一站式服务提供了有力支撑。

第一，持续强化网络服务平台内容建设。网络是文化信息资源共享与传输的重要载体，它不仅需要技术的全面支持，更需要多元化内容的强力保证。目前，“北京市文化信息资源共享服务平台”（http://www.bjgxgc.cn/）已正常运行12年，在内容上包括动态信息、首图讲坛、影视在线、实用讲座、戏曲舞台、农业视频、少儿视频、音频资源、文化资源库等栏目，涵盖图书报刊查阅、学习讲座、影视欣赏、图片浏览等服务内容，能够实现全部流媒体格式的在线检索或收看。2013年服务平台坚持内容为王、资源共享、服务社会的理念与宗旨，继续加强内容建设，截至11月底，新上传视频资源36部，涉及历史、建筑、医药、节庆、教育等多个话题，进一步丰富了平台的共享资源。内容建设增强了网络服务平台的资源信息储备，提高了浏览人气。目前，传输平台通过数字宽频传输系统向基层服务点每天推送3G的数字信息,日平均点击率大约在3800—5500人次,截至2013年12月底,总点击量已达2093万次,充分发挥着网络信息资源共享与传播的服务职能。

第二,不断加强文化信息资源共享与传播渠道建设。文化信息资源的共享需要以渠道为中介,网络媒体的出现为共享工程的开展提供了重要契机。2012年6月由北京市科学技术协会主办,北京科普发展中心承办的"北京科普资源共享服务平台"(http://www.kpzy.org)正式上线,一年来共享平台紧紧依托"国家科普资源网格"技术和"云计算"技术,以服务首都科普工作为导向,重点打造"信息资讯"、"研发服务"、"科普超市"三大职能模块。2013年共享平台完成与北京天文馆、北京自然博物馆、北京科学技术出版社有限公司等三家科普资源骨干节点的链接建设工作,实现收录科普资源近千件,极大地增强了服务平台的资源储备和共享能力。2013年5月,北京市"东城区公共文化服务导航网"(http://www.beijingmap.gov.cn/bjdcww/)开通上线,内容涵盖文化资源地图导航、看戏赠票、文化活动、非遗保护、文博资源、书香东城、文化志愿者服务、文化直播间、文化面对面和文化信鸽等10大板块,尤其是在矢量地图导航中用明显动态的标识进行有针对性的标注,提升了网络服务的便利性。东城区公共文化服务导航网的开通不仅推动了东城区的公共文化服务的网络化水平,带动了公共文化服务的信息化改造和功能升级,而且作为全国首个公共文化服务导航网,成为公共文化服务在数字化进程中的一种探索和创新。

文化信息资源共享工程体系的不断完善和网络服务平台的搭建,有力地推动和促进了北京共享工程从铺摊建点的规模化建设向专业化、品牌化发展和转变。"北京记忆"作为"北京市文化信息资源共享服务平台"的品牌栏目,不仅是研究北京历史文化和信息集聚的重要平台,而且成为了国内第一个地域文化的大型多媒体数据库。一些专业水准较强的网络服务平台的搭建,在有效改善资源服务的针对性、便捷性,增强公共文化信息资源文化惠民性的同时,进一步推动了共享工程公共文化服务与科技创新融合发展的进程。

（三）全面推动博物馆公共文化服务的网络化建设

博物馆公共文化服务的网络化是应用现代数字信息技术对博物馆进行改造的一项系统性工程，是文博事业的一场革新。近年来随着信息化、数字化进程的不断加快，北京地区将博物馆公共文化服务的网络化作为高标准博物馆建设的一项基础性工程，2013 年北京地区博物馆公共文化服务的网络化建设大致从以下方面展开。

1.不断推进博物馆公共文化服务的网络平台建设

博物馆公共网络平台作为一个网络集群，具有整合资源、信息共享、整体联动等特质，在统筹博物馆公共文化资源、提高资源共享效率等方面具有积极作用。2011 年 12 月，首都博物馆联盟成立，截至 2013 年底北京地区已有 121 座博物馆成为联盟馆。为了加强博物馆之间的信息联动，2013 年北京博物馆联盟以“北京地区数字博物馆平台”、“北京地区博物馆公共服务平台”、“博物馆藏品监控平台”的建设为着重点，加强博物馆展览动态、博物馆参观预约与购票、博物馆藏品管理的信息化水平建设。2013 年 5 月在世界第 36 个世界博物馆日之际，首份北京地区博物馆电子地图上线，为公众检索北京地区博物馆的基本信息提供了网络渠道。三大平台及电子地图构成了北京地区博物馆公共文化服务网络平台建设的基本框架和格局，有助于突破展馆之间“信息孤岛”壁垒，并建立健全统一的数据平台和数据库信息共享机制。

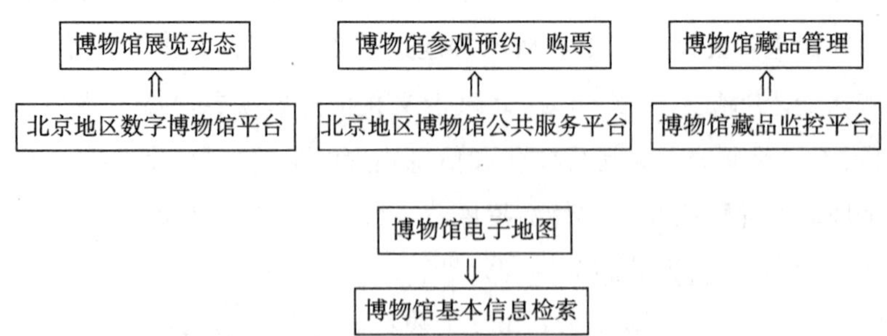

图 2　北京博物馆公共文化服务网络平台示意图

2.持续加强实体博物馆的网络站点建设

实体博物馆的网络传播站点是博物馆文化服务、信息传播、形象宣传的重要载体，为推动基础设施的网络化水平，北京市编制了《北京市信息化基础设施提升计划（2009—2012）》，随着该计划的实施及完成，北京市实体博物馆的网络化、信息化水平得到大幅提高，网络展示和传播能力得到进一步增强。2013年3月，北京民俗博物馆在百度百科的数字博物馆正式上线，使得北京实体博物馆开通网站数量增至81家，占北京地区总注册博物馆的49.1%。在积极推动博物馆网站建设的同时，部分网站还不断提升网站的国际化水平。2013年5月，中国国家博物馆在推出英、日、韩网站基础上，法文、德文和意大利文网站全新上线。博物馆多语种的文化服务，确保了博物馆文化职能的充分发挥，也使得博物馆网络站点本身成为了中国与世界交流的通道与平台。

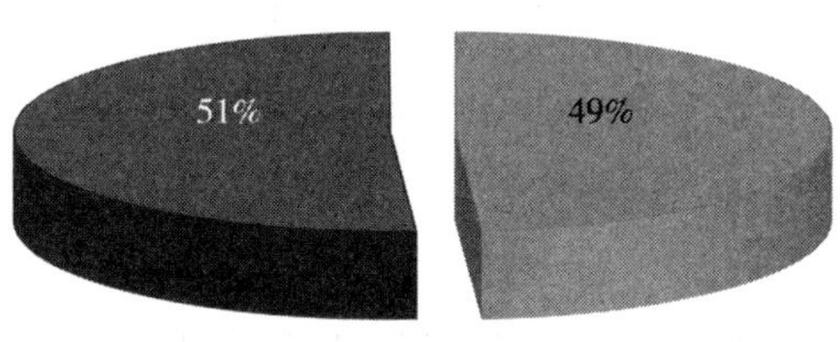

图3　北京165座注册博物馆网站建设比例情况

3.稳步推动虚拟博物馆的基础设施建设

虚拟博物馆又称为“没有围墙的博物馆”，是近年来博物馆网络化建设中出现的新动态，它以数字技术为支撑，将各种器物、典籍、标本等典藏通过扫描、拍摄及模拟成像的方式给人们提供全新的展示与体验方式。在虚拟博物馆建设的过程中，北京市以基础设施建设为突破口，稳步提升博物馆的信息化、数字化水平。继俄罗斯博物馆北京虚拟分馆（2010年）、北京数字空竹博物馆（2010年）等在北京正式开放后，2013年首都博物馆数字化展厅升级改造完成，量身打造的《辉煌的北京》通过大屏环幕投影以立体的方式将珍藏的各种皇宫奇珍异宝、民俗风情等，展示了首都博物馆科技含量与数字化水平，掀开了首都博物馆展陈的新篇章。① 北京“探客 3D 想象博物馆”在 2013 年正式运营，作为国内首家 3D 数字文化体验馆，集奇幻、搞笑、浪漫等相关题材的文化科技经典展览于一身，成为北京市公共文化服务数字化建设中的一大突破。

4.积极拓展虚拟博物馆的内容储备建设

内容是虚拟博物馆的文化载体，为了更好发挥虚拟博物馆在展示、教育和研究方面的公共文化服务功能，北京市不断加快虚拟博物馆存储的数字化进程，积极拓展数字存储展示和内容。2013 年故宫博物院对 180 余万件套藏品实现了数字化管理，并在利用部分藏品数字信息与影像资料等构建故宫数字博物馆、通过数字虚拟技术向公众介绍故宫藏品及相关文化等方面进行了初步探索。5 月，故宫数字版《胤禛美人图》正式登陆 App Store，《胤禛美人图》一经推出便受到人们的普遍关注，且荣获香港设计中心“DFA Award 亚洲最具影响力优秀设计奖”等诸多殊荣。2013 年北京朝阳首座数字化博物馆在陈经纶中学投入使用，作为针对中学教育的数字化博物馆，涵盖具备数字课堂、数字图书馆、数字展览馆、交流平台、数字信息库等七大内容，成为展示学校文化、宣传科技知识的平台和窗口。

北京地区博物馆公共文化服务的网络化建设，既通过三大网络平台及相关站点建设，增强了北京在博物馆讯息与动态收集、发布的能力，更好地发挥博物馆在展示、教育和研究等方面的功能，以服务于社会和大众；又充分利用虚拟现实技术积极与博物馆馆藏展示相结合，打破实体博物馆的时空限制，以全新的方式拓展与延伸了博物馆的功能，满足了社会大众的视听体验需求，体现了北京地区博物馆公共文化服务网络化发展新的高度和水平。

(四)积极促进图书馆公共文化服务的网络化建设

图书馆公共文化服务的网络化作为图书馆公共文化服务体系的重要构

① 张健平:《博物馆:缘何吸引媒体关注》,《中国文物报》2013 年 3 月 1 日。

成，承担着向市民即时、快捷地传输文化信息资源的重任。2013年北京地区在推动图书馆公共文化服务网络化建设的过程中，通过积极丰富图书馆的网络化内容、延伸和拓展网络服务路径以及大力发展数字文化社区等形式，增强了图书馆公共文化服务服务民生与资源共享的力度。

1.丰富图书馆公共文化服务网络化的内容建设

内容建设是图书馆公共文化服务网络化的重要着力点，在网络时代的图书馆文化服务体系中具有基础性的特质。近年来，北京市在推进图书馆的网络化建设中，重点围绕首都图书馆的内容建设，不断丰富首都图书馆的数字资源建设。2013年首都图书馆以"全国文化信息资源共享工程"相关项目的建设与维护为依托，分三批对"读秀知识库"、"信息内容传输服务"、"讲座拍摄、编辑服务"等相关数字内容进行招标采购，在推进共享工程开展的同时，提升了首都图书馆的数字化、信息化水平。为了满足移动终端对图书馆文化资源搜索与获取的需求，2013年首都图书馆实施了"移动图书馆"建设项目，加强了对"移动视频资源"、"移动休闲资源"、"移动学术资源"等相关内容的建设力度。"移动图书馆"作为现代图书馆发展的新趋势，首都图书馆这一项目的建设强化了自身内容储备和文化服务功能，不仅为首都市民通过移动终端进行自助借阅和信息定制，提供了一站式的便捷服务，也使首都图书馆主动适应现代社会发展需要，体现了首都图书馆与时俱进的文化品格。

2.延伸图书馆公共文化服务的网络化路径

网络化建设为图书馆积极拓展文化服务路径提供了重要契机，自"十一五"时期"北京市公共图书馆计算机信息服务网络"工程实施以来，北京市公共图书馆推出"一卡通"服务，通过全面整合全市图书馆的文献信息资源，实现了北京市图书馆馆藏资源的共享与利用。2013年为进一步发挥公共图书馆在基层组织的有效作用，使首都63家图书馆联盟的文化服务向街区、街道进行延伸，一方面首都图书馆加强公共图书馆网络"一卡通"物流项目建设，实现了"网络预约"图书三天内送达指定图书馆、48台"城市街区24小时自助图书馆"每天图书物流配送一次的文化服务目标；另一方面，增加北京市公共图书馆“一卡通”通借通还服务网点。“一卡通”社区服务网点建设是公共图书馆文化服务惠及基层的重要途径，在2012年被列入“北京市文化十大惠民工程”后，2013年继续加强“一卡通”通借通还服务网点建设。2013年5月，北京市新开通广外街道图书分馆等“一卡通”服务点17处，9月又开通小关街道图书馆等“一卡通”服务点20处。新开通的37处服务点遍及北京市多个区县，极大地便利了广大市民利用图书馆馆藏资源，有利于图书馆公共文化服务的普惠化、均衡化发展。

表1　2013年5月北京市新开通图书馆“一卡通”服务点一览表

序号	联网点名称	序号	联网点名称	序号	联网点名称
1	广外街道图书分馆	7	大栅栏街道图书分馆	13	八宝山社区图书分馆
2	广内街道图书分馆	8	椿树街道图书分馆	14	古城社区图书分馆
3	天桥街道图书分馆	9	鲁谷社区图书分馆	15	五里坨社区图书分馆
4	陶然亭街道图书分馆	10	苹果园社区图书分馆	16	广宁社区图书分馆
5	白纸坊街道图书分馆	11	金顶街社区图书分馆	17	东小口分馆
6	牛街街道图书分馆	12	老山社区图书分馆		

表2　2013年9月北京市新开通图书馆“一卡通”服务点一览表

序号	联网点名称	序号	联网点名称	序号	联网点名称
1	小关街道图书馆	8	奥运村龙祥社区图书馆	15	香山街道分馆
2	东湖街道图书馆	9	太阳宫地区图书馆	16	马连洼街道分馆
3	劲松街道图书馆	10	常营地区图书馆	17	紫竹院街道社区分馆
4	左家庄街道图书馆	11	六里屯街道十北社区	18	中关村街道社区分馆
5	酒仙桥街道图书馆	12	平房地区国美社区	19	苏家坨镇分馆
6	东风地区图书馆	13	高碑店西社区	20	航材院社区分馆
7	来广营地区图书馆	14	曙光街道社区分馆		

3.大力发展数字文化社区

数字文化社区是北京推进公共文化服务的首创性路径，于2012年正式推出，并列入北京市2012年的公共文化服务“十大惠民工程”，由首都图书馆、文化局具体实施。工程实施以来，首都图书馆借助互联网无线技术，依托高清交互平台，完成100个数字文化社区文化站点建设，在社区文化建设中承担着电子书报阅览、艺术欣赏、资讯查询、交流互动、文化传播等功能等。其中东城区支中心、石景山区少儿支中心、朝阳区潘家园街道基层服务点、西城区金融街街道基层服务点、西城区宣武大栅栏街道基层服务点等数字文化社区被列入2013年初文化部公布的“全国文化信息资源共享工程·公共电子阅览室示范点”，体现了北京市在公共文化服务网络化方面的新成就和新进展。2013年11月，“首都图书馆北京市数字文化社区建设200个点项目”完成数字资源采购招标，内容涵盖老年生活类、少儿类、北京历史文化类数字文化资源，总投入金额约2310万元人民币。北京数字文化社区建设，对于改善城乡基层群众文化服务，促进社区信息化建设具有积极意义。

图书馆公共文化服务的网络化建设在继续强化内容建设的同时，通过“一卡通”通借通还业务和数字文化社区建设，加强面向基层社区和街道的文化服务。作为北京地区2013年图书馆公共文化服务网络化建设的一大亮点，面向基层社区的图书馆公共文化服务，通过网络化的技术手段，在基层构建了一个覆盖广泛的互联网服务体系，将图书馆数字文化资源传输至社区、街道，为基层群众提供了专业化的数字图书馆服务。

二、北京市公共文化服务网络化建设存在的问题

2013年，北京市的公共文化服务网络化建设在许多方面取得了不同程度的进展，但从发展水平和层次来说，尚处在一个由总体普及向质量提升的发展阶段，存在一定的问题和不足，主要体现在以下方面。

（一）网络运营垄断，不利于实现公共文化服务网络化的基本性原则

公共文化服务的网络化建设是网络时代的必然趋势，尤其在互联网信息技术“升级换代”不断加速的背景下，加快提升公共文化服务的网络化、

信息化水平,是人民群众能够享受先进的网络文化服务基本权益的重要保障。2013年,北京市在稳步推进公共文化服务网络化各项工作,并取得一定进展的同时,也面临着网络运营垄断化经营对政策、项目的落实所造成的障碍。虽然在法律层面,社区或街道的网络接入不能由某一家网络运营商独占,但在实际操作过程中,某一网络运营商对社区或街道网络运营进行垄断的现象较为突出。① 因此,作为公共文化服务网络化建设中介的网络运营商,在以技术创新实现基层公共文化服务网络化、信息化质量提升层面的积极性不高,"宽带不宽"、"提价不提速"的现实问题在某种程度上制约着"智慧北京"、"宽带行动计划"等重大规划北京在社区、街道的推进,影响着"下一代互联网"信息基础设施、光纤宽带骨干网络架构、数字文化社区建设等项目的落地实施。

(二)供需结构失衡,数字文化平台的内容建设有待进一步优化

文化内容是公共文化信息资源共享工程建设的核心要素,而共享工程能够真正发挥价值在于其所提供的文化内容能够满足人民群众的切实需求。从"北京市文化信息资源共享服务平台"的内容建设来看,存在内容供给与需求之间的结构性失衡。一方面,内容更新速度慢,个别栏目一经建成就少有变化,对人们的吸引力有所降低;另一方面,内容供给与真实需求之间有所脱节,使得信息资源共享平台的价值和作用大打折扣。在设立的5大视频栏目中,实用讲座的浏览量最高,截至2013年12月底,浏览量最高的实用讲座,最新三期节目的平均浏览量达5489次;其次为影视在线和少儿视频,平均浏览量为5334、4211次,浏览量较低的是戏曲舞台和农业视频。从月浏览频率的层面来看,最高的是影视在线,次数为177.8次/月,实用讲座以127.7次/月、少儿视频以120.3次/月分列第二和第三位。但就入库时间而言,实用讲座、影视在线、少儿视频分别是2010年5月、2011年7月、2011年5月/2010年9月,这说明资源共享平台在内容的供给、更新

① 蔺丽爽:《北京工商局:宽带企业禁与物业签垄断协议》,《北京青年报》2013年11月22日。

与相对旺盛的需求相比较为滞后，服务效率低下。因此，根据群众需求，及时开辟和把握最新的、最有效的信息资源，优化数字文化平台的内容建设，是共享工程充分发挥其文化服务职能面临的重大课题。

表3 "北京市文化信息资源共享服务平台"内容供需状况

类别	入库时间	内容	至2013年12月31日播放次数
影视在线	2011.7	影响中国历史进程的事件	4981
		开国英雄系列	5626
		永远的丰碑——红色记忆系列	5395
农业视频	2011.3	春耕行动——科学防控小麦条锈病	3138
		春耕行动——油菜春管对症下药	2931
		春耕行动——小麦春管看苗下菜	3065
实用讲座	2010.5	成长论坛:阅读与人生	5412
		成长论坛:阅读改变人生	4613
		成长论坛:提升学习能力与方法	6443
戏曲舞台	2010.4	情系弦音——杨瑾、孟霄琵琶音乐会	3945
		易水行——王舒板胡独奏音乐会	3194
		梁祝——王一婧二胡独奏音乐会	3244
少儿视频	2011.5	抗日小奇兵	3745
	2010.9	哪吒传奇	3823
		黄粱一梦	5066

（三）互动性不足，博物馆公共文化服务的网络化服务方式较为单一

北京地区博物馆公共文化服务的网络化建设除故宫博物院、首都博物馆等少数国家级博物馆有较高数字化水平外，大多数博物馆的网络化进程略显缓慢。不仅北京实体博物馆在门户网站建设方面不足地区总量的一半，而且博物馆在馆藏数字化、信息化的转换与储备层面形式较为单一，以综合静态图像的展示为主，虚拟性的体验与互动不强。北京数字博物馆和

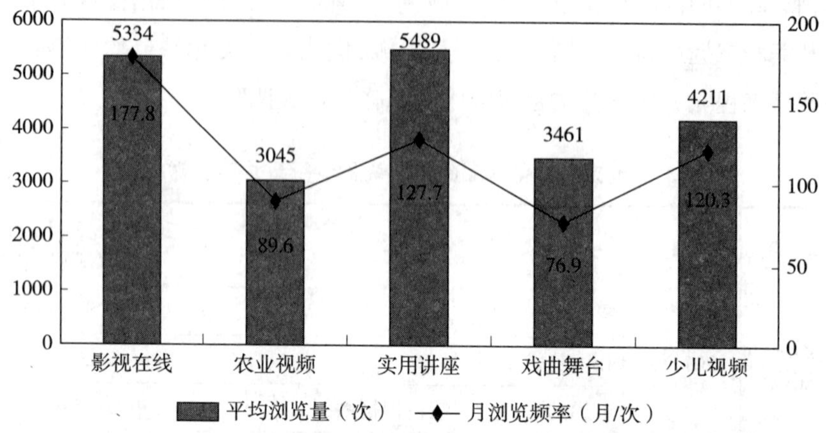

图4　“北京市文化信息资源共享服务平台”内容服务效率

北京百科数字博物馆是北京地区两家虚拟化程度较高的博物馆，北京数字博物馆网络平台开设的“虚拟博览馆”板块，虽然冠之以“虚拟”的称谓，但所链接的13个栏目中有7个是信息综合平台、6个是具有虚拟化性质的博览馆。在6个博览馆中，有“我们的田野”等4个馆以静态的（三维）图片展示为主，仅有“北京08数字博物馆”和“中国美术馆虚拟展馆”是具有一定互动性质的虚拟性展馆。从数量来看，真正意义上的虚拟展仅为该栏目总量的15.4%。2012年初北京百科数字博物馆上线，截至2013年12月，在其开设的“虚拟体验”板块中收录的仅仅是为配合网络宣传而录播的裸眼3D体验展示，时间长度不足60秒，与真正追求的虚拟体验互动展示平台的建设目标仍有较大差距。

表4　北京数字博物馆网络平台“虚拟博览馆”板块服务方式

<table>
<tr><th>服务方式</th><th>名　称</th><th>数　量</th><th>比　例</th></tr>
<tr><td rowspan="4">信息综合平台</td><td>中国篮球博物馆</td><td rowspan="4">4</td><td rowspan="4">30.8%</td></tr>
<tr><td>动物数字博物馆</td></tr>
<tr><td>中国地质博物馆数字平台</td></tr>
<tr><td>北京植物园网上植物园</td></tr>
</table>

续表

服务方式	名　称	数　量	比　例
静态(3D)图像展示	我们的田野	4	30.8%
	北京中医药数字博物馆		
	北京民俗数字博物馆		
	科学与艺术数字博物馆		
虚拟互动	北京08数字博物馆	2	15.4%
	中国美术馆虚拟展馆		

(四)基层布局不均衡,图书馆公共文化服务网络化建设的区域差别较大

公共文化服务的均衡化发展是公共文化服务体系建设的基本原则之一,北京在推进图书馆公共文化服务的网络化进程中,由于地区经济发展水平、区位、体制机制等因素的制约,造成公共文化服务的网络化资源分配不均衡,这种不均衡在基层图书室、街道乡镇级图书馆及部分社区(村)图书馆(室)的网络化服务中表现得尤为明显。以2013年新增设的37处"一卡通"基层服务点为例,其分布呈现出北城密集、南城稀疏的特点,而且以东、西城为中心,向东、西、北部区县扩散,其中新增设服务点最多的是朝阳,有

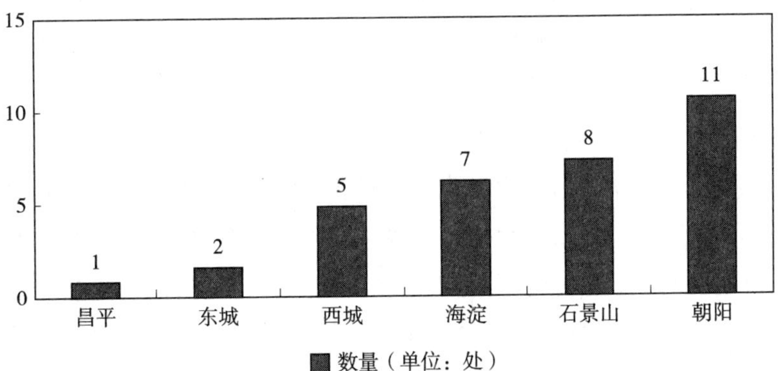

图5　北京市新增37处"一卡通"区县数量分布

11 处，其次为石景山、海淀、昌平，数量分别为 8、7、1 处，其他区县则没有增设。因此，北京在推进图书馆公共文化服务网络化建设的过程中，基于资源分配过于集中的事实，面临着弥补区域差距、调整结构布局，促进图书馆公共文化的网络服务能够惠及最广泛的基层群众的任务与挑战。

三、推动北京市公共文化服务网络化建设的对策建议

为充分实现公共文化服务网络化建设应具有的基本性、均衡性、均等性等原则，满足群众日益增长的多元的文化信息需求，进一步提升北京市公共文化服务网络化建设的发展质量和水平，本文根据以上梳理出的相关问题和挑战，提出如下建议。

（一）完善政府购买公共文化服务的制度设计，破除区域网络运营垄断

政府向社会力量购买公共服务是十八届三中全会为调节政府与市场关系而提出的一种新思路，也是一种鼓励市场竞争以最大可能发挥市场作用的有效途径。北京市在推进公共文化服务网络化建设的过程中，首先，完善与落实有关网络基础设施建设的法律法规，禁止社区宽带业务垄断经营，充分激活市场竞争，为政府购买公共文化服务的网络中介提供多元选择；其次，政府有选择地退出部分服务项目，以政府购买和招、拍、挂等形式让市场或其他社会力量参与公共文化服务网络化建设的渠道拓展和内容供给，充分调动各种社会力量的积极性；最后，加强政府监管，确保公共文化服务网络化建设的健康、有序进行。

（二）优化内容供给，提升数字文化平台的服务效率

服务效率是检查和衡量公共文化网络化服务管理和组织活动有效性的重要标准，针对“北京市文化信息资源共享服务平台”中的存在的供需结构失衡及效率低下等实际问题，北京市相关组织部门可从以下几个层面着力进行解决。首先，摸清文化需求。组织关于共享服务平台内容需求及满意度的调查问卷，从整体上把握北京市民的主要文化需求，进而使得入库节目内容更具有针对性。其次，及时更新内容。内容更新是否及时直接影响着

共享平台的使用效率，尤其是随着网络时代文化信息生产、传播和更迭速度的不断加快，以需求为导向的及时、快捷的内容是增强共享平台信息发布能力，发挥资源承载和共享作用的重要保障。最后，尝试在共享平台开设“公共论坛”等类似栏目，在公共讨论中凝合、把握人们的文化需求信息，改变“站内留言”等逆向选择方式所造成的信息不对等，切实体现数字文化平台本身的开放性，激发平台的文化活力。

（三）创新服务形式，提高博物馆公共文化服务的网络化水平

文化体验与界面互动是信息技术的普遍应用对公共文化服务提出的更高要求，为进一步提升北京地区博物馆的网络化、数字化程度，增强博物馆服务的文化体验和趣味互动，一方面，北京地区有实力的博物馆应逐步加快馆藏资源的数字化转换进程，推动馆藏文化资源与科技技术的融合；另一方面，作为北京地区博物馆领域专门性的网络平台——“北京数字博物馆网络平台”，应充分利用多媒体生成和展示技术，积极拓展文化服务形式，切实改变综合信息发布和静态图像展示等内容过多的格局，增强虚拟互动体验等内容，提升博物馆的网络化、数字化水平和质量。

（四）缩小区域差异，推动图书馆公共文化服务网络化建设的均等性、均衡性发展

弥合区域“数字鸿沟”，推进图书馆公共文化服务网络化建设的区域协调发展，是完善图书馆公共文化服务体系建设的重要任务。围绕图书馆公共文化服务网络化建设的均等性、均衡性发展，首先，北京市可以在深化图书馆文化体制改革层面做出积极探索，改变因行政级别、行政区划造成的分隔管理，以垂直管理的形式统筹、分配全市图书馆网络文化资源和服务；其次，充分鼓励和发动社会力量参与北京公共图书馆“一卡通”信息网络服务体系的建设，改变由政府主导的建设模式，推动参与力量的多元性发展；最后，立足于区域发展和人口分布特点，在部分区县、社区提供具有针对性图书馆公共文化服务和网络信息资源，以尽可能地提高利用率。

2013年首都网络文化产业发展状况及问题分析

陈 镭*

摘 要：本报告分析首都网络文化产业发展的最新进展。2013年，首都网络文化产业的基础设施建设和金融服务得到加强，网络游戏、网络视频等行业继续在全国领跑，网络文化企业出现并购、收购的热潮，传统互联网企业纷纷涉足文化产业。目前，北京的网络文化消费还有巨大的提升空间，网络文化企业需要在4G技术应用的新形势下进一步转变生产服务方式，积极扩大移动端的文化消费。

关键词：网络文化产业 网络游戏 网络视频 网络文学

网络普及和移动互联网的出现，极大地改变了文化产业的生产、营销和消费模式，创造出专门提供网络文化产品及服务的产业。网络文化产业目前没有严格的定义，文化部2011年发布实施的《互联网文化管理暂行规定》将互联网文化产品分为两类：一是专门为互联网而生产的网络音乐娱乐、网络游戏、网络演出剧（节）目、网络表演、网络艺术品、网络动漫等互联网文化产品；二是将音乐娱乐、游戏、演出剧（节）目、表演、艺术品、动漫等文化产品以一定的技术手段制作、复制到互联网上传播的互联网文化产品。依据这一规定，只要是经营性、规模化地提供上述文化产品及服务，均可视为网络文化产业范畴。网络文化产业的分类标准不一，网络游戏、网络音乐等有时和网络广告一起被划入更大的“网络出版”范畴；网络教育培训虽然

* 陈镭，博士，北京市社会科学院文化研究所助理研究员。

提供的是文化服务，但教育行业本身并不属于《北京市文化创意产业分类标准》之列。本文依据市民文化消费的主要对象和类型，从网络游戏、网络视频、网络文学等领域展开研究。

一、2013年首都网络文化产业总体情况

2013年中国互联网络信息中心（CNNIC）第32次《中国互联网络发展状况统计报告》显示，截至2013年6月底，北京地区互联网普及率超70%，高出全国普及率20多个百分点。2013年1至9月，软件、网络及计算机服务的收入合计2510.4亿元，同比增长8.7%，从业人员平均人数52.8万，同比增长5.5%。本年度，北京的网络文化产业保持快速发展，文化局批准的经营性互联网文化单位新增176家，网络游戏等行业继续在全国领跑，网络文学、网络视频出现了新态势、新格局。一批著名网络文化企业加快了并购重组，进一步整合资源、融合发展。北京网络文化产业正在向"大数据、大平台、大资源"的态势发展。

（一）加强基础设施建设和金融服务

2013年，市政府加强了基础设施建设和互联网金融方面的规划建设，进一步推动网络文化产业发展。原新闻出版总署批准北京市在丰台区建立"北京国家数字出版基地"，重点发展电子图书、数字音乐、数字视频、网游动漫和网络教育等产业，拟2020年建成，预计入驻企业400家，其中品牌企业50家，实现年产值800亿元，成为北京最重要的网络文化产业功能区。《宽带北京行动计划（2013—2015年）》正式出台，计划到2015年底，吸引社会滚动投资800亿元，建设"泛在、融合、智能、可信"的下一代信息基础设施，使北京成为全球信息通信枢纽和互联网中心，实现信息基础设施和信息化应用相互促进、宽带信息技术和相关产业互动发展，推动信息消费成为拉动经济增长的新引擎，将北京建成城乡一体的光网城市、移动互联的无线城市、高速便捷的宽带城市。《行动计划》的落实，将为北京的网络文化产业发展提供更为强大的基础条件和技术支撑。

本年度还成立了一批新的管理机构和政府企业之间的社会中介组织。北京市互联网信息办公室正式成立，主要职责除了落实相关的方针政策和法律法规，指导、协调、督促属地互联网行业主管部门、打击网络违法犯罪的主管部门等之外，还有与网络文化产业直接相关的部分，包括指导本市有关部门做好网络游戏、网络视听、网络出版等领域的业务布局规划等。北京网络视听节目服务协会和北京作家协会网络文学创作委员会成立。

2013年，北京首个互联网金融产业基地落户石景山，石景山区每年安排1亿元专项资金用于基地建设、完善基础配套设施、奖励产业人才，这一举措可以盘活首钢老厂房，对北京的金融产业、互联网产业有着深远意义。互联网金融虽然与网络文化产业分属不同领域，但网络文化产业特别是社交网络近年来已经催生了虚拟货币、电子商务、信用卡支付、保险等多种形式的金融业务，二者的融合发展成为一大趋势；同时，互联网金融也可以直接为网络文化企业提供融资帮助。

（二）网络文化企业出现收购并购热潮

2013年北京的网络文化企业特别是游戏产业板块出现了纵向的收购、并购热潮，交易的重点主要是手机游戏、网络广告、网络视频、网络地图等有着良好前景的领域。新浪微博的股份被阿里巴巴这样的老牌电商收购，一些著名文化企业藉此从传统产业领域向新媒体转型，而完美世界、腾讯游戏、网易游戏等客户端游戏厂商则开始进入手机游戏领域。这一轮并购大潮既包括总部在北京的文化企业收购外地企业，也有本地文化企业被外地企业收购，整个网络文化产业的规模化、集约化、专业化水平进一步提升。重要的事件包括：百度公司四面出击，一举收购了91无线、糯米网、幻想纵横、PPS影音等四家企业的股份。阿里巴巴开始持有新浪微博和高德地图的一部分股份。腾讯收购了搜狗的36.5%股份。北京掌趣科技公司以8.1亿元对价并购知名的网游研发商“动网先锋”100%股权。以印刷业务起家的成都博瑞传播收购了腾讯旗下的网游研发商“漫游谷”70%股权。

表 1　2013 年北京网络文化产业重要收购并购①

收购企业	收购企业主营业务	收购对象	被购企业主营业务	金额	收购股份
百　度	信息服务	91 无线	无线互联网业务	19 亿美元	100%
		PPS 影音	网络视频	3.7 亿美元	100%
		糯米网	生活消费平台	1.6 亿美元	59%
		幻想纵横	网络文学	1.915 亿元	100%
阿里巴巴	电子商务	新浪微博	社交网络平台	5.86 亿美元	18%
		高　德	互联网地图	2.94 亿美元	28%
腾　讯	社交网络平台	搜狗	搜索引擎、输入法	4.48 亿美元	36.5%
博瑞传媒	传　媒	漫游谷	网页游戏	10.36 亿元	70%
华谊兄弟	影　视	银汉科技	手机游戏	6.72 亿元	50.88%
天舟文化	出　版	神奇时代	手机游戏	12.54 亿元	100%
神州泰岳	IT 运维管理	壳木软件	手机游戏	12.15 亿元	100%
雷柏科技	IT 设备制造	乐汇天下	手机游戏	5.88 亿元	70%
掌趣科技	游　戏	动网先锋	手游、页游	8.1 亿元	100%

（三）网络文化消费增长迅速

2013 年，北京的网络消费增长迅速，市民消费方式开始转型发展，而网络消费又有相当大一部分属于文化消费，包括网络购书、付费视频、付费阅读等，显示了巨大的潜力。北京网络消费的年增速远超社会消费品零售额的增幅，尽管在消费品零售总额中的比例还不是很高，却对新增消费有很大贡献。2013 年 1—11 月，全市网上零售额达到 820.6 亿元，同比增长 45.6%，占社会消费品零售额的比重达到 10.9%，已超过传统百货业，对全市零售额增长的贡献率为 42%，拉动零售额增长 3.7 个百分点。随着网络和移动通讯的普及，人们越来越多地通过网络进行文化消费，这使游戏、出版、影视、动漫、音乐等领域的业态发生巨大变化，原来的内容提供商可以通

① 此表根据各门户网站公布的数据整理而成。

过电子商务、推送服务等方式直接面对消费者，文化产业出现了前所未有的广阔前景。目前，全市范围的网络文化消费总量还缺少准确的统计，单就2013首届北京惠民文化消费季的情况看，网络文化消费已经与实体店的文化消费并驾齐驱。消费季发放的“文惠卡”具有网购功能，线下交易为23.5亿元，约占全部成交额的45%；网上成交28.8亿元，约占55%，已经超过了实体店。

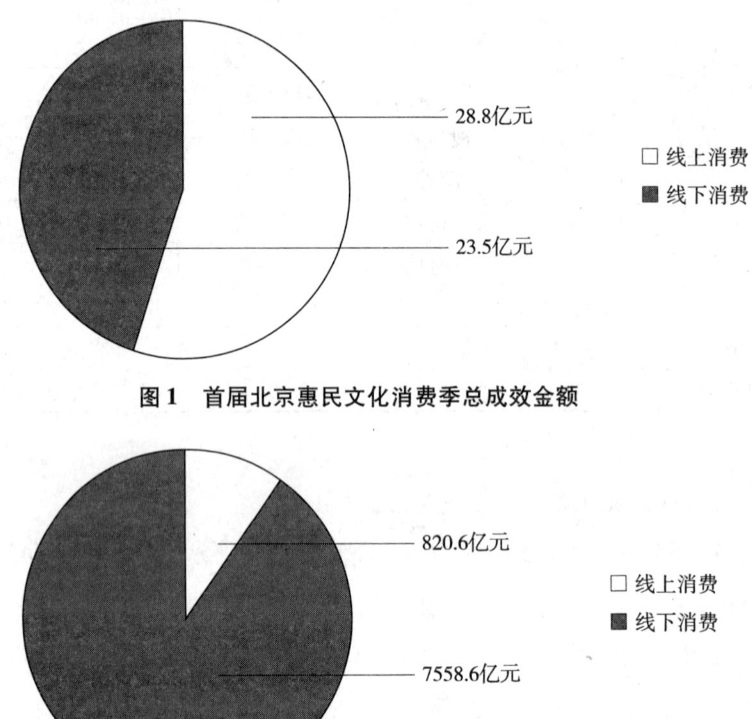

图1　首届北京惠民文化消费季总成效金额

图2　2013年1—11月社会消费品零售额

2013年，北京还举办了许多网络文化产业会展，为扩大文化消费创造了更好的条件。这些会展举办了形式多样的商品交易、信息交流、学术研讨活动，吸引了众多知名文化企业和电商参加，既是行业峰会和总结大会，又是回馈消费者、推介新品的展会。首届北京惠民文化消费季举办了文化数码产业博览会、文化商品网上促销活动、电子商务博览会等活动。第十一届中国国际网络文化博览会（网博会）以“文化力量，创意未来”为主题，重点推动了移动多媒体、游戏动漫等文化产业的交流合作。第五届中国数字出版博览会举行了2013年度数字出版新成果展览。

（四）文化产业成为互联网企业主营项目

伴随着新一轮的企业收购并购，互联网企业与文化创意产业进一步融合发展，从中国互联网协会公布的“中国互联网100强”榜单可以看出，上榜的北京企业绝大多数都从事文化产业、文化创意产业。过去主要进行网络安全服务的奇虎360开发了网络游戏；中关村在线、爱卡汽车等专业销售、导购平台重视相关的主题社区建设；进入百强企业三甲之列的百度公司已经全面铺开文化产业业务。有的互联网企业虽然主要做电子商务，却与文化企业高度地相互依存，为文化企业、文化创意企业省去中间渠道，开展多种形式的推送服务，也节省了消费者的选择成本。

表2　2013年度“中国互联网100强”中的北京企业①

排名	企业名称	主营范围
3	百度（百度公司）	网络信息服务
5	搜狐（搜狐集团）	新媒体、游戏及移动增值服务
6	新浪网（新浪公司）	新媒体及娱乐服务
7	奇虎360（北京奇虎科技有限公司）	互联网安全与软件、搜索
10	完美世界（完美世界（北京）网络技术有限公司）	网络游戏
11	京东（北京京东叁佰陆拾度电子商务有限公司）	网络零售服务
12	人人网（人人公司）	网络社区
14	凤凰网（北京天盈九州网络技术有限公司）	新媒体
15	优酷网（合一信息技术（北京）有限公司）	网络视听

① 此表根据中国互联网协会ISC公布数据整理而成。该排名对互联网企业年度营收、在线业务（以网站为主）访问量和访问速度体验三项指标的数据进行统计分析。

续表

排名	企业名称	主营范围
20	乐视网(乐视网信息技术(北京)股份有限公司)	网络视听
22	艺龙(北京艺龙信息技术有限公司)	在线旅行服务
23	当当网(北京当当科文电子商务有限公司)	网络零售服务
24	易车网(北京易车信息科技有限公司)	网络汽车导购平台
29	亚马逊中国(北京世纪卓越信息技术有限公司)	网络零售服务
30	中关村在线、爱卡汽车(北京智德典康电子商务有限公司)	IT 信息与商务服务 汽车主题社区
32	美团网(北京三快科技有限公司)	生活消费服务平台
33	智联招聘(北京智联三珂人才服务有限公司)	人力资源服务平台
38	搜房网(北京搜房科技发展有限公司)	房地产家居网络平台
39	联动优势(北京联动优势科技有限公司)	移动支付服务
46	世纪互联(北京世纪互联宽带数据中心有限公司)	互联网基础设施服务
47	汽车之家(北京车之家信息技术有限公司)	汽车主题社区
48	中国天气网(北京维艾思气象信息科技有限公司)	气象信息科技
49	凡客(凡客诚品(北京)科技有限公司)	网络零售服务
50	开心网(北京开心人信息技术有限公司)	网络社区
52	昆仑游戏(北京昆仑万维科技股份有限公司)	网络游戏
53	美丽说(北京美丽时空网络科技有限公司)	网络游戏
54	联众世界(北京联众互动网络股份有限公司)	网络游戏
55	金山(金山软件有限公司)	娱乐、互联网安全及应用软件
56	178 游戏网(北京智珠网络技术有限公司)	游戏专业门户
57	豆瓣网(北京豆网科技有限公司)	网络社区、广告、电商
59	58 同城(北京五八信息技术有限公司)	生活消费服务平台
60	酷我音乐(北京酷我科技有限公司)	网络视听
61	空中网(北京空中信使信息技术有限公司)	网络游戏、电信增值服务
62	金融界(财富软件(北京)有限公司)	金融和财经信息服务
65	聚美优品(北京创锐文化传媒有限公司)	化妆品网络零售服务

续表

排名	企业名称	主营范围
66	光宇游戏(北京光宇在线科技有限责任公司)	网络游戏
69	六间房(北京六间房科技有限公司)	网络视频、交友平台
70	瑞星(北京瑞星信息技术有限公司)	互联网安全、软件
72	17k小说网(北京中文在线文化传媒有限公司)	网络文学
75	百合(北京百合在线科技有限公司)	婚恋服务平台
79	和讯网(北京和讯在线信息咨询服务有限公司)	财经资讯
81	网秦(北京网秦天下科技有限公司)	手机安全服务
82	趣游(趣游(北京)科技集团有限公司)	网络游戏
84	慧聪网(北京慧聪国际资讯有限公司)	电子商务服务
88	中华网(北京华网汇通技术服务有限公司)	新媒体、网络游戏、增值服务
89	暴风影音(北京暴风科技股份有限公司)	网络视听
91	小米网(北京小米科技有限责任公司)	移动互联网、手机社区
97	263在线(二六三网络通信股份有限公司)	信息交互平台
100	武神(北京武神世纪网络技术股份有限公司)	网络游戏

二、2013年北京网络文化产业的行业分析

(一)网络游戏产业继续领跑全国

网游产业是我国文化产业的重要力量和活力所在,据中国游戏行业年会公布的数据,2013年全国网络游戏经营收入约650亿元人民币,比2012年的525.77亿增收124.23亿元。相比之下,近年来飞速发展的中国电影市场,其年度全球票房还不到国内网游经营收入的1/3。网游产业的海外市场收益更是其他文创产业所不及。北京的网游和动漫产业一直在全国领先,据北京市文促中心2013年11月公布的数据,2012年北京的动漫网游出口额占全国60%,动漫游戏总产值达167.57亿元,相比2011年的130亿元增长了29%,其中出口15.6亿元,增长了30%。2013年上半年,北京动

漫游戏产业规模以上企业产值已突破百亿大关,2013 年度总产值超过 200 亿元。

北京的网游企业继续发挥领头羊作用。在 2013 年中国游戏产业年会颁布的“中国十大品牌游戏企业”中,北京企业超过了半数,完美世界、搜狐畅游、麒麟网等企业本年度均有优异表现。特别是完美世界公司在中国互联网企业最新排名(2013 年 8 月)中排第 10,是国内网游企业的最高排名。完美世界还在中国游戏行业年会“金手指”颁奖典礼中获得六大奖项:完美世界获“2013 年度优秀企业”奖,CEO 萧泓获“2013 年度优秀企业家”称号。完美世界的游戏新作《笑傲江湖 OL》和《射雕英雄传》分别获得“2013 年度优秀网络游戏”和“2013 年度最受期待网络游戏”奖,新作《冰火破坏神》和手机游戏新作《神雕侠侣》分别获得“2013 年度最受期待网页游戏”和“2013 年度优秀手机游戏”奖。此外,在中国国际网络文化博览会(网博会)的 2013 年中国网络文化盛典上,北京企业也有许多斩获,其中搜狐畅游获“中国网络文化杰出成就奖”,麒麟网荣膺“网络游戏原创奖”。

北京市 2013 年进一步出台政策措施,巩固网游产业的优势地位。北京市首家综合性网络游戏产业公共服务平台在中关村国家自主创新示范区的“东城园”正式启动,该平台集合了国家、北京市和东城区三级优势资源,北京金刚游科技有限公司为创业企业提供 3D 引擎等技术支持,北京航星机器制造有限公司提供平台物理空间并参股运营公司,北京市文化投资发展集团中心和北京市文化科技融资担保有限公司两家市级文化金融予以金融支持。预计到 2015 年底将吸引约 100 个游戏开发团队,生产上百种游戏新产品,到 2017 年收入将达 20 亿元。网游产业公共服务平台的搭建,是北京市科技文化融合发展的又一新成绩。

(二)网络视听产业迎来盈利拐点

2013 年,国内的网络视听产业出现了盈利拐点,北京的网络视听企业在其中起到了引领作用。互联网研究机构“易观国际”的报告显示,本年度网络视频广告收入增幅显著,第 2 季度的广告收入达到 28.8 亿元,较第一季度增长 18.5%,同比增长 49.7%;2013 年第 3 季度中国网络视频市场广告收入为32.5亿元人民币,较2季度增长13%,同比增长23.1%。北京的互联网视听服务单位数量众多,已由2005年12家发展到目前的124家,增加了10倍多,并且集了国内实力最强的一批网络视听企业,包括新浪视频、优酷土豆、搜狐视频、腾讯视频、百度旗下的爱奇艺等。2013年,优酷土豆、爱奇艺等企业表现出色,优酷土豆宣布在第四季度实现单季盈利,成为国内首家盈利的视频网站。网络视听企业还开始尝试多元化的经营模式。过去为了获得热门综艺节目、热播国内外电视剧的版权,网络视听企业往往要向制作单位支付巨额费用,搜狐视频、人人公司等企业表示即将开启自制、独播的模式,进一步推动网络视听的盈利。2013年,北京市版权局酝酿推出《数字音乐版权收入倍增计划》,目标是经过三年努力,初步建立数字音乐版权商业化新模式,使参加本计划的作者、唱片公司等权利人实现版权收入翻番,推出的原创作品数量翻番。

2013年,北京的网络视听行业还呈现出规模化发展热潮,一批中小视频网站被大网站收购,移动端成为发展的重点。优酷和土豆两大视频网站合并,百度收购了PPS影音,扩大了其在移动客户端和PC端方面的优势。随着网络视听行业的快速发展,北京网络视听节目服务协会应运而生,该协会由新浪、搜狐、百度、优酷、乐视、爱奇艺6家门户网站发起,首批会员达120家,主要负责协调、自律、引导、服务工作,标志着北京的网络视听产业进入了一个新阶段。

(三)网络文学由一家独大转入多极化格局

国内的网络文学市场,过去主要由上海盛大集团旗下的“盛大文学”领军,占据了大量市场份额。但随着本领域的高速成长,许多著名文化企业、互联网企业开始积极拓展网络文学业务,盛大“独大”的局面被打破,多极化发展已成定局。2013年,北京的著名网络文化企业纷纷出手,显示了后发优势。腾讯公司和原属于盛大文学的起点创业团队合作了创世中文网,并以QQ空间为基础,在QQ商城、手机阅读、应用QQ等多个平台进行战略布局,正式推出腾讯文学,由莫言、刘震云、阿来、苏童四位知名作家担任文学顾问,还邀请郭敬明等年轻作家入驻。新浪读书频道成立了独立的文学公司。百度收购了完美世界旗下的在线阅读企业“幻想纵横”,形成了纵横中文网、91 熊猫读书、多酷书城、百度文库的巨大网络文学方阵,覆盖移动端、PC 端以及 WAP 端。2013 年度,北京还成立了作家协会网络文学创作委员会,意图整合首都文学创作资源尤其是体制外、非京籍的网络文学作者。

三、首都网络文化产业面临的问题及对策

北京的网络文化产业快速发展,在全国保持了优势地位,但在 4G 技术应用等新形势下,应当进一步改变内容传输方式,创新文化产业的商业模式,扩大移动端的文化消费,加速网络文化产业的升级。

(一)网络文化消费有巨大的提升空间

北京的人均 GDP 早在 2009 年就超过 1 万美元,2012 年达到 1.3 万美元,但目前的文化消费量只占全部生活消费的 10%,远远低于欧美发达国家水平。而网络消费也只是接近全部消费品零售额的 11%。这些数据表明,北京的网络文化消费还有很大的上升空间。要扩大网络文化消费、推动网络文化产业发展,除了从源头上增加北京市民的可支配收入、持续开展北京文化惠民消费季等活动之外,还应当研究利用网络文化消费的特点。网络文化消费的长处在于把各种细分市场连缀起来,在网上可以买到实体店缺乏的非主流文化产品,或者给消费者提供最个人化的服务,这也是全媒体时代的一大特征。网络文化企业应当把主题社区建设与细分市场的建设结合起来,把网络购物、网络影音、网络阅读、网络社交融合在同一个主题的文化平台内,这样被传统商场购物模式所舍弃的许多细分市场反而能够产生巨大的文化消费需求。

(二)4G 技术将激活移动端文化消费

当前的网络文化消费已经开始从 PC 端转向移动端,这类消费可以随时随地、碎片化地进行,特别是在抢购活动中显示出巨大能量。根据 2013 年美国著名科技博客、数字媒体创业公司 Business Insider 公布的调查报告,

美国用户用智能手机购物的时间已经占到了总购物时间的 20%，比 2009 年增长近五倍，PC 端（家用电脑、笔记本）和移动端的消费基本持平。如图所示，美国智能手机用户用于通话的时间只占全部使用时间的 28%，其余大多分配给新闻网站、社交网络、电子书、游戏等文化产业领域①。随着 4G 技术的应用，我国的移动端消费也将出现类似情形。2013 年 12 月 4 日，工信部向三大运营商发放 4G 牌照，意味着中国电信业将正式进入 4G 时代。北京目前在东、西、南四环，北五环，以及石景山、亦庄和园博园地区已经实现了 4G 信号的基本覆盖，资费水平还将在进一步降低。北京的网络文化产业应当利用好当前 4G 技术开始应用的契机，积极扩大移动端的文化消费，改变文化产业的发展模式。

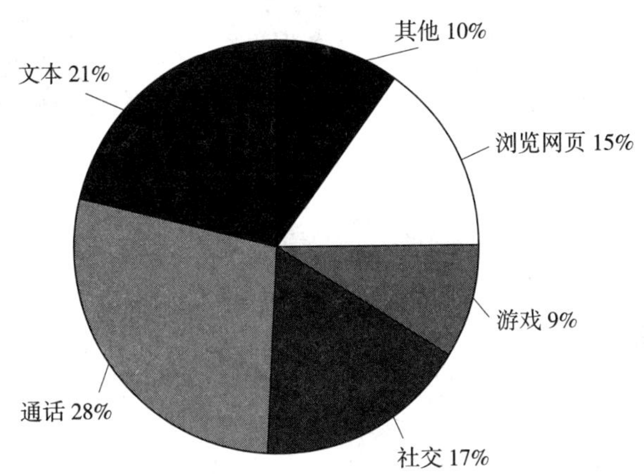

图 3　美国用户的智能手机使用时间分配比

（三）网络文化产业应加强行业自律

2013 年网络文化产业管理方面的重要事件是文化部《网络文化经营单位内容自审管理办法》正式生效。这就意味着原先由政府部门承担的网络文化产品内容审核和管理责任，更多地要由企业承担，政府的任务转变为事中的巡查和事后的核查、处罚。目前文化部已经组织编写《网络音乐内容

---

① http://www.businessinsider.com.au/how-much-time-do-we-spend-on-smartphones-2013-6.

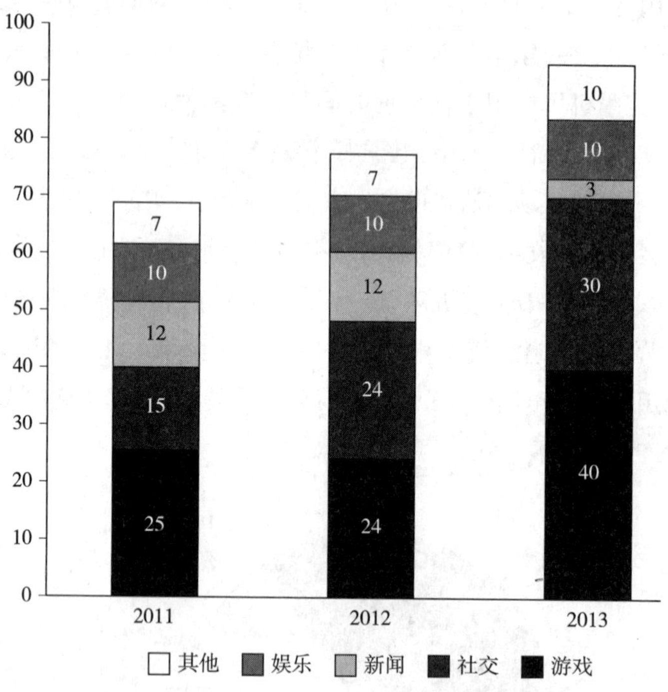

图4 美国用户的智能手机日常消费比重

审核指引》、《网络游戏内容审核指引》，在移动游戏、网络音乐领域首先试行自审，再扩大范围。政府的简政放权，要求企业建立起自我约束的有效机制。北京2010年曾倡议在网络媒体设立自律专员，有八家门户网站率先试点，还采取了一些社会监督的办法，如招募网络监督义务志愿者、设立“妈妈评审团”等。但某些门户网站为了保证点击率始终不改跟风炒作、猎奇拜金、打擦边球的做法。要把网络文化经营单位内容自审管理搞好，除了严格按照《自审管理办法》的要求进行人员培训、建立长效机制和问责制度以外，还必须充分发挥行业协会、行业联盟的作用。

（四）网络文化产业须保护个人隐私安全

网络文化消费将释放大量的个人数据，包含用户的个人隐私，如果被网络企业泄露，将带来经济甚至人身安全方面的危险。即使这些数据没有外泄，网络文化企业也常常利用个人的身份特征和消费习惯，整合各种数据，进行一些强制性的推销活动，这在北京地区的网站中十分普遍，这也影响了网络文化产业的健康发展。社交网站目前成为泄露网民个人信息的最大途径，信息被出卖之后，商家甚至可以定位用户的实时地理位置，进行广告推销。“云计算”、“大数据”等理念渐已深入人心，而这些互联网新技术、新业务也都高度依赖用户个人信息，使得个人隐私安全的保护更加紧迫。目前，我国的《个人信息保护法》还未出台，北京要避免网络文化企业对市民个人信息的泄露，只能从工商管理部门监督、社会监督和行业自律三个方面开展工作。

首都主流门户网站公益广告传播动态研究报告

魏宝涛　王爽*

摘　要：首都主流门户网站在2013年的网络公益广告传播推广中表现异常活跃，这既是其作为主流媒体舆论导向角色作用的积极作为，更是培育和建构社会主义核心价值观的策略应对；当前首都主流门户网站公益广告传播已经呈现出鲜明的特点，其主题内容和话语表述上出现崭新动向，针对公益广告传播的主要问题可以结合具体的建议及对策加以解决。

关键词：首都　主流门户网站　公益广告　动态趋势　对策建议

公益广告的自身属性决定了它理应承载着更多的社会责任，而以首都主流门户网站为代表的网络传播媒体在当今时代下担负着网络公益广告传播的重要使命。首都主流门户网站以其鲜明的姿态与行动向全社会传递出勇于担当的权威媒体价值观和立场。首都主流门户网站作为有责任、有担当的网络媒体，在今后的网络公益广告传播推广中需要不断整合更多资源，深挖社会现象的实质，以便创作和传播推广更多更好的基于受众心理和情感需求，同时彰显主流网络媒体影响力、公信力、传播力的公益广告作品。

2013年，首都主流门户网站公益广告传播在整体的“讲文明、树新风”

---

* 魏宝涛，博士，辽宁大学文学院广告学系副教授，辽宁大学新媒体与社会研究中心副主任。王爽，辽宁美术职业学院视觉系讲师，工程师。本文为2011年国家社会科学基金一般项目：《突发公共事件中谣言传播的机制及其治理研究》（批准号号：11BXW036）的阶段性研究成果。

公益广告传播的大环境下,体现出首都网络文化传播的主导影响力和核心竞争力,以及就此产生的良好社会舆论氛围和良好传播效果。这里所指的网站公益广告的传播动态,需要事先说明的是,这里主要针对主流舆论引导下所体现出来的新动向与新趋势,新问题与新对策,其中的主流门户网站选取的样本有"人民网"、"新华网"、"新浪网"、"搜狐网"以及中国网络电视台等。

一、首都主流门户网站公益广告主要传播形式及特点

从对2013年上述主要代表性主流门户网站的公益广告传播监测与整理来看,网络公益广告日益呈现出有别于传统纸媒和电视、广播等的崭新态势,在传播形式上日趋多元化,这也是针对全国上下深入贯彻党的十八大精神,树立社会主义核心价值观的迫切需要而逐渐呈现出来的公益广告传播的新特点。可以说自2012年12月20日以来,中央主要媒体就隆重推出了"讲文明、树新风"公益广告。从其中一系列有代表性的公益广告来看,主要围绕着"民族复兴·中国梦"这样一个较为鲜明的主题,在《人民日报》、《光明日报》、《经济日报》及《工人日报》等主要报纸纷纷以彩色整版或半版篇幅刊出气势恢弘、主题鲜明的公益广告后,在中央人民广播电台和中央电视台各频率、各频道全方位、高频次连续播出同名广告后,首都主流门户网站诸如中国文明网、人民网、新华网、中国广播网、中国网络电视台、光明网和中国经济网等网站均在首页显著位置推出了"讲文明、树新风"公益广告专题。此种全方位、多层次的公益广告宣传推广,是由中宣部、中央文明办组织中央重要新闻媒体以及互联网站开展的大规模、大范围、持续时间较长的宣传活动。活动将主要传播宣传的重点放在"围绕积极培育社会主义核心价值观和社会道德行为规范、建设生态文明以及与人民群众关切的交通安全、食品安全、健康知识等等内容,制作刊播内容丰富多彩的公益广告"。依托于网络广告的具体形式载体,我们看到首都主流门户网站在公益广告传播的具体形式上,呈现出以下几个层面的新动向。

（一）以“人民网”为代表的“公益频道”的整体展现

回顾2013年的首都主流门户网站公益广告传播的发展轨迹，我们能感受到主流门户网站公益广告传播的力度与新特点，我们看到“人民网·公益”频道主要由“公益广告”、“明星公益”、“公益榜样”、“图说公益”、“益深度”、“爱心企业”和“人民公益”、“公益活动”组成，其中又以“公益滚动”、“政策法规”、“助学成长”、“医疗救助”和“公益观点”、“公益人物”以及“公益组织”、“公益曝光”、“益生活”、“益周刊”加以细化和强调、凸显。在2013年绝大部分新闻媒体和网站纷纷在重要版面、重点时段以及醒目位置刊播“讲文明、树新风”公益广告的大背景下，“人民网”的做法显然传达了作为中国共产党官方网站的主流角色和主导影响力。这里我们看到以“网站专有频道”集中有效资源，整合相关力量的做法本身，是对此种公益广告传播效果最大化的策略应对，与此同时还是对“网站首页”的回应与深度拓展，即相对于网站首页的“logo”、“页面大体风格”和“导航”，此种“频道页”是对相关“搜索”和“推荐”的回应和深度推送。

（二）与专题报道相结合的“活动捆绑式”推送和传播

此种网络公益广告传播主要体现在以“CNTV”为代表的主流门户网站中，主要表现在专门开设“爱公益频道”并且及时发布“公益资讯”，尤其是配发“爱公益”精彩专题推荐来组成强势的传播指向和主题导引，其中就包括“弘扬雷锋精神，建设文明社会——公益路上，我们‘雷’厉‘锋’行”，又如“我们在你身边——阳光1+1公益植树活动”、“央视新闻公益行动——开往春天的校车”、“央视主持人倡学雷锋关爱听障儿童”以及“地球之声”公益跨年晚会等，专题内容指向了社会生活更为广泛的层面，以“人民网”、“新华网”等为代表的首都主流门户网站在进行网络公益广告传播时，就是集中与整合资源来拓展传播的深度与广度，诸如中国公益广告网的“中国网民文化节”就是与全国网络公益广告制作中心合作传播“中国梦”系列公益广告，以这种与“活动捆绑”的传播推送形式来积极拓展网络公益广告传播的渠道和平台。

（三）网络互动公益广告日益成为新宠

中国文明网牵头发起的“向国旗敬礼，做一个有道德的人”网上签名寄语活动，就是此种网络互动公益广告新动向的代表。本活动由中央文明办、教育部、团中央、全国妇联、中国关工委共同组织，自 9 月 22 日至 10 月 12 日举办，有将近 1.8 亿余人次未成年人参与活动，发送的网上留言寄语 800 万余条，可见其对充分表达“祝福祖国”、“共筑中国梦”的社会舆论需求的高度重视。与此同时，基于巩固成果、总结经验和推动未成年人爱国主义教育运动深入开展，此活动又从 10 月 29 日起在“中国文明网”、“央视网”陆续开始展播。我们看到在互动设计上，主要设置“向国旗寄语”和“留言精选”、“各地统计”。尤其值得一提的是，“各地统计”将各地区的主要城市按统计数据成绩排序，同时以准确的比例和数字加以说明，在一定程度上为舆论的放大和提升提供了基本前提。这其中由“中央宣传部”和“中央文明办”主办的“中国文明网”在首页和相关专题频道上突出“讲文明，树新风”、“文明中华”、“道德模范”、“中国好人榜”、“红色文化”、“我们的节日”等主题内容，整体来看“讲文明，树新风”频道主要由“文明资讯”、“专题活动”、“精彩推荐”、“话说礼仪”、“道德治理”和“文明交通”、“文明餐桌”、“公益广告”等部分组成。这里的“公益广告”展播是中央主要媒体、期刊杂志和网络媒体着重围绕积极培育社会主义核心价值观、社会道德行为规范、生态文明建设和与人民群众生活关联度较高的交通安全、食品卫生、健康知识等四个方面内容，推出的一批公益广告，以此来营造文明和谐的浓厚氛围。该频道还同时开设“公益影视”、“公益征集”、“公益图片”和“广播剧”、“动漫”、“宣传语”，形成一个相对集中“互动型”的公益广告整合传播推广平台。

（四）“新浪公益”广告传播的形式示范和驱动效应明显

2013 年首都主流门户网站公益广告传播层面另一个典型就是“新浪网”。旗下的“新浪公益”频道主要由“公益资讯”、“公民社会”、“幸福生活”、“互动社区”及“扬帆计划”组成，同时在频道“首页设计”上以准确清晰的数字呈现实时动态的更新，以“公益导向”、“活动推荐”以及“微益天下”、“机构动态”和“项目行动”、“热门微博”、“热点聚焦”、“案例解读”、“志愿行动”和“公益影像”、“爱心联盟”为主要形式来深度阐释公益理念和满足与社会实践的匹配和对接。“新浪公益”正是致力于传播公益文化理念,不断创新现代公益模式,打造公益服务平台,推动社会公益事业不断向前发展的样板,此种做法的最大功效是借助关注社会公益热点,以及报道社会公益实践,营造公益爱心社区,全力打造大众参与的公益互动地带,从泛公益传播角度来看,其社会影响力和口碑传播力已经超越单纯公益广告传播的基础层面,立体化、全方位的传播效应已经逐渐显现出来。“新浪公益”在2013年的网络公益广告传播中也为首都各家主流门户网站提供了效仿的样本和模板。其中“新浪微公益”更是本年度值得关注和分享的成功案例,自2012年2月上线以来,以其流程简单及低公益门槛、第三方监督确保项目运作,它以传播和推广全民微公益力量为特点,成为针对微博用户开发和运作的重要领域,此种“微”与整体的宏大相匹配,从而共同营造公益文化网络传播的网状序列,成为具有典型个性和普遍示范性的独有个案。

二、首都主流门户网站公益广告传播的主题内容和话语表述新动向

2013年的首都主流门户网站网络公益广告传播在整个社会舆论大环境下,各自体现出日益壮大的发展态势。这里以“新华网”的“新华公益”为选取样本,抽取2013年2月1日到2013年8月20日之间刊播的代表性公益广告为研究对象,经过细致比照和对比分析,我们看到在每个月都会有一个“公益主题”确切地呈现出来,2月份的主题是“提倡节约、反对浪费”,合计刊播11幅静态公益广告;3月和4月份的主题是“保护动物”,合计刊播24幅静态公益广告;5月份的主题是“文明礼仪”,合计刊播11幅静态公益广告;6月份的主题重新回归“提倡节约,反对浪费”,合计刊播8幅静态公益广告;7、8月份以“控烟”和“品德、修养”、“歌颂和谐社会”为主,合计刊播12幅静态公益广告,可见主要的舆论基调停驻在“正能量”的积极传播

和影响推广上面。在此时间段的统计与分析中，我们能够清楚地发现“新华网”公益广告包括公益广告语、公益平面广告、公益视频广告三个主要部分，新华网能够积极地从独特媒体属性和个性出发，在近年来承办了各种公益广告活动征集，诸如 2013 年“新华网公益广告创意征集活动”就是一个典型案例，在此活动中新华网不仅扮演着征集相关作品参与评选的角色，同时为公益广告的展示提供了宽广的平台与空间，可以说在新华网的公益频道以及新华网组织的公益广告创意主题征集内，优秀的、容易启发受众喜欢的公益广告获得了深度充分展示的绝好机会。从上述简要分析与梳理中，我们知道在此种网络文化传播情境中，静态图片广告在数量和比重上超越其他类别成为带给众多受众浅显易懂、幽默、发人深省体验的独特案例，这是首都主流门户网站公益广告正态传播最为直观的体现。与此同时，“新华网”的公益频道还经常匹配较大数量公益性的社会新闻报道来加以深度延展与强化，这就与公益广告传播推广形成相互呼应的态势，在这个程度上来说，新华网不只是众多首都主流网站公益网络文化传播的领导者，它已经成为在公益广告传播领域不断引领各大首都门户网站传播“正能量”的利器。

从当前网络公益广告制作、传播和推广范围来看，首都主流门户网站在基于足够数量受众群体和受众关注频率及强度基础上，日益形成网络公益广告传播领域独特风格特点和话语表述上的变化轨迹。我们知道的是，公益广告其本身的成长与壮大，始终受到中央和地方各级主管部门重视和强调。据新浪网消息，首都各主流门户网站作为国内主要的网络视听节目服务单位，在 2013 年 3 月 1 日共同发布了《关于开展“讲文明、树新风”网络视听公益广告传播的倡议书》，呼吁各家视频网站要充分发挥网络视听媒体新鲜活泼、互动性强、传播快捷、接收方便等特色，大力开展公益广告制作传播，加大投放比例，广泛吸收网民创意，努力制作一批时代感强、贴近生活、富有创意、类型丰富的作品。该《倡议书》呼吁业界积极参与网络视听公益广告展映、展播和评比活动，努力营造鼓励优秀、传播精品的良好氛围。

（一）主题内容与话语表述上的亲民性和日常生活性

此种话语表述呈现层面最为典型的是“新华网”。由“新华网”多媒体中心出品的系列网络公益广告，以其内容制作上的创新求变，赢得了广大受众的喜爱和关注，更加引起了业界和学界人士的普遍关注。其中的感性化诉求特点浓郁，最为突出的诉求优势表现为话语表述上具有明显的鼓动性和导向性，以富于创意的静态图片直接诉诸视觉感官系统，在语言使用上日常化用语也从侧面展示出亲切与平实的风格，易于将传授双方的距离拉近，这相对于先前的“恐惧诉求”、“口号标语式”诉求来说，是较为明显的表现。这可以从前文提及的新华网网络公益广告传播抽取的样本中找到呼应，尤其是其中的主题内容指向和密切关注的话题类别、语言使用上的明显变化趋势，在一定程度上为促进受众和网络传播媒体的互动与沟通提供了基础性的技术保证和预期效果支撑。

（二）依托“大图化”拓展主题内容信息含量及传播深度

作为网络视听内容提供商，首都主流门户网站在开展广泛的公益广告制作与传播推广过程中，对于网络公益广告本身制作形式和质量的追求也是确保其“内容为王”策略顺利实施的重要体现。一般来看，吸引受众眼球和注意力的诀窍在于保证内容质量要求的前提下，从制作形式上寻求突破和超越，只有这样才能保持受众对网络公益广告的持续关注度，“读图时代”同样影响着公益广告的艺术形式与风格风貌，从 2013 年首都各主流门户网站的主要策略与实施框架来看，基本实现了以“读图”为主要传播效果诉求的策略转变，图片相对于文字拥有的强大视觉冲击力和吸引力也确保预期主题内容传播效果实现的几率和比重。通过对以“新华网”、“人民网”和“搜狐网”及中国网络电视台为代表的主流门户网站公益广告主题内容及表现方式的分析梳理，可以发现：“大图化”日益明显，中国网络电视台“视频”形式网络公益广告成为整体传播态势（情境）中的利器，此外动漫及漫画形式的使用在数量上上升势头明显，尤其是在系列公益广告主题传播中成为不断涌现出来的新亮点。

(三)网络公益广告主题时代化特色明显

公益广告的主题指涉和意向所指,并非是随意和无序的。社会时代发展的现实需要经常影响着公益广告主题关注的距离和宽度,这同样影响着话语表述上的时代特色呈现,受到时代和社会环境的影响与制约,公益广告反映着当前的时代主流,带有明显的"意识形态性"。从"人民网"、"新华网"、"新浪网"相关公益频道和公益活动的策划、组织、参与和传播来看,对于网络公益广告的传播,已经远远超越了纯文字和单一广告形式的传统阶段,借助趋向于全媒体的发展态势,利用多元的传播载体和平台,为网络公益广告的传播创造了宽广的路径和空间,使得更多的具有时代感与鲜明意识形态性的网络公益广告有机会来结合社会热点事件和主要议题展开全方位、多层次的阐述,网络公益广告本身的社会责任感和社会主流意识得到完美地展示和强化。此种主题的"时代化"已经成为较为稳定的特色而为网络公益广告传播所凸显,日益成为网络公益广告不可或缺的稳固个性特质。

(四)公益广告主题在与公益事业类活动"整合互动"中彰显主体话语立场姿态

此种公益广告可以概括为从"扁平化"向"立体化"多层级转变"融合共生"的状态呈现,这也是对公益广告本质上的社会性、公益性及为公众服务本质的回应与重塑。2013 年首都主流门户网站在其网络公益广告制作与传播过程中,最重要的特点就是"打组合拳","立体化多维度"趋势已经以相对固定的风貌显现出来。诸如"人民网"在进行公益广告传播和公益事业活动深度拓展上成为首都各主流门户网站的先锋和榜样。我们看到,"人民网·公益"频道主要分为"公益滚动"、"政策法规"、"助学成长"、"医疗救助"、"公益组织"及"公益榜样"几个主要栏目。其中"公益滚动"主要刊发近期国内各个行业、各个地区出现的有关公益话题与内容的详细报道,内容主要涉及"关爱留守儿童"、"社会信任度"、"专项温暖基金"、"最受关注的社会问题"等关乎百姓生活、和谐社会构建方面的焦点。"公益热词"也能在一段时期内表现出社会公益事业的某种节奏与律动;"政策法规"主要是将有关老百姓生活各方面的第一手资讯及时发布,整体上来看是“泛公益”传播推广的延续与拓展,同时配发“观察评论”、“公益面对面”、“人民公益”三个主要栏目深度强化“人民网”公益频道在众多网民和普通群众日常生活中的影响力和舆论引导力;“助学成长”栏目则将社会舆论普遍关注的话题内容作为关注对象,这其中就包括了诸如“盲人高考”、“孤独症儿童”、“防性侵教育进学堂”、“学校感恩教育”、“中央专项资金解决‘入园难’”、“农村教育改革”、“公益体彩,快乐操场”、“中小学试点情商课”、“保障校舍安全将建长效机制”以及“中小学教科书实现绿色印刷”等受到老百姓普遍关注和青少年成长必备的权威信息资讯;“医疗救助”板块同样重点而全面地刊发国内各地区有关医疗救助的公益信息和资讯,大多是近期内社会关注度较高的突发性医疗救助事件和相关医疗卫生法规政策信息,不仅能够实现公益性和社会效益的最大化预设,而且也能够从权威主导网络媒体的立场和姿态来发出最真实、最具说服力的声音。

“公益观点”最能表达和传递出“人民网·公益”的立场及舆论导向。其中的“观察评论”能够及时发出有助于社会普遍受众做出正确评判的参考建议,而且其多数评论源自于《人民日报》,对社会主义核心价值观的传播与塑造起到了良好的助推作用。鉴于“人民网”和《人民日报》紧密的合作关系,从网络公益传播的层面更多地补充权威、正确、立场鲜明的评论报道已经成为比较固定的做法。除此之外,该频道栏目也能够选取国内其他主流传媒刊物(诸如《新华日报》、《新京报》、“新华网”等)的精华来构筑网络公益传播的强势品牌。此外,“专题访谈”和“公益曝光”则将关注焦点向深度和负面、死角延伸,力求更加客观和全方位地将全景信息呈现在受众面前。这里我们能看出“人民网·公益”频道在公益传播的整体布局下,已经进入到网络公益文化传播的品牌构筑与维护层面,从现有的发展态势来看,人民网的公益文化传播已经和广大网民建立起相对稳固的社会关系,而一个好的品牌就意味着全社会的认同和接受。

三、首都主流门户网站公益广告传播存在问题及对策建议

2013年首都主流门户网站公益广告传播尽管已经引起越来越多受众和研究者的关注,并且已呈现出较为明显的积极向上的发展态势,但一些重要的问题还是需要反思并寻求解决的方法。如在网络公益广告传播过程中,还经常出现具体时机和节点把握上的缺失,尽管近年来公益广告已经被众多受众接受并喜欢、认同,但是从建构与维护社会主义核心价值观的层面来看,还是存在主体参与度较低的尴尬境遇。对公益广告的接受与认同,还多局限在浅层次的感性认知,对认同之后进一步实践的行为驱动力相对较弱;首都主流门户网站的公益广告的策划创意与制作还局限在由自身多媒体部门负责,限于制作人员专业水平、素养的缺陷及表现水平的参差不齐,目前来看网络公益广告的生产经营与传播发布"家庭作坊"特点比较明显,这与更为成熟的产业化、规范化运作距离较远;此外,对受众媒介使用的调研和分析不够深入,导致对用户体验与网站之间关系的判定出现偏失;互动型广告虽然有明显的提升,但是"互动性"的开发还需要不断深入和拓展,尤其是基于用户体验和用户分享的网站设计亟待加强;再有就是网络公益广告的监管和规范还需要进一步健全和完善等。

针对上述提及的相关问题,就当前首都主流门户网站公益广告传播的现状,整合多种原因后提出如下具体建议及对策。

(一)在各家主流网站已经积累相关成功经验基础上,尝试构建"全国网络公益广告传播媒体联盟"(暂定名),已成为亟待解决的关键问题

考虑到公益广告的内容资源及产品开发资源应该受到足够重视,从而不断构建出一个整合各方资源、分享宝贵经验、资源优势互补的具体平台,从而更加集中而有效地保证社会主义核心价值观传播推广的顺利实施;在具体的构建及操作程序中,需要联盟内各家主流门户网站以"诚信合作"、"公平竞争"、"互利合作"、"共同发展"的基本原则来建立亲密的战略合作伙伴关系,从而为各家主流网站交流和沟通及不断提升主流舆论引导能力、

影响力创造条件。与此同时,也是集中打造核心竞争力和网站知名度、美誉度,不断推进网络媒体规模化和国际化影响力提升的基础依托之一。

(二)加大吸引企业参与网络公益广告传播的力度和相关策略研究,形成"企业品牌+公益传播"的黄金搭档

近几年来,各大品牌企业非常重视将"公益传播"纳入到自身的整体品牌传播策略程序中,各大主流门户网站也积极开拓公益传播的平台和空间来助推企业的公益项目策划、创意与推广传播。诸如搜狐网的"搜狐公益"就是业界可以效仿的范本,其中的"搜狐公益沙龙"更是成为众多企业参考与学习的榜样,类似"企业公益项目如何持续发展"、"企业如何策划公益项目和宣传公益项目"等问题,已经成为主流门户网站和品牌企业"强强联手"共同思考与实践的关键命题。首都主流门户网站应该从自身现有资源和经营运作优势出发,积极提出基于企业公益项目运作需求的传播策略和备选项目资源,这不仅能够提升整体公益传播的内容质量与表现水平,还能够确保公益理念和目标最终落地,实现公益文化传播的本质诉求。

(三)大力发展基于用户体验和分享的"互动型"广告创意研发及网站设计

我们理解的"用户体验"就是受众(用户)层面获知的产品如何与外界发生实质性关联并发挥实质的作用。从网站经营的角度来看,需要理解的是:受众及用户只能按照自己的经验和方法来决定哪一个网站的功能符合其自身的需求。当前越来越多的网站经营者和管理者开始认识到提升其优质的用户体验才是明显的竞争优势。须知成功的用户体验,它本身应是一个被明确表达的"战略",主流门户网站经营者应该知道企业与用户双方对网站的期许和目标,有助于确立用户体验各方面战略的制定和实施。在具体"互动型"广告创意的研发上,应该注重"用户细分"、"可行性和用户研究"(主要包括市场调研方法、现场调查方法、任务分析方法、用户测试方法等)等策略方案的使用和维护,以便鉴别网站的结构与功能设计最终能否容纳不同类型的用户群。主流门户网站的经营者和决策者要明确"互动型"公益广告的功能规格、内容需求总量和效果预设,以此为基础来着手不

同公益项目信息传播的交互设计和信息构架,其主要的策略依据就是充分理解用户以及用户的工作方式和思考方式。目前主流门户网站自身内部开发的"互动型"公益广告还是比较少的,建议主流门户网站与专业广告创意机构携手共同研发,时刻注意将用户体验和分享的决策体现在细节的把握之中。此种做法也是确保主流门户网站打造公益广告传播权威精品品牌,追求公益传播效果最大化的积极策略应对。

首都网络年度新热点与文化问题聚焦

New Hotspots and Problems of Capital Cyber Culture

"流城市"视野下的北京城市形象网络符号分析

胡易容*

摘　要：当前的城市化特征已由传统的空间扩张转化为建立在数字技术基础上的信息内爆，北京作为国家首都，其网络化形象传播基本情况具有特别重要的意义。本报告以符号文本分析法为基础方法，以首都北京的主要关键词为点，以百度指数、新浪微博指数为基本数据，分析"流城市"即以数字化媒介信息流作为当代信息技术的城市存在方式背景下的首都城市形象传播。

关键词：流城市　城市形象　新媒体　符号学

一、北京网络形象视角变化——从实体城市到"流城市"

（一）北京形象与城市文明的技术模式依赖

北京有五千年文明史、三千年建城史、八百多年建都史。如何看待北京这座城市的形象将是一个巨大的话题，但网络时代的北京却是历史上从未出现过的技术导向城市形象依托载体的转变。网络技术作为一种现代技术所导致的转型，我们必须从整体上关照城市文明与技术模式的关系。

城市自身的形态受人类物质文明形式——技术文明的制约和影响。在

---

* 胡易容，副教授，清华大学新闻与传播学院博士后，桂林电子科技大学数字媒体系主任。本文为教育部一般项目"基于微博时代的地方政府形象传播研究"（12YJA860002）的阶段性成果。

《技艺与文明》中,芒福德以技术为坐标对人类文明进行了分期。在迪格斯的影响下,他将机器和机器文明的发展分为三个前后相继,但互相渗透的阶段:前技术阶段(约公元前1000年到1750年):水木复合体阶段;旧技术阶段(1750年之后到19世纪末):煤铁复合阶段;新技术阶段(20世纪发轫):电力与合金的复合阶段。城市的历史发展很大程度受制约于这些技术文明形态的影响。每一种技艺应对于一定物质资料的依赖,并转而显现或制约城市的发展。每个阶段特有的能量形式和原材料与人类特定阶段的生态环境息息相关。

在北京城市的发展聚合过程中,也相应地具有自身的阶段特征。对于北京来说,前技术阶段是再生资源的主导阶段,人们生活在天然的水路或风力便利的区域。因而,早期城市往往具有特殊的自然资源依赖性,这个阶段属于北京的前城市史阶段和城市文明的早期阶段,此时都城意义的北京尚未形成。第二阶段的煤铁技术是不可再生资源阶段,矿区是最缺乏人性的环境。水渠的最重要作用转而成为运输通道之一。此时,城市的空间扩张能力明显增强。畜力和冶炼使得社会生产具有更为独立的能力,且不必过分紧密地依赖于自然资源。此时的城市在封建帝国的战略地理位置显得更为突出。都城意义的北京城市正是基于这种社会战略阶段形成的。

可以发现,第一阶段的自然资源依赖是一种有形的物理资料,第二阶段的社会战略资源则是一种基于地理位置或地缘物理的空间结构,但这种结构已经更多地充斥了社会意义而不再是完全的自然物资。在芒福德那里,新技术和电力时代进一步转移城市文明的主导矛盾,工业革命之后的现代都城的战略位置移向全球化的生产协作。但这种转移是渐进的,运输能力的扩展和生产的全球协作进一步扩散了"地缘战略位置"的可能性。例如,北京从今天地理战略上来说并非是作为首都的最佳位置。但今天的城市已经不再完全受到过去阶段的制约,北京作为首都的因素是历史、现实的综合结果。并且,在以网络为基础的城市实体空间向"流城市"空间的转变过程中,实体物理空间地缘要素更多地将转向虚拟的流动要素。芒福德所谓的"新技术阶段"不到百年已发生了更为关键性的转变。

（二）从传统城市向“流城市”的转化与北京网络形象重要性的凸显

城市文明的前三个技术模式阶段，城市的聚集成长主导力量是实体空间与社会生产的集中，具有强大的结构主义特征。当前，城市化正在进入第四个特殊的转折阶段。在这个阶段中，新型的城市不再盲目追求城市自身的空间扩张，而转向一种“内向的信息爆炸”，即所谓“内爆”（implosion）。其深刻的原因是支持城市化形态的工业化发展自身出现了巨大的转型。社会生产方式由工业时代的生产社会向后工业时代的消费社会和贸易社会转型。作为城市化的原动力“工业”构筑的生产社会本身也在发生转变。丹尼尔·贝尔提出“后工业社会”概念，他认为，工业社会正在发生某种不同于机器大工业方式的转型。相应地，信息时代的城市化不再单纯地追求外在可见的物理空间扩展。博德利亚认为，在后现代世界中，出现了导致各种界限崩溃的社会熵增加过程，包括意义内爆在媒体之中，媒体和社会内爆在大众之中。对博德利亚而言，以往西方工业世界的特征是“外爆”（explosion），具体表现为商品生产、科学、技术、国家疆界、资本等的不断向外扩张。内爆是消除所有界限、地域或差异的后现代过程，内爆现象中最严重的是真实与虚构之间界限的泯灭，即意义的内爆。

城市传播学正是基于这种符号化的事实之上，这是新的“城市品牌学”与传统的城市学之间的本质区别：传统的城市学（Urbanology）把城市视作功能性、物质性载体加以研究，而新的城市传播学将其作为“符号的城市”或“文本的城市”研究——即我们所说的“流城市”。中国学者何传启指出这种新的城市化（或称再城市化）发展中，经济发展的直接动力由“工业文明”转向“知识经济”。其主要特点包括：大城市、特大城市人口向外扩散，城市分散化、小型化、生态化；城乡社会信息化、电脑化、网络化。一座座依靠远程通讯的网络化城市大批涌现；城乡人口文化素质普遍提高，人们不必住在拥挤的城市，就能过着现代城市化的生活。

因此，基于互联网信息时代的北京形象的崛起正使我们要将北京的政治形象、经济形象的承载物从传统的实体空间更多地转移到互联平台上来看待。也即，我们需要将北京形象一分为二地视为一个由“实体空间城市体验”与“虚拟的流城市印象”构成的合体，前者的研究已经非常丰富，而流城市印象正是本报告重点展现的一个侧面。如果要为“流城市”作一个简单地概括，那么，可以将其理解为基于当代信息技术的城市存在方式——一种数字化、媒介化的信息流存在方式。因此，“流城市”是“信息流”与“资源流”的双重建构。在流城市语境下，媒介化生存的“虚拟城市”与“空间、土地、生产资料”同样“真实”地构成了我们所生活的城市本身。“信息流”与“资源流”是与物理空间、钢筋水泥同样坚实的城市基础建设。首都网络形象的真相，就是通过网络信息流中一个个典型符号构成的“符号拟像”构成。各种“符像”之间则是“客体间”关系，无数的客体间关系开放衍义通向作为工作假定存在的“本真”。也即，连同物理形式城市的存在都只是城市体验的一个面而已——符号城市与物理空间城市共同构筑了有关首都的多个维度。

二、北京网络形象的关键指数与主要结果

网络评价指数的特点是大数据化，非常适合于对一个对象实施多维度描述，即从网上对研究对象的任何方面的搜索不加选择地进入调查视野。同时，由于缺乏特别的指向性，网络评价指数的数据常常需要进行进一步的挖掘才能具有相应问题的针对性。以我们主要考察的百度指数为例。根据百度百科的界定，百度指数是用以反映关键词在过去 30 天内的网络曝光率及用户关注度。它能形象地反映该关键词每天的变化趋势。百度指数是以百度网页搜索和百度新闻搜索为基础的免费海量数据分析服务，用以反映不同关键词在过去一段时间里的“用户关注度”和“媒体关注度”。百度自己进一步说明“您可以发现、共享和挖掘互联网上最有价值的信息和资讯，直接、客观地反映社会热点、网民的兴趣和需求”。可见，大数据化下的指数研究提供的是一个数据粗胚，需要通过比较、分析来反映研究对象的特征。

以北京、上海、广州、成都四城的热点趋势搜索指数来看：

表 1　北京、上海、广州、成都四城的热点趋势搜索指数

最近 30 天	整体搜索指数 移动搜索指数	整体同比 整体环比	移动同比 移动环比
北　京	19156 6596	7% 2%	10% 1%
上　海	19373 7543	-1% 0%	20% 7%
广　州	10145 3693	4% 1%	5% 8%
成　都	9403 3988	6% 3%	9% 3%

热点趋势相应时间段，关键词搜索指数和媒体指数；搜索指数可按搜索来源分开查看整体/移动端趋势，媒体指数不做来源区分。该数据仅仅从搜索数量表明，在中国互联网主要搜索用户平台百度上发生的搜索行为比较来看，北京与上海是收到最多搜索行为的两个城市，其他城市则相对来说与北京、上海有较大差距，被并称“北上广”的广州发生的搜索行为仅为北京和上海的一半，与号称第四城的副省级城市成都相当。

从这个大数据的总体入手，我们再具体看看北京、上海、广州、成都四城市关注点的趋势图，发现在不同的时间段，网民关注点与媒介关注点并不完全等同。媒介的议程设置功能在网络时代受到其他多种因素的影响。此外我们发现，北京总体热点搜索趋势略低于上海。但北京作为首都，媒体报道指数远远高于上海。北京全年媒介指数为 41729 点，而同期上海为 12754 点。

通过上述数据可以表明，在媒体报道指数中，北京的曝光频率总体上高于上海。不过，进一步挖掘这个数据，我们发现，北京下半年 PC 端的搜索行为频率逐渐与上海趋同并在 11 月超过上海，而移动终端的搜索行为频率继续低于上海。

我们从这两组数据中发现，搜索数量的高低并不完全受媒介报道决定，

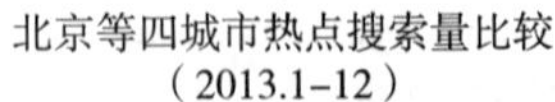

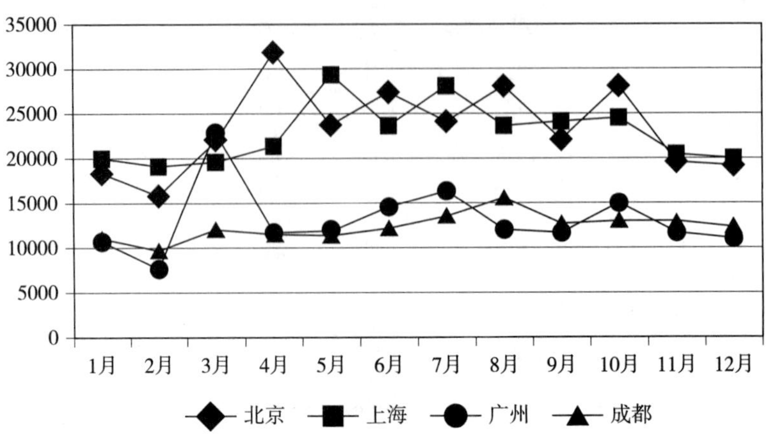

图 1　北京等四城市热点搜索量比较

北京与上海新闻曝光频率监测比较
（2013.1–12）

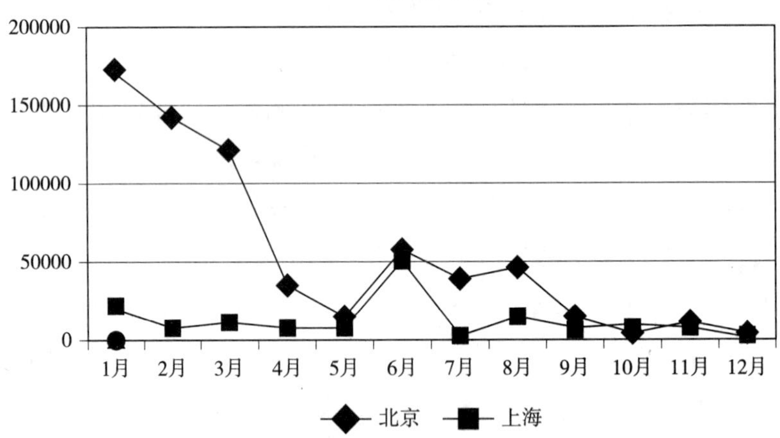

图 2　北京与上海新闻曝光率检查比较

在北京媒介指数高于上海近一倍的情况下，上海仍保持着更高的搜索关注度。不过，一个搜索行为的高点之前，仍然具有一定的媒介报道的引导行为。以 2013 年 3 月 13 日头条新闻为例，当天的新闻涉及民生问题，为“上海黄浦江漂浮死猪新增打捞量下降 打捞关口移至省界加强联防”。该新闻之后,上海网络搜索行为有较大上升趋势。

1.京湘菜协会挂牌,和讯 2013-01-07;

2.北京因甲流死亡人数增至5人,腾讯 2013-01-24;

3.北京“小升初”:禁止以竞赛、奖励、证书为入学依据,新华网 2013-02-25;

4.塞尔比爱妻相伴首次来中国 闲暇欣赏北京景点(图),新浪体育 2013-03-24;

5.北京居民1户1套房被指掺水 无房者空置房规模庞大,焦点广州 2013-07-03;

6.北京关闭非法违法企业846家,新华网北京频道 2013-07-12;

7.北京女排3比1击败解放军 保留晋级四强最后希望,网易体育 2013-07-15;

8.北京“牵手”呼和浩特拓展旅游市场,中国新闻网 2013-08-01;

9.北京六环内2万元楼盘绝迹 高房价吓退置业者,腾讯财经 2013-09-22;

10.北京一卡通有望实现实名制 拟增铁路购票功能,搜狐 IT 2013-10-20。

从头条新闻来看,北京的新闻辐射面宽,民生、教育、政策、地产、体育均有涉及;而上海的新闻特质呈现出明晰的城市关注、商业倾向,不同节点上海当日头条新闻分别为:

1.第17批上海市认定续认定著名商标昨公布,和讯 2012-12-31;

2.上海军见火力被一人摁住 若没他北京早已崩盘,腾讯体育 2013-01-04;

3.上海轨交更显骨干运输功能,人民网 2013-01-07;

4.“清新”会风扑面而来——直击上海市政府新年首场新闻发布会,人民网 2013-01-09;

5.上海16年功臣疯狂37+5 33岁生日夜洒下男儿泪,腾讯体育;

6.上海黄浦江漂浮死猪新增打捞量下降 打捞关口移至省界加强联防,

和讯；

7.上海发布“六一”荐书榜单 为中小学生量身定制书单，人民网教育频道 2013-05-30；

8.上海承载人口最多 3000 万，和讯 2013-09-22；

9.我国首条跨省地铁今日开通：江苏昆山直达上海，新浪 2013-10-16；

10.上海 2012 年城镇居民收入最高 共 8 地高于全国水平，网易新闻 2013-11-13。

从网络搜索的具体内容来看，我们可以进一步分析北京与上海的网络关注点。针对这两个城市检索词，以及上升最快的相关检索词。可以掌握网民搜索习惯，挖掘对北京和上海主要的关心热门关键词。

表 2　2013 年北京前十位检索关键词

2013 年北京排名前十位的检索词		2013 年北京上升最快十位的检索词		
1	北京时间	1	北京地震	大于 1000%
2	北京天气	2	北京热	347%
3	北京地图	3	北京下雪了吗	286%
4	北京	4	北京 下雪	154%
5	北京地铁	5	北京 地震	106%
6	北京时间在线校准	6	北京卫视在线直播	93%
7	北京天气预报	7	北京下雪	59%
8	北京大学	8	北京导游词	57%
9	北京时间校准	9	北京体育在线直播	54%
10	北京地震	10	北京 摇号	51%

上述关键词表明，北京作为首都形象的坐标性指向的需求非常明显。北京时间在关键词中实际上占到三项，北京大学作为唯一上榜的教育关键词具有特别意义。

表 3　2013 年上海前十位检索关键词

2013 年上海排名前十位的检索词		2013 年上海上升最快十位的检索词		
1	去哪儿网	1	上海雾霾	847%
2	携程	2	上海下雪	142%
3	携程网	3	上海下雪吗	79%
4	上海天气	4	上海温泉	75%
5	携程网机票查询	5	协成网	64%
6	同程网	6	上海车祸	56%
7	上海	7	上海户籍	48%
8	上海地图	8	上海厂房	37%
9	上海地铁	9	上海两新互动网	34%
10	艺龙网	10	上海徐汇	33%

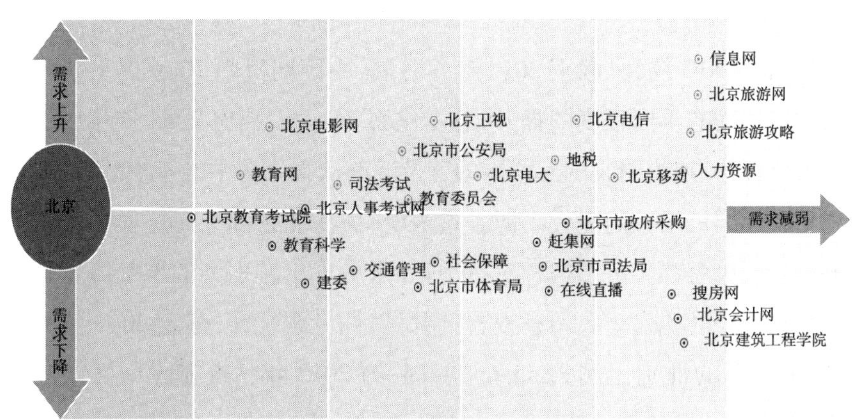

相对而言，上海的主要搜索主要来自“携程”“同程”这样的商业旅行网，充分展现了北京网络形象的特质。信息，就其本意而言，是某种对不确定性的消除，能解决信息消费者的具体问题。在网民对信息的搜索过程中，呈现出某种集中的需要。这一点可以通过集中需求发展趋势来呈现。

在北京的关键词检索中，需求集中在教育、考试领域。与上海做比较，上海的需求集中于上午信息。尤其值得注意的是在上升趋势区域，几乎集中于彰显上海作为商业城市的特质。从北京与上海的关键词访问人群来看，北京的兴趣群体年龄比上海稍大。上海的关心群体则是更年轻的群体。从性别比例来看。北京与上海的访问群体都是男性化偏向较为明显的城市。不过性别比例和年龄比例必须要结合网民的总体结构来看待。

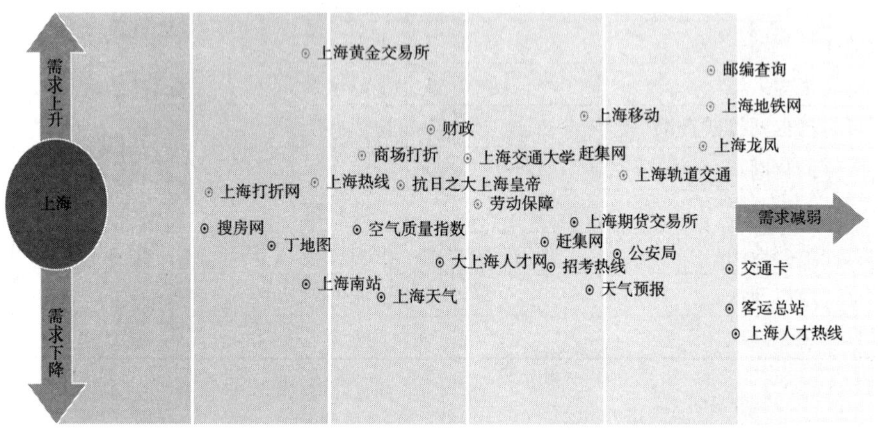

根据 CNNIC 统计，截至 2013 年 6 月底，中国网民中 30 岁以上各年龄段人群占比均有不同程度的提升，总占比为 46.0%，相比 2012 年年底提升了 2.1 个百分点，说明我国互联网的普及逐渐从青年向中老年扩散，中老年群体是中国网民增长的主要来源。这表明，关注北京和上海这样一线城市的群体与网民总体年龄结构相对持平，并未呈现出特别大的年龄差异化特质。根据 CNNIC 第 32 次调查报告：网民属性专题统计，截至 2013 年 6 月底，中国网民的性别比例为 55.6∶44.4，与 2012 年情况基本一致。近年来，中国网民性别比例保持稳定。也即，在这一总体情况下，北京与上海的网络访问都属于男性化程度偏高的群体，其中，北京的男性化程度尤其高。

三、结语：流城市视野下的网络文化与首都形象传播

从上面以百度检索为典型的结果中，通过与上海的比较，北京作为首都城市的关键词检索中呈现出北京网络形象的总体侧面。我们以北京网络上搜索引擎为基础的指标分析，更重要的希望折射出当前城市网络的新视角。

这种关键符号检索的方法呈现的并不包括北京的当前城市空间、实地观测的城市形象侧面。

这就涉及我们如何看待、分析这样的结论。传统城市向“流城市”的转变,当前在理论上还主要用二元的分类方式来看到“流城市”与“实体城市”。本文特别提出,“流城市”并非处于“实体城市”对立面的那个“虚拟现实”,它就是现实本身。其过程是——大数据构成巨量信息,这些基础信息正如道路、桥梁、水渠那样构成现代文明城市的基础设施。反过来,这些设施本身也是符号化的存在。就城市形象而言,物理空间这些亭台楼宇、中心广场、标志性建筑等信息与网络平台中的检索、生成信息汇流为信息全体。其中,为人们实现意义读解部分的转化为“符号”,这些符号通过“符号链”和“文本化”编织,构成了城市形象总体。

此外,从技术与现实前瞻的角度看,网络城市与实体城市的关系也将发生更根本的转变。网络由数据到数据的封闭模式逐渐打破,网络不仅指数据到数据,更是“物”到“物”交互、“数据”到“物”交互、人经过数据与物的交互的多元形式。其中人经过数据网络与物的交互将成为城市生产生活中的主要形态。网络已经从“互联网”转型为一种广义的“混合互联网络”。三十年前,传媒学家麦克卢汉将交通运输网络与电视广播同样视为人的不同部分功能的延伸。这一洞见对于今天乃至未来的发展趋势仍具有重要启示。以有形物理空间与虚拟数据划分的确已经无法满足我们对于城市存在方式的界定。

若我们给这种混合网络常识作一个界定,它应当是以人、物品、信息为主体的,以互联网、交通网、文化网等最广义形式社会内部运作流动所构成的全体。在这一视角下,北京作为首都的网络文化建设应当在保持曝光率的同时加强正面新闻的引导。同时,要特别注重网络的议程设置以及舆论引导,充分发挥首都的精神文明的示范效应。此外,“流城市”不是仅仅在一般网络媒体时代,而是一个大数据时代。北京首都应当从数据挖掘进行有针对性的形象建设和传播,对年轻人、对外来务工者、对本地人,应当在传播对口上采取总体统一而技术手段各具针对特色的方式,建立良好的首都网络形象。

4G 元年：首都网络文化创意产业发展的机遇和挑战

意 娜*

摘 要：2013 是中国的 4G 元年，4G 牌照的发放不仅为首都网络文化创意产业的发展在技术、资金、内容制作和文化消费等层面提供了重要机遇，也面临打破部门壁垒、增进部门协调，资金投入量大、回报周期较长，以及知识产权保护等层面的压力和挑战。

关键词：4G 首都 网络 文化创意产业

2013 年底，工信部正式发放了 4G 牌照，标志着中国 4G 时代的正式到来。早在 2008 年运营商推出全球第一支 GSM/WiMAX 整合式双模手机以来，①人们便产生了对 4G 网络的期待。首都作为网络文化和网络文化创意产业较为发达的地区之一，4G 时代的到来，为首都网络文化创意产业的提升发展提供了重要契机，同时也为现有的网络文化创意产业格局带来了巨大挑战。

一、4G 语境下首都网络文化创意产业的机遇

4G 网络牌照的发放，在内容、形式、运营模式等层面都将网络文化和网络文化创意产业的发展推进了一个新的发展时期。2009 年 3G 牌照作为国

* 意娜，博士，中国社会科学院文化研究中心助理研究员、国际研究部主任。

① 指宏达电 2008 年 11 月宣布与俄罗斯 WiMAX 移动通信电业者 Scartel 共同发表全球第一支 GSM/WiMAX 整合式双模手机 HTC Max 4G。

家六大工程项目之一推出时,人们预计在2009—2012年能拉动6000亿以上的投资,能为整个文化创意产业的发展带来巨大机遇。因此,当4G网络时代悄然降临,它以"爆炸式"的威力必将推动网络文化创意产业的发展变革。事实上,由于技术对产业尤其是政策影响的滞后性,整个国际文化创意产业界才意识到3G时代到来对其产生的巨大影响,呼吁对定义、分类和各种政策进行回应和调整时,4G网络以一种超前性的姿态出现在世人面前。网络文化创意产业是首都文化创意产业中的重要组成部分,而且由于首都网络文化创意行业总部汇集、行业发达、技术先进、市场需求明显,所以4G网络牌照的发放,能够提升首都网络文化创意产业的发展。

(一)4G为首都文化创意产业的升级提供技术支撑

技术是网络文化创意产业的核心所在。与第一代模拟制式手机(1G)和第二代GSM、CDMA等数字手机(2G)相比,第三代手机(3G)将无线通信与国际互联网等多媒体通信相结合,极大地提升了在传输声音和数据层面的速度,使得在全球范围内无线漫游,并处理图像、音乐、视频流等多种媒体形式成为了可能,被称为"移动的宽带"。4G网络是指第四代移动通信技术,作为对3G概念的延伸,4G网络在技术层面能够实现无线高速传输。根据ITU(International Telecommunication Union,国际电信联盟)的定义,4G网络的静态传输速率达到1Gbps,高速移动状态下可以达到100Mbps。如果与前三代手机网络的传输速率进行对比,第一代模拟式仅提供语音服务;第二代数位式移动通信系统传输速率为9.6Kbps,最高可达32Kbps,如PHS;第三代移动通信系统数据传输速率可达到2Mbps,则不难发现,4G网络可称之为"高速路上的宽带"。

这就意味着,在首都网络文化创意产业的发展中,在向宽带无线化和无线宽带化演进的过程中,4G网络可以容纳更多的参与方,吸收更多技术、行业,拓展更多的服务,如多媒体通信、远端控制等。目前,已开通的商用4G已经实现4部高清电影同时播放,其速度相当于3G网络的20倍。尤其是首都在"智慧城市"建设的背景中,4G网络的高速传输,能有效与物联网、云计算等新的通信技术充分融合,在创意的激发下产生文化裂变,衍生出新的行业、新的业态和新的模式，影响人们工作、生活、娱乐、社交等社会活动，为人们提供更高品质的文化产品和文化服务。

（二）4G 为首都文化创意产业带来的资金拉动作用

4G 属于电子信息产业，这是国民经济的战略性产业，重要性不言而喻。据测算，信息消费与 GDP 增长的关系是 1 ∶ 3.38，即信息消费每增加 100 亿元，将带动 GDP 增长 338 亿。[①]。在资金拉动层面，根据工信部对 3G 牌照发放后资金拉动状况的统计，2009 — 2012 年间，3G 网络带动了直接投资 4556 亿元，间接拉动投资 22300 亿元；直接带动终端业务消费 3558 亿元，间接拉动社会消费 3033 亿元；直接带动 GDP 增长 2110 亿元，间接拉动 GDP 增长 7440 亿元；并且直接带动增加就业岗位 123 万个，间接拉动增加就业岗位 266 万个，在拉动国民经济的发展、刺激消费和解决就业人口等方面效果明显。所以，4G 时代的到来，其所带动的投资额会有一个突破式的增长，业内估计投资将达到 5000 亿元。根据工信部的估计，到 2015 年，信息消费的规模会超过 3.2 万亿元，年均增长 20%以上，带动相关行业新增产出超过 1.2 万亿元。[②]

这个比例可以作为北京的参照。然而需要指出的是在 4G 全产业链中，只有在移动互联网应用里部分内容的提供方与文化产业有关[③]，5000 亿的投资并没有将其包括在内。但这个数字仍然很重要，4G 再快也只是铺就了移动信息的高速公路，承担文化产品开发，决定 4G 商用产品核心竞争力的还是文化产业，两者的关系随着技术的提升和普及会越来越密切。2013 年上半年，首都文化创意产业投资额已经达到 139.8 亿元；2012 年首都文化创意产业增加值达到了 2205 亿元，而这个数字在 2009 年是 1497 亿元，年均增长率达到了接近 16%；而 2005 年到 2009 年的年均增长率是不到

---

① 罗兰：《使用 4G 网络不用多掏钱》，《人民日报 · 海外版》2013 年 8 月 16 日。

② 罗兰：《使用 4G 网络不用多掏钱》，《人民日报 · 海外版》2013 年 8 月 16 日。

③ 5000 亿的投资预估是针对 4G 产业链的前期建设，这个 4G 产业链包括的是上游的射频器件厂商和测试厂商；中游的主设备商、传输配套厂商、网络维护和网络优化厂商、无线终端天线厂商；下游的运营商、CP/SP 提供商、移动终端供应商、电信设计规划公司等。

14%。可以说,包括 3G 在内的一系列文化创意产业促进策略加快了首都地区文化创意产业的发展,我们有理由相信,如果首都能够抓住国家加大 3G 和 4G 建设力度的机会,那么将会为首都文化创意产业发展带来更多的融资机会。

(三)4G 为首都网络文化内容提供商提供了大量新的机会

虽然 4G 产业链具有极强的延展性,文化内容提供商看似并不能获得最大的利益,但由于一方面设备商获利可预期,加上 4G 新增收入可能相当一部分要用以补偿 3G 业务下降后的损失,所以设备产业链上的收益并不乐观。事实证明,2013 年 12 月 4 日 4G 牌照发放之后的两天,与 4G 相关的设备商股票均有所下跌。其中,12 月 5 日,4G 龙头股中兴通讯下跌 5.95%,成交量放大至 21.4 亿元,烽火通信下跌 3.71%,富春通信更是封住跌停,华星创业下跌 7.45%;12 月 6 日,4G 相关股票继续下跌,中兴通讯下跌 3.61%,烽火通信下跌 2.42%,富春通信下跌 5.7%。① 相反,由于 2G 和 3G 时代网络速度并不能令人满意,费用也高,并没有如预期中带动足够的内容提供商获利;而 4G 由于速度和价格的两个指标将极大带动内容提供商的发展。

值得注意的是,以上四大 4G 相关的设备商提供商均不属于首都地区,因此,在设备产业链的冲击上,首都受到的影响比其他城市相对较少,相反,首都作为全国文化中心和文化创意人才集聚最多的城市,4G 网络时代的到来,为首都作为文化内容提供商提供了大量契机。优酷、乐视、酷 6、爱奇艺、搜狐视频、新浪视频等网络视频提供商均在首都属地,酷 6、乐视和优酷先后在美国和国内创业板上市,成为中国网络视频第一批上市潮代表企业。2013 年 5 月,爱奇艺与 PPS 的合并,标志着合并后的爱奇艺公司同时拥有 iQIYI 和 PPS 两大品牌,成为中国最大的网络视频平台。而优酷与土豆在 2012 年合并后,内容成本结构得到大幅改善,对专业内容版权的依赖度大幅降低,以差异化方式有效提升了在行业地位、品牌建设、经济效益等层面

① 杜志鑫:《4G 股票见光死 内容提供商前景看好》,《证券时报》2013 年 12 月 9 日。

的竞争优势。在移动端,优酷和土豆在三大视频移动端数据标准——覆盖人数(UV)、视频播放量(VV)、用户访问时长(TS)关键指标上面表现卓著,根据艾瑞的最新数据统计:2013 年 6 月优酷移动端日 VV 已突破 2 亿,过去六个月内增长超过 100%。

手游产业将成为下一个具有爆发力的行业。根据 2013 年 Digi-Catital 推出的《2013 年第三季度全球游戏投资报告》显示,游戏已经成为手机应用的主流,在移动应用收入贡献率中,手游的比重已经从 2010 年的 40%增长到 72%,在手机下载量中占据的比重是 40%。① 首都是全国网络动漫游戏产业最大的生产基地,在手游产业的竞争中必将占有一席之地。

此外,4G 带给首都网络文化创意产业的并不仅仅是 3G 时代人们想得到的手机报纸、手机杂志、手机广播、手机电视、手机游戏、手机音乐、手机动漫、手机广告,②在文化内容的需求与提供上,首都依据其强大的文化优势和技术优势,首都在网络视频高清化、动漫和游戏 3D 化,图书和杂志进一步富媒体化,实景导航,视频会议,更高速更大容量的云储存,以及云储存带动的物联网、车联网,所有传统内容和处于蓬勃发展阶段的文化内容都会得到跨越式发展。4G 网络为文化内容的生产与制作带来的冲击,必将会改变网络文化产业的发展格局。

(四)4G 将进一步扩大北京文化消费市场

首都的文化消费或使用至今仍处于初级阶段。在使用层面,关于移动视频的应用,人们常常只是局限在视频通话和在线流媒体两种方式。但实际上,网速带来的视频应用可以将商务办公也进一步移动化,过去必须在办

① 晓雪:《2013 全球网游投资报告》,《中国出版传媒商报》2013 年 10 月 29 日。

② 刘燚:《4G 做不到的四件事和三大潜在价值》,《21 世纪经济报道》2013 年 12 月 9 日。文章指出:"在 3G 时代的晚期已经出现了很大的变化,比如,Youtube 也好、优酷(30.38,0.43,1.44%)也好,这些重量级的产品,在移动端的流量都达到了 40%—50%这样的比重;新闻客户端、公众账号的阅读更是超过了 PC 端;微博的手机侧流量超过 70%;移动侧游戏迅速超过网页游戏,并保持飞速发展……换句话来说,用户当有更方便获取信息的渠道、且用户体验超过临界点之后,没有必要长期继续固守 PC。"

公室或者专门的视频会议室召开的会议可以变成每个人利用自己的移动终端进行随时随地的工作会议,而且4G网络视频可以大大降低传统视频会议的成本。这虽然只比3G时代人们利用无线网络WiFi展开的应用拓展了一小步,但这一小步是将一部分人从固定的办公场所解放出来的一大步,它是真正意义上的“移动办公”(3A办公),即办公人员可在任何时间(Anytime)、任何地点(Anywhere)处理与业务相关的任何事情(Anything)。首都作为总部经济最为发达的城市之一,一级总部企业数量达到1300余家,具有地区总部功能的外资企业228家,在视频会议市场方面有着强大的需求,因此加快4G网络对视频、语音、数据和网络的整合,是进一步扩大首都文化高端服务与消费的最佳路径。

在市场消费层面,在对网络文化产品消费的2012年市场调查中,虽然首都市民对网络音乐、网络视频、网络文学的需求使用率略高于全国水平,网络音乐使用率首都为77.7%,高于全国的77.3%;网络视频首都为71%,全国为65.9%;网络文学首都为44.1%,全国为41.4%;首都地区网络游戏的使用率首都地区与全国持平。虽然数字显示出了较高的使用率,但占整个人均消费的比重仍然偏低。2012年,首都人均GDP已达1.38万美元,但文化消费仅占家庭收入的4%。① 而一个国家或地区人均国内生产总值达到5000美元时,文化消费通常应占到家庭收入的30%,这说明首都的文化消费或网络文化产品的消费仍然存在较大的发展空间。尤其是随着当前文化消费的群体正在发生代际转化,“75后”、“80后”乃至“00后”的年轻人成为主消费群体。因此首都地区应抓住这一代际转化的机遇,发挥首都地区在全国文化消费内容、文化消费模式的引领效应,在4G逐渐普及的重要进程中,推动社会整体进入一个新的消费时代。

① 苏丹丹:《首届北京惠民文化消费季:见天光 接地气 得人心》,《中国文化报》2013年12月12日。

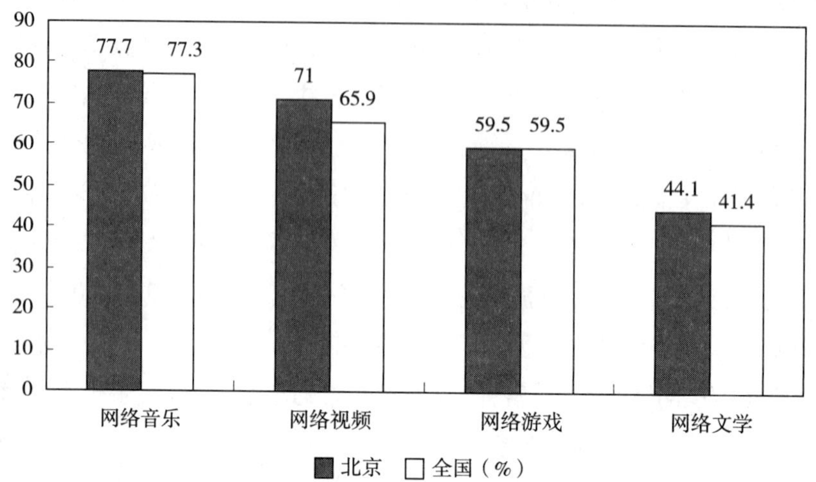

图 1　网络娱乐类网络应用使用对比

数据来源:2012 年北京市互联网络发展状况报告

二、4G 语境下首都网络文化创意产业的挑战

4G 时代为首都网络文化创意产业的发展提供了重大契机,但新的文化生产方式、传输方式、消费方式也会给固有的行业管理、市场效益等层面带来不可忽视的变化。而且在知识产权保护日趋迫切的背景下,为 4G 语境中首都网络文化创意产业的发展带来的严峻挑战。

(一)政策制定难度加大

三网融合尝试的难产给 3G 曾经预想的会给整个文化、信息、广电相关产业带来翻天覆地的变化落空,部门协调困难的问题在移动互联网政策制定中的局限被凸显出来。① 4G 更凸显了部门协调的困难度和重要性,北京作为国家首都城市,率先打破部门壁垒、行业壁垒,加快提供首都在 4G 环境下有关网络文化创意产业政策的制定,协调处理首都 4G 网络文化产业

① 张惠:《三网融合缓慢 部门利益争夺仍是根本原因》,《中国商报》2013 年 4 月 12 日。

引导和监管之间的关系,又精准防范未来 4G 网络文化市场可能造成的舆论混乱甚至危及国家政治、经济、文化安全的各种冲击,不仅是重要的,而且在全国有示范作用。

(二)投资与拉动效应会延迟

投资的目的在于回报,这是市场化运作的必然导向,也是市场化的内在规律,但在 4G 投资与取得回报的周期上将明显延长。导致延长的原因大致体现在以下两个方面:

一方面,4G 本身的覆盖和推广需要更长的时间。4G 本身的覆盖包括终端覆盖和信号覆盖两部分。3G 牌照发放不过 4 年,3G 环境下以手机或者具有多种应用功能的智能手机以及平板电脑为主的移动通信终端近两年才开始大规模普及,到现在还远远没有达到集中淘汰、更新换代的时候,4G 终端的销售还需要一个比较长的时间才能打开市场。同时,首都地区虽然已经有了居全国首位的 3G 覆盖,4G 覆盖也遥遥领先,在 2013 年 11 月中旬就已经开通了 1480 多个基站,但仍然存在大量的信号盲点,①同时很多市民因为害怕辐射又反对兴建基站,所以实现全面覆盖尚需时日。

另一方面,4G 对于旧有消费习惯的提升有限。4G 虽然看似对移动互联网会带来翻天覆地的变化,在技术和理论层面也确实如此,但对于消费者来说,4G 虽快,话费跑得也快。现有的 4G 话费套餐仍然是基于流量制而非包月或者时长制,人们用 4G 来处理的应用其实 3G 成熟时期已经能够应付得绰绰有余,4G 功能增加的视频应用人们已经在固网逐渐成熟的过程中习惯通过 WiFi 来使用,这在 2010 年美国实测时就有结论②。因此在短期内并看不出会有什么特别的因素促使消费者在观念、费用和消费方式上发生大变化。

(三)知识产权保护的迫切性将进一步增强

知识产权的保护是首都网络文化创意产业发展不容忽视的话题。在首

① 孙奇茹:《4G 信号盲点让人有点烦》,《北京日报》2013 年 12 月 10 日。

② 王雪峰:《Z 趋势:4G 高速时代 机会与挑战并存》,来源中关村在线,网址 http://mobile.zol.com.cn。

都参与国际竞争，建设具有世界影响力的特色世界城市的时代背景下，提升文化内容提供商竞争力需要完善和强有力的知识产权保护。2G时代，首都网络文化内容提供商大多只需要面对本地竞争对手的挑战，进入3G以后，文化内容提供商开始面临全国甚至全球知识产权保护的挑战。目前，中国火爆的本土手机游戏大多模仿移植国外游戏而来，受到欢迎后便开始遭到国内疯狂复制，首都既是手机游戏的制造场地，也是山寨他人作品的重灾区。2011年，《水果忍者》的澳大利亚制作商起诉中国包含北京在内的多家游戏企业侵权；2013年11月，盛大起诉百度、37wan、北京九天创世等公司多款游戏产品涉嫌侵权《热血传奇》；同月，"中国手机游戏开发商联盟（CPU）成员起诉宝软网（北京宝软科技有限公司）侵犯知识产权等。因此，这样一个恶性发展的环境，不仅严重影响了文化内容企业在国内的生存能力，而且在与国际巨鳄竞争时也往往显得力不从心。4G时代的到来，移动互联网的市场将进一步开放，首都乃至我国文化内容企业究竟能以何种优势应对全球文化企业的竞争，是值得进一步思考的问题。

三、推动首都网络文化创意产业发展的相关建议

2013年11月，十八届三中全会通过的《中共中央关于全面深化改革若干重大问题的决定》（以下简称为《决定》）指出，围绕处理好政府与市场的关系，使市场在资源配置中起决定性作用和更好发挥政府作用这一基点，就加快完善统一开放、竞争有序的现代市场体系、加快转变经济发展方式，加快建设创新型国家，推动经济更有效率、更加公平、更可持续发展等重大问题做出了全面战略部署。《决定》对文化的改革发展着墨不多，但是通篇贯穿着市场化改革思路，对于进一步深化文化体制改革，实现首都网络文化创意产业的新发展具有巨大的启发意义。

（一）打破部门壁垒，全面推动首都网络文化创意产业发展

部门壁垒是长期制约我国文化创意产业发展的关键性因素，能否打破体制机制的约束，在"顶层设计"上有所突破，不仅是考验政府政治智慧的

标准，也是检验市场能否发挥决定性作用的准则。2006 年，首都成为全国第一个打破部门壁垒的城市，成立“文化创意产业领导小组”，全面领导并推动首都文化创意产业发展的城市。在 4G 网络时代引导网络文化创意产业发展的新时期，首都未尝不可再做一次排头兵，打破部门壁垒，成立协调小组，全面统筹网络文化创意产业发展，对于 4G 收费标准、内容监管、内容提供商的鼓励政策等各方面做出大胆尝试。

（二）拓展融资渠道，为网络文化创意产业的发展筹得更多资金

资金支持是网络文化创意能够得到快速发展的保障。目前，政府直接投资和政府优惠给予文化创意产业发展“红利”已渐衰减，充分发挥市场在资源、资金方面的配置作用，是 4G 网络时代面临的首要问题。在融资渠道方面，充分发挥市场功能和企业的自主创新能力，可以借鉴其他行业的融资方式，如版权质押、众筹模式、基金等路径拓展网络文化创意企业的市场融资能力，缓解资金回报周期过长带来的制约。

（三）加强知识产权保护，为网络文化内容创意的激发保驾护航

知识产权有助于现代企业生产、交易制度的规范化，是发展社会化大生产和市场经济的基础。网络文化创意产品是极易被复制和侵权的产品类型，因此，加强知识产权的保护，以法律的手段保护和鼓励市场竞争，是提升网络文化产业竞争力的重要途径。4G 时代的网络文化创意产业是极具产业增值性的产业，市场前景广阔，代表着新的生产方式和消费方式。因此，北京作为首都城市加强对文化创意内容的知识产权保护，不仅是培育新经济增长点的重要方式，有利于文化新业态的成长和生成，而且是发挥首都城市文化示范作用，以消费创新激发技术创新能力，进而增强首都的整体创新能力和竞争力，实现文化创新、科技创新“双轮驱动”发展的重要保障。

2013 年首都艺术品市场的数字化发展

张耀宗*

摘　要：首都艺术品市场的数字化发展起步早、影响大，知名艺术品在线交易机构众多，发展数字化的高端印制、复制更成为了首都印刷行业转型升级的重要途径。本文梳理首都艺术品市场的数字化发展现状，分析艺术品在线交易、艺术品的数字化印制复制、艺术品的数字档案、信息化建设等方面的具体进展。目前艺术品在线交易的市场总额还不大，数字化发展要实现较大提升，面临着艺术品鉴定、法律监管等难题以及相关的物流、保险、金融服务等问题。本文针对发展现状，提出了建立首都艺术品市场信用体系等对策建议。

关键词：艺术品在线交易　艺术品在线拍卖　艺术品数字印刷

艺术品市场的数字化发展包括艺术品的在线交易、艺术品的数字化印制复制、艺术品的数字档案建设、信息化建设等方面的内容。近年来受国际金融危机、经济增速放缓等多种因素影响，国内艺术品市场总体低迷，数字化发展却逆势上扬，成为新的发展趋势，大量的艺术交易机构成立自己的在线交易平台，知名电商 2013 年全面进入艺术品交易领域。首都艺术品市场的数字化发展起步较早，在线艺术品交易机构和进行数字化印制复制的企业众多，艺术品数字档案建设、平台建设也走在全国前列。

* 张耀宗，雅昌文化集团有限公司，清华大学博士。

一、首都艺术品市场的数字化现状

首都艺术品市场的数字化发展具有三方面的优势。首先，北京拥有雄厚的艺术品实体交易的市场基础。北京是全国艺术品交易中心，近年来更是发展成为继伦敦、纽约、香港之后的全球第四大艺术品市场。中国拍卖行业协会和国际在线艺术品交易、研究平台 Artnet 发布的《2012 全球中国文物艺术品拍卖市场统计年报》显示，北京地区 2012 年度艺术品成交额占中国内地市场总额的 67%，千万元人民币以上的拍品数量占中国内地该价格区间拍品总数的 85%。另据北京市拍卖协会数据，2013 年北京文物艺术品拍卖成交额达到 218.22 亿元，比 2012 年增长 12%。其次，北京有成熟的电子商务及在线交易平台，相关的技术、管理、环境要素等都很齐备。“十一五”期间，北京电子商务交易总额年均增长 45%，2012 年达到 5500 亿元。2013 年发布的《北京市人民政府关于促进电子商务健康发展的意见》预计到 2015 年，北京电子商务交易额将超过 1 万亿元。其三，北京还有一批艺术品专业门户网站、在线互动社区，拥有数量巨大的会员、艺术品藏家、爱好者，这些网站都有转化为在线交易平台的基础，其社区成员都是艺术品网上交易的潜在对象。北京有繁荣的艺术品实体交易、电子商务和艺术品网站，具备丰富的艺术品资源、客户群体和相对成熟的经营主体、市场机制，这些都为艺术品市场的数字化发展提供了良好条件。

（一）首都艺术品交易的数字化

文化部《2012 中国艺术品市场年度报告》显示，2012 年中国艺术品市场的艺术品网上交易额同比上涨 50%，达到 18 亿元。北京艺术品在线交易平台目前的交易额还未有具体数据统计，但从在线交易平台、交易机构的快速发展和大众电商 2013 年的积极介入可以看出，北京艺术品交易的数字化发展已经掀起一轮热潮。

北京的艺术品在线交易起步于 2000 年，拥有嘉德在线、雅昌艺术网、盛世收藏网等众多的知名在线交易机构、交易平台,它们大多是综合性平台,不能简单地称之为“艺术电商”。近年来新上线的还有 HIHEY 在线、艺典中国网等,2011 年上线的 HIHEY 年交易额已经超过 5000 万元,日平均交易额达 20 万元①。艺术品在线交易与传统艺术品交易相比,受地域、场地、时间、交通、住宿等因素的影响较小,参与交易的客户更广泛。对于拍卖、交易机构来说,省去了预展巡展、印制图录、场租宣传和部分员工费用;对于竞拍者来说,传统竞拍要支付增值税、竞买保证金、佣金,在线交易在上述三方面的支出要低得多。北京近年来房租大幅度上涨,人力、装潢、维护费用也相应升高,艺术品实体交易机构、画廊的压力极大。著名的 798 艺术区甚至位置较远的宋庄艺术区都出现了因为成本攀升太快,许多艺术品经营机构关闭、迁移的情况②,发展在线交易在一定程度上可以改善这一状况。

北京的艺术品在线交易机构有的依托实力雄厚的实体交易企业,如嘉德在线;有的依托艺术门户网站、数据库、科研平台如雅昌交艺网;有的是传统的大众电商新开辟的艺术交易频道,如“国之美”。从运营方式看主要有三种:网上拍卖、网上画廊(推介画家)、集成性交易平台。从电子商务的商业模式看有 B2C(Business to Customer,商家对顾客)、C2C(Consumer to Consumer,个人之间的电子商务),以及兼具线上、线下交易的 O2O(Online to Offline)平台。嘉德在线、博索艺术品商城等在线交易机构以 B2C 模式为主,盛世收藏网、中国艺术网等则以 C2C 为主。从艺术品交易的付款方式来看,有在线的支付宝、网银支付,也有当面支付、银行转账等。艺术品本就比普通商品更难辨别真伪,而在线交易又比实体交易更难辨别真伪,因此线上线下交易结合是未来发展的一大趋势。

---

① 《艺术品网上交易进入“纷争时代”》,《北京商报》2013 年 7 月 26 日。

② 参见《版画交易梦碎:百雅轩关店裁员》,《中国经营报》2013 年 6 月 15 日。《798 厂区房租猛涨 2.5 倍 画廊被封部分机构撤出》,《法制晚报》2013 年 1 月 9 日。

表 1 北京重要在线艺术品交易机构

机　构	成立时间	主要交易类别
嘉德在线	2000	当代艺术陶瓷、新生代油画、中青年名家书法、老版画、中青年雕塑、古代中国画、近现代中国画、玉件等
雅昌艺术网（雅昌交艺网）	2000	国画书法、古玩器皿、玉石玉器等，目前以当代艺术品为重点
99 艺术网	2003	油画、版画、雕塑、水彩、素描、水墨、书法，以当代艺术为主
盛世收藏网	2005	青铜、瓷器、玉器、字画、印玺等
中国大学生艺术网（大艺网）	2006	全国艺术类专业院校学生作品，绘画、雕塑、装置、摄影等
博宝艺术网	2007	钱币、文玩、传统书画等
尤伦斯艺术商店	2007	架上绘画、书籍、创意艺术品等，复制品为主
艺易通	2009	架上绘画、雕塑、摄影等
博索艺术品商城	2009	书画、瓷器、玉器、根雕等
易拍全球	2010	书画、古董、装饰艺术品、家具、钱币、邮品等
HIARTSTORE	2011	年轻艺术家（45 岁以下）的原创作品，大多数价格在 5 万元以下
HIHEY 在线	2011	油画、装置、雕塑、摄影等，当代艺术为主
中国艺术网	2011	书画、雕塑、瓷器、紫砂、玉石、善本、红木家具等
爱艺客	2012	艺术品原作、版画、衍生品，以青年艺术家作品为主
艺典中国	2012	书法、绘画、紫砂、玉石、限量版画等
国之美	2013	以传统书画为主，12 万元以下

从在线交易的艺术品类型来看，目前交易对象以年轻艺术家作品、当代艺术品为主，价格相对较低，如“国之美”交易的艺术品从千元到 12 万元不等，HIARTSTORE 大多在 5 万元以下，C2C 模式交易的艺术品价格更为便宜。艺术品在线交易的平价、低端化有利于艺术走向大众，把原本只能由少数人参与的拍卖会呈现在更多的藏家、爱好者和消费者面前，可以和传统的艺术品实体拍卖形成互补。2013 年，全面进军艺术品交易的知名电商更加强化了这一特点。由国美集团投资、总部设在北京的“国之美”定位为“在线时尚生活艺术品交易空间”，其目的在于拓展大众消费市场，而非高端投

资性收藏。北京保利和嘉德两大拍卖公司与淘宝网展开合作,苏宁易购与艺典中国网合作也都遵循了类似的思路。与此同时,亚马逊等国外知名电商也开始涉足中国艺术品在线交易,国内艺术品市场有望通过数字化发展迎来一个艺术品大众消费的时代。

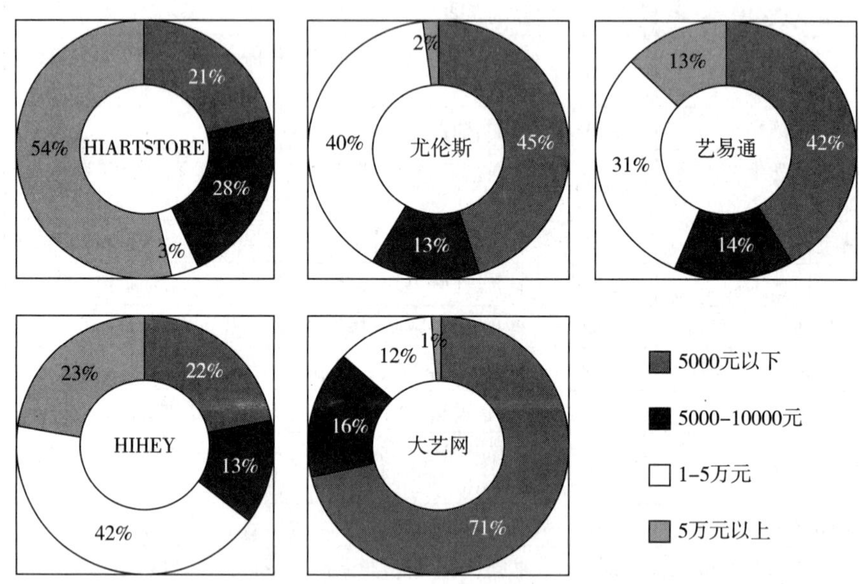

图1　北京部分艺术品在线交易机构的艺术品价位分布①

(二)首都艺术品市场的数字档案建设

艺术品的数字档案建设过去主要是指博物馆、美术馆、艺术馆的数据库建设、信息化建设,如北京方正阿帕比技术公司与博物馆、出版机构合作的“中国艺术博物馆数据库”项目。随着艺术品市场以及在线交易的发展,更大范围的数字化建设提上日程。艺术品网站、在线交易平台需要大量的艺术品电子图录供人们研究、欣赏。对艺术品进行估值、报价,需要建立大型艺术品数据库、艺术家数据库,评估、咨询和研究机构的分析都必须建立在对大量数据的掌握基础之上。艺术品的数字档案建设具体是指对艺术品进

① 数据来源:《艺术电商ABC》,《顶层》2012年第3期。

行数字扫描、摄影、电子分色①,然后储存、分类建立数据库,有时候还要对作品进行数字化复制。数字档案有利于艺术家保存、保护和修复自己的作品,有的数字档案经过授权可以转化为出版资源。

北京的许多艺术、交易机构都在做自己的艺术品数字档案建设,雅昌企业(集团)的"中国艺术品数据库"是其中最具代表性、规模最大的,该工程主要由中国艺术品图片数据库、艺术家数字资产管理、出版业数字资产管理、拍卖业数字资产管理等8个部分组成。雅昌的核心业务是印刷,从20世纪90年代开始积累了丰富的艺术品数据资源,在此基础上建立了国内最大的艺术品图像数据处理平台,与雅昌艺术网相互配合,不断地调整自己的商业模式。中国艺术品数据库的数据已达3000多万条,预计到2015年,总量将达到8000多万条。数据库建设的难点不仅在于搜集存储,还在于"有组织地用技术的语言表达业务",根据不同的业务需求实现独立的平台架构②。雅昌为艺术家建立的数字资产管理包含:艺术家档案数据库、艺术家官方网站、艺术家纸质档案、艺术家数字档案、艺术品认证备案,使艺术家能够科学便捷地进行版权管理、媒体宣传、复制和开发衍生产品等。雅昌艺术网追踪中国艺术品市场发展状况,选取有代表性的作者作品进行统计分析,从2004年以来推出了一系列的"雅昌指数",为业界提供科学的数据分析报告。

(三)首都艺术品印制复制的数字化

首都艺术品市场的数字化发展还包括艺术品印制复制这一产业。高仿真的艺术品复制目前在各个环节都应用到了数字技术,使用高精度大幅面扫描仪、数码相机及高精度数码后背采样技术,通过大幅面彩色打印机或数字印刷机等数字化设备,对艺术品原稿进行原大、原样、原色复制。对于艺

---

① 电子分色,简称电分,用光电扫描方法对原作进行分解扫描,借助电脑获取图像信息,以适应各种制版、印刷条件的彩色图像复制技术。

② 李华、易卫胜:《雅昌中国艺术品数据库建设的认识与思考》,载北京市科学技术协会信息中心、北京数字科普协会编:《创意科技助力数字博物馆》,中国传媒大学出版社2012年版,第343页。

术品复制的影响和价值，德国哲学家本雅明曾在《机械复制时代的艺术作品》中指出，艺术品包含的独一无二"灵韵"将随着大规模的机械复制而丧失，人们和艺术品之间的时空距离大大压缩，复制品缺少了本真性和"膜拜价值"。但与此同时，艺术品复制又给大众接触并理解艺术品带来了新的可能，有利于艺术的民主化。北京目前积极发展的艺术品数字化印制、复制是印刷行业与文化创意产业、现代服务业相结合的产物。数字化高仿真复制可以把价格昂贵的艺术品、藏品带给大众，作为文化旅游衍生产品、纪念品、礼品、室内装饰品、博物馆替代展品、艺术爱好者和研究者的学习临摹品等。此外还可以按需印制，不造成资源浪费。

发展数字化的高端印制、复制是北京印刷行业转型升级的重要途径。北京的艺术品复制过去主要由北京新华印刷厂、北京印刷研究所、北京荣宝斋等单位完成，采用珂罗版印刷、丝网印刷、木版水印等传统工艺。2000 年以后，数字技术逐渐普及并成为主流印刷手段，一批新兴印刷企业开始从事此类产业。随着人们文化消费需求和审美水平的提高，高仿真艺术品的市场需求越来越大，北京众多的博物馆、美术馆、纪念馆和文化旅游景点也需要大量高仿真的文化艺术衍生品。另一方面，由于报纸、书籍等传统纸质出版的印刷需求大大减少，北京的印刷行业也必须向高端印制、文化创意印制的方向发展，逐步调整自己的主营业务。在这种形势下，《北京市"十二五"时期新闻出版业发展规划纲要》提出："'十二五'期间将重点培育 5 家到 6 家产值 5 亿元以上的龙头企业，并建设高端印刷复制业中心。"市政府还多次对艺术品高仿真复制技术研发项目给予资金支持。

北京进行艺术品数字化印制复制的著名企业有圣彩虹制版印刷技术有限公司、雅昌彩色印刷有限公司、天可嘉语文化传媒有限公司、北京图文天地制版有限公司、印捷文化发展有限公司、东方宝笈文化传播有限公司等，还有北京印刷技术研究所、中国印刷集团公司等一批老字号单位。2013 年，雅昌第 8 次获得美国印制大奖（班尼奖），在北京十三家主流媒组织的"第六届北京影响力"评选活动中，进入"2013 北京影响力十大企业"榜单。雅昌企业（集团）还与故宫博物院签署合作协议，雅昌影像旗舰店进驻故宫博物院，制作和销售如影像产品、纸艺品等故宫元素系列衍生品。

二、首都艺术品市场数字化发展面临的问题

首都艺术品市场的数字化发展呈现出繁荣景象，知名企业众多，在国内也处于领先地位，但市场还没有做大。文化部《2012 中国艺术品市场年度报告》显示，中国的艺术品网上交易额虽然增长很快，却只占市场份额的1%，还有巨大的上升空间。艺术品自身的特性和网络交易环境、相关服务的不完善，都影响着艺术品在线交易的发展，在线交易有待于被更多的艺术品藏家、消费者所接受。与艺术品市场相关的艺术品数字档案建设、数字化印制复制也存在一些问题。这些问题不仅仅是首都艺术品市场的数字化发展所需要解决的，对整个中国艺术品市场也有普遍意义。

（一）艺术品在线交易的鉴定问题

目前艺术品在线交易遇到的最大难题是鉴定，包括艺术品的年代、真伪、价值等。即使在线交易平台能够提供细致全面的艺术品相关资料，人们也很难仅仅依靠图像和文字就决定是否购买，这直接造成了目前在线交易对象多为低价位作品、当代作品的状况。不仅 C2C 模式的艺术品交易存在风险，B2C 的商家对客户模式也存在艺术品鉴定问题。北京的不少老牌艺术品在线交易网站都出现过消费者认为所买艺术品为赝品的情况。2013 年是大众电商全面进军艺术品交易的一年，北京多家艺术品拍卖企业与知名电商展开“强强联合”，设置艺术交易频道，进行形式多样的拍卖活动。然而长期以来，大众电商的交易平台上存在大量的仿制品、山寨品，由于价格低廉，消费者对此也心知肚明，甚至专门购买高仿精仿的所谓“A 货”、“尾单”等产品。大众电商进军艺术品交易市场，必须首先扭转消费者的这一印象，在艺术品鉴定服务上实现突破，否则难以取得大的发展。北京市文化局在 2013 年开始实施艺术品鉴定工作试点方案，批复了《中国书画》杂志社、雅昌文化发展有限公司等 5 家鉴定单位，但这一试点并不直接针对艺术品在线交易，鉴定单位也并非政府官方机构，实际上还是把鉴定问题交给

市场本身来解决。

(二)艺术品在线交易的法律问题

艺术品鉴定的结果可能会导致消费者要求退货。新修订的《消费者权益保护法》规定"通过网络、电视、电话等方式购买的商品,消费者可以在到货后七天内无理由退货",很多知名大众电商在自己的在线交易平台上也推出了这种服务,然而这一法规还没有应用到艺术品在线交易上。北京嘉德在线就详细规定了不退货的各种情况,如"拍品实物与拍品描述一致或无明显缺陷"、"提货后 7 个工作日之内,买家本人对拍品的真实性发生怀疑但无法出具画家本人的书面鉴定意见,或者两位以上相应专业的国家级鉴定专家关于该拍品赝品的书面鉴定意见"等。从卖家的角度看,如果出售的艺术品被买家用赝品掉包之后要求退货,会造成卖家的损失。艺术品在线拍卖本身也存在法律缺位的问题。我国的《拍卖法》目前对在线拍卖未有明确规定,所以在线交易平台上的艺术品拍卖都不算是严格意义上的拍卖,不会受到《拍卖法》约束(目前北京获国家文物局授予"网上特许文物拍卖资质"的企业只有嘉德在线、九歌国际等几家)。艺术品在线拍卖往往没有拍卖师来主持、明示规则,竞拍者无法确知是否有人与拍卖者串通之后来抬高价位。C2C 模式的在线交易平台也容易出现盗窃、盗掘和走私文物。

(三)艺术品在线交易相关的物流、保险、金融服务问题

艺术品交易有多个环节,涉及仓储、物流、支付、保险等问题。北京的艺术品在线交易机构大多没有自己的物流系统,必须依靠物流公司的服务。而目前在线交易的成交价格、成交额度较小,如果从节省成本的角度出发选择一些常见的物流公司,工作人员缺乏专业培训,可能会造成艺术品损坏、损失。价格较高的艺术品运输则需要保险业的服务。北京的大多数艺术品在线交易机构也没有自己的在线支付系统,采取线下支付的付款方式,如嘉德在线、HIHEY 在线、HIARTSTORE、大艺网等。只有艺易通、尤伦斯少数几家使用支付宝等在线支付方式。由于买家不需要支付任何形式的担保,采用线下支付的很可能"跑单",拍下之后不付款或不按时付款。

（四）艺术品数字化复制的版权问题

北京的艺术品数字化印制复制十分发达，版权成为需要时刻考虑的问题。复制品“原作版画”目前已经成为艺术品交易的一个重要门类，其印制手段主要有两种：一是数字化的艺术微喷，另一种是传统的丝网版画。复制品的授权情况以及尺寸、数量、品质决定了它的价值，数量太多则没有太大的升值空间。作者在授权复制的时候要与出版机构、印制企业一起签订协议。另外一个值得注意的现象是：西方的复制艺术品市场很少进行大尺寸、1∶1 的复制，而国内进行艺术品高仿真复制却经常跟原作相同尺寸，由于数字技术的日益进步，复制品达到了以假乱真的程度，扰乱正常的市场秩序，造成艺术品的贬值。

三、首都艺术品市场数字化发展的对策建议

（一）多举并进，建立首都艺术品市场信用体系

艺术品鉴定高度依赖专家队伍和学术水平，本身有一定的局限性，艺术品线上交易的发展不能“头痛医头”、只从鉴定下功夫，需要多个环节一起努力，建立起艺术品市场信用体系。目前，各大在线交易机构都有自己的一些信用承诺和保真服务。新成立不久的“国之美”提出了“假一赔十”的承诺。有的在线交易机构推出艺术品保值回购服务，收藏者购买的作品买入一定时间之后，经过验证无损坏，可按原来销售价加上利率予以回购。艺典中国网为苏宁易购运营的艺术频道，邀请了相关单位和个人担任网站鉴定师。嘉德在线的做法是进行线下的实体预展，然后再进行网上竞拍。有的在线交易机构只从在世艺术家本人那里购买作品。有的采用支付宝等第三方资金结算系统，对交易资金进行监控和安全管理。这些都是很好的办法，在整合利用这些手段的同时，应当在全市范围进行信用承诺管理，建立企业信用档案和评级制度。只有大范围地建立诚信体系并不断传承下去，才能从根本上解决艺术品在线交易发展的问题。

（二）加大艺术品在线交易的法律监管力度

首都艺术品市场在线交易的发展，一方面需要行业自律，另一方面必须由政府在法律上明确艺术品在线交易的监管办法与监管主体，减少行业风险。针对艺术品在线交易问题，英国新调整的法律规定，除非消费者亲眼看过实物，否则通过网络拍卖购得艺术品的买家可在购买后的14日内退货。这一新法规于2014年6月正式实施，能否真正推行到金额较大的艺术品在线交易上尚未可知。退货问题只是艺术品在线交易法律问题的一个部分，英国的新法规还规定，在线拍卖的拍卖者将被强制要求显示其个人信息。我国还没有研究实施类似的法规，北京应当积极关注此类改革，不断加大艺术品在线交易的法律监管力度。

（三）版权保护、艺术品鉴定与数据库建设相结合

艺术品数据库建设需要进行扫描、摄影、电分、存储、供用户访问查阅，本身就涉及版权问题。经过授权之后科学建立的大型艺术品数据库，可以成为文博机构的共享平台，成为有效的艺术品"DNA"鉴定中心。北京市文化局2013年5月发布《北京市艺术品鉴定工作试点方案》，提出要开发艺术品信息认证系统，建立艺术品档案库和艺术品身份证认证系统，对每件进入数据库的艺术品进行"身份编码"。雅昌2013年启动的"中国艺术品鉴证备案服务"工程即是这一思路的体现。作品在艺术家本人主观鉴证后，进行技术备案，通过光学显微仪器和拉曼光谱仪、X射线光谱仪等光学仪器对书画作品的纸张纤维状态、墨迹的附着和晕染的状态、书画材料的物质成分等微观数据进行采集，最后到有关部门进行著作权登记备案。西方发达国家的艺术品市场之所以更为健康有序，其中一个重要原因就是很早就建立了在世作家作品备案制度。

（四）发展专业的艺术品物流、保险、金融服务

绝大多数普通货物运输公司无法对艺术品进行投保，一旦在运输过程中出现损坏丢失，得不到及时理赔，就会产生不必要的纠纷。首都艺术品市场的发展必然要求专业的艺术物流服务，但是专业艺术物流的价格又较高，不符合目前在线交易的层次水平。要解决这一矛盾，还得从艺术物流自身

的发展上下功夫,如果北京的艺术物流企业与更多的在线艺术机构建立长期稳定的合作关系,根据不同的销售状况、艺术品的不同价位制定相应的服务规格和规格,可以有效降低成本。专门的保险、金融服务同样如此,由于艺术物流公司在艺术品包装和运输上的专业性,保险公司就愿意以较低的费率向其提供艺术品专门保险服务,建立良好的合作关系,为艺术品在线交易的客户提供有针对性的、同时费率又较低的保险产品。

北京市数字出版产业发展与版权保护问题研究

魏　巍[*]

摘　要：近年来北京市数字出版呈快速发展趋势，广泛采用了互联网等先进技术，初步形成了产业集群。版权问题日益凸显，表现在云计算中、数字出版的技术环节中和三网融合过程中产生了版权问题。解决问题的方案是采用国际通用规则，借鉴国外的改革经验，制定整体的发展战略。

关键词：数字出版　发展趋势　版权问题　对策建议

随着移动互联网、平板电脑和智能手机的大量应用，数字出版产业也得到了进一步的发展和强化。互联网新技术革命为数字出版带来发展机遇的同时，也使数字出版业中的版权保护问题更加突出。这一瓶颈性制约问题不妥善解决，就会限制这一新兴出版业的更好更快发展。

一、北京市数字出版业的发展趋势

（一）总产值快速增长

《2012—2013 中国数字出版产业年度报告》显示①，我国 2012 年的数字出版业产值达到 1935.49 亿元，其中：互联网期刊收入达 10.83 亿元，电

---

* 魏巍，北京市社会科学院经济研究所副研究员。

① 郝振省：《2012 — 2013 中国数字出版产业年度报告》，http://www.cdpi.cn/xzx/toutiaoyaowen/20131012/8454.html。

子书(含网络原创出版物)达31亿元,数字报纸(不含手机报)达15.9亿元,博客达40亿元,在线音乐达18.2亿元,网络动漫达10.36亿元,手机出版(含手机彩铃、铃音、手机游戏等)达486.5亿元,网络游戏达569.6亿元,互联网广告达753.1亿元。

北京市2010年数字出版产值是195亿元,占全国产值的18.5%;2011年产值225亿元,占全国产值的16%;2012我们以保守的占全国14%的份额统计,也达到了271亿元的水平。按照官方不完全统计,截至2012年11月底①,北京市当年出版业的产值就达到了北京地区新闻出版业年度收入达到619.3亿元,同比增长12.3%。网络出版、手机报刊、电子书等新兴出版业态快速发展,过去5年中北京市数字出版年均增长保持在20%左右。如果按照这一统计口径计算,2012年的270亿元的产值收入是比较可靠的。

(二)广泛采用互联网等新技术

1.移动互联网发展迅猛

近两年来,一方面北京市的数字出版呈快速发展趋势;另一方面,互联网新技术的不断更新应用,进一步推动了数字出版业的发展。2013年7月,《中国互联网络发展状况统计报告》显示②:"截至2013年6月底,我国手机网民规模达4.64亿,较2012年底增加约4379万人,网民中使用手机上网人群占比由74.5%提升至78.5%。中国手机网民已经形成庞大规模,并保持快速发展的态势。此轮增长得益于3G的普及、无线网络发展(包括公用和私有WiFi的发展)和手机应用的创新。3G的快速普及和无线网络的覆盖为手机上网奠定了用户基础和网络基础,在促使更多用户便捷上网的同时,也提升了各项上网体验,尤其是对各类大流量数据应用的使用。"北京市和全国的发展形势一样,移动互联网呈快速发展趋势。2012年北京

① 《北京数字出版过去5年年均增长20%》,http://www.sipo.gov.cn/mtjj/2013/201302/t20130218_785690.html。

② 中国互联网信息中心:《中国互联网络发展状况统计报告》,http://www.cnnic.net.cn/index.htm。

市国民经济统计数据显示[①]:信息传输、计算机服务和软件业的产值为1610.8亿元。按照比上年增长6%的速度保守计算,2013年这项产值应为1707亿元,说明移动互联网继续保持快速发展趋势。

同时,互联网新技术发展能力进一步加强。工信部等七部委印发的《关于下一代互联网"十二五"发展的意见》、《下一代互联网技术研发、产业化及规模商用专项》文件,使得我国的IPv6地址数量更快发展,2013年7月,《中国互联网络发展状况统计报告》显示[②]:"截至2013年6月底,我国IPv6地址数量为14607块/32,较去年同期大幅增长16.5%,位列世界第二位。当前,各大运营商都在大力推进IPv6产业链的成熟,积极开展试点和试商用,逐步扩大IPv6用户和网络规模。"

上述事实说明,移动互联网、平板电脑和智能手机的大量应用,扩大了数字出版终端阅读平台和用户范围,也强化了手机阅读、手机动漫、手机游戏等数字出版业态。

2.云计算运用于数字出版

云计算在数字出版业中的应用,进一步整合了产业链条。云计算[③]:"是一种IT资源的交付和使用模式,指通过网络(包括互联网Internet和企业内部网Intranet)以按需、易扩展的方式获得所需的硬件、平台、软件及服务等资源。提供资源的网络被称为'云',其计算能力通常是由分布式的大规模集群和服务器虚拟化软件搭建。"

2010年9月北京市发改委发布了《北京"祥云工程"行动计划》确立云计算作为"北京战略性新兴产业的突破口",正式启动祥云工程。北京市"十二五"科技发展规划提出,研制自主知识产权的各类云计算通用支撑平

---

① 《北京市2012年国民经济和社会发展统计公报》,http://wenku.baidu.com/view/6744ffdcc1c708a1284a442b.html。

② 中国互联网信息中心:《中国互联网络发展状况统计报告》,http://www.cnnic.net.cn/index.htm。

③ 《中国云计算产业发展白皮书(2011版)》,http://wenku.baidu.com/view/1515661214791711cc79170e.html。

台等,推动传统产业升级。

近年来,北京的一些著名的数字出版企业开始探索云计算的应用之路。2011 年 6 月北大方正集团所属阿帕比公司提出了“共建云平台、同享云服务”的理念,启动了“云出版服务平台”①。在这一平台上,出版商可以建立数字资源的自主授权渠道、自主选择商业模式、安全发行和透明结算系统;渠道商可以快速搭建数字资源运营平台,及时获取正版资源并实现为读者提供多终端、跨媒体阅读服务。目前,一些出版集团、报业集团等出版单位,汉王、永正图书和北发网数字内容运营商加入了这一平台。

赫思佳在《方正 Apabi 全新数字出版解决方案》中指出②:数字出版的新技术包括:全文检索、数据挖掘、语义网络等;跨资源类型(书、报、刊、图片、多媒体)的综合检索、内容关联;个性化出版/发行;Web 2.0 技术; Ajax、标签 Tag、推荐 Digg、RSS、IM;跨多种平台和设备的阅读技术。这些技术与云计算结合,不但为云计算增添了针对性极强的服务项目,也为技术自身的发展提升了空间。

中国知网建立了云计算平台。张宏伟指出③:CNKI 云出版平台与业务运行模式,首创了“云出版+云数图” 独特数字出版模式,利用云计算技术和理念,研制的一套服务于数字出版全产业链的综合服务平台。对出版者是低门槛、高效率的集约化虚拟数字出版环境和可信发行平台。在自主出版方面,自主经营或委托超市代理销售符合国际国内标准和需求的数字出版制品或有条件转让著作权的使用权 ;在发行方面,可建自主加密与安全发行保障系统;在结算方面,建立了电子商务、统计分析和需求调研系统。

2012 年 5 月,中启创集团北京启创卓越科技有限公司,在朝阳区酒仙

---

① 《共建云出版平台　同享云出版服务》,http://news.xinhuanet.com/it/2011-06/30/c_121607737.htm。

② 赫思佳:《方正 Apabi 全新数字出版解决方案》,http://wenku.baidu.com/view/5f93400102020740be1e9bb4.html。

③ 《云出版与数字出版产业化》,http://wenku.baidu.com/view/8864698bd0d233d4b14e69f1.html。

桥 IT 产业园,建立了北京数字出版云中心①,为数字文化及数字出版行业提供 IT 云计算服务及平台解决方案,促进信息技术与数字文化及数字出版的融合,用云计算扩大数字内容发布及推广渠道,打造专业的数字出版平台。

云计算以信息转移的便捷性、运行成本的低廉性、系统的灵活性和可扩展性,为数字出版的技术商、内容生产商、销售商带来了新的商业模式和巨大的市场机会;为数字出版产业的发展增添了双翼;带来了新的发展空间,成为数字出版的加速器。

3.三网融合促进数字出版资源整合

三网融合的概念:"是指传统的电信网网络、计算机网络、有线电视网三种不同网络通过一定方式的技术改造,能够提供包括语音、数据、图像等多媒体业务,强调三大网络技术与业务应用的融合。"②三网融合包括:①网络融合,电信网络、计算机网络和有线电视网在技术上趋向使用统一的 IP,在网络层上实现互联互通形成无缝覆盖。②业务融合,随着未来网络技术的趋同和融合,广电和电信业务也将逐步融合,并最终走向对称开放,即有线和电信均可经营视频、语音和数据业务。③监管融合,广电总局和工信部按功能监管重新划分,前者监管内容,后者监管网络,逐步实现监管融合。

随着我国行政体制改革的步伐加快,三网融合将从理论论述、沙盘推演,转化为现实的发展进程。三网融合工程的推进将给信息服务业的发展带来巨大的经济影响,将成为数字出版的加速器和推进剂。在北京的现实数字出版业中,以技术提供商和电信运营商为主导的,数字技术提供商、电信运营商与出版机构相互融合,向多媒体综合平台发展,满足人们对信息传播的速度、广度和深度的需求。

一个(文本、图片、音频、视频、网页、数据库)集成的数字出版平台,经

---

① 《北京数字出版云中心正式启动》,http://www.cctime.com/html/2012-5-24/2012524203495781.htm。

② 中国互联网协会:《中国互联网信息中心:中国互联网发展报告》,电子工业出版社 2011 年版,第 76 页。

过(有线电视、互联网、电信网)网络全方位传递覆盖,在智能手机、PC 机、专用终端阅读器、平板电脑等多种终端上多元化呈现的格局,必将进一步整合数字出版资源,延伸产业链条,加强产业融合,促进盈利模式更加多元和清晰。最终的结果是使数字信息服务业进一步扩大。

(三)初步形成了产业集群

初步形成了"三基地、三园区"的产业集群。"十二五"期间,北京市一些区县,相继建立了与数字出版产业直接相关的产业园区和基地,包括石景山区北京数字娱乐产业示范基地、大兴区国家新媒体产业基地、丰台区文化产业总部基地和国家数字出版基地、西城区中国北京出版创意产业园区、东城区国际版权交易园区和海淀区数字技术提供和数字内容生产企业聚集区。

2013 年 12 月 17 日,北京市新闻出版局宣布,北京国家数字出版基地正式落户丰台花乡榆树庄村。① 基地地处西南四环和五环之间,规划面积 3.6 平方公里,是丰台区"一轴两带四区"产业布局的重要节点。基地辐射的范围内数字出版的龙头企业,包括中华书局、学苑出版社、法律出版社等国有出版社,中国新闻出版研究院等出版行业专业院所,汇集了北京时代华语图书出版公司等一批民营企业,为将来进一步打造数字出版核心区提供了丰富的资源。

北京国家数字出版基地的目标是按照差异发展、特色发展、错位发展的理念,建设成为国家级国际化的数字产业发展核心区、文化创意产业功能区、中国数字出版实验区、文化金融与科技融合发展的示范区。基地的建设是国家新闻出版总署在全国批准建设了张江等 9 个国家级数字出版基地后,再度批准在北京建设的一个大型国家数字出版基地。这个国家级基地的建设将有利地推动北京市的数字出版产业的发展。与此同时,数字出版市场激烈竞争的局面已经出现。《2012—2013 中国出版业发展报告》指出:

---

① 陆艳霞:《北京国家数字出版基地将正式落户丰台花乡榆树庄村》,《北京日报》2013 年 12 月 18 日。

"出版传媒集团跨地域、跨媒体发展将会有新突破。2013 年 5 月,安徽时代出版旗下的全资子公司北京时代华文书局,获得国家新闻出版广电总局批准颁发的图书出版许可证,成为中国出版产业跨地区发展获批的第一家出版企业。这意味着,其他出版集团跨地域设立的出版公司也将会有新发展,出版传媒集团将进入跨地域发展的新时代。"①这表明,数字出版的跨地区的发展竞争局面正在形成。北京实施数字出版跨越式发展战略已经迫在眉睫。

二、数字出版业中的版权问题更加凸显

(一)云计算中的版权问题

互联网等新技术革命为数字出版带来了机遇,也给这一新兴产业带来了巨大的挑战。《中国云计算产业发展白皮书》指出,中国云计算产业发展的关键障碍有如下两个:一是数据主权和数据安全问题:包括数据存储、传输安全,数据隐私、数据主权、身份认证等问题是用户非常关心的问题,是阻碍当前云计算应用的关键障碍之一。二是缺乏统一的技术标准和运营标准,数据接口、数据迁移、数据交换、测试评价等技术方面,以及 SLA、云计算治理和审计、运维规范、计费标准等运营方面,都缺少一套公认的执行规范,不利于用户的统一认知和云服务的规模化推广。

笔者认为上述的问题都很重要,但更重要的是数字出版的版权保护问题。云计算时代,信息传播的广度、深度,为数字版权保护带来了深刻的变化。因为很多问题都是版权问题所引发出来的。比如,我们致力于国家级的"公有云"数字出版平台建设,(也称外部云是指通过因特网动态地、灵活地以自助方式获取资源)建设,才符合"公益性、基本性、均等性、便利性"要求。这就要打破技术壁垒,技术标准和运营标准互联互通后形成数字出版的公共服务体系,使数字出版的发展得到有效的保障。这实质上就涉及核

① 李苑:《2012—2013 中国出版业发展报告发布》,《中国文化报》2013 年 8 月 1 日。

心的版权问题如何协调。例如,云存储提供网络空间的同时,内容共享(云同步,通过服务器的中转实现多台电脑的同步更新),在这一环节就出现了未经版权人许可而非法使用的盗版问题。周亮认为:"版权所有人与使用者之间的利益失衡,云服务模式中,使用者可以不经版权所有人的授权和支付报酬而以极低的代价获得作品;云计算时代,传播的边际成本几乎为零,传播者成了不确定的大多数,此时版权所有人要花费大量的时间和精力去解决谈判,而无法全身心地投入到自己所擅长的创作中。"①

我们目前还处在云产业发展的成长阶段,私有云、公有云和混合云相互交叉。特别是私有云,比如方正国际、中国知网都要建设自己的云计算系统,划分自己的势力范围,就会形成各自的技术标准。标准不同是经济利益不同。经济利益不同,说到底是版权归属不同。罗昕认为:"版权保护面临更为严峻的挑战。基于云的内容的去中央化对数字版权保护提出了更加严峻的挑战。我们即将生活在计算机存储去中央化的转型期。"②云计算是否侵犯了版权制度,尽管存在着很大争议,但有一点是肯定的,云计算机有极大的可能侵犯版权。

(二)数字出版中的版权纠纷问题

知名的数字出版企业侵权案例。2005 年 11 月③,河北 32 名作者向石家庄市版权局投诉"中国知网",称该网站主办方中国学术期刊(光盘版)电子杂志社和清华同方光盘股份有限公司未经 32 名作者允许,将他们的 1276 篇文章置于"中国知网"上供人有偿下载,要求中国知网主办方赔偿损失 122.75 万元。

河北 32 位作者认为,《最高人民法院关于审理涉及计算机网络著作权纠纷案件适用法律若干问题的解释》第 3 条已明确规定:"已在报刊上刊登

---

① 周亮:《云计算技术下数字版权保护》,苏州大学硕士学位论文,2012 年 8 月。

② 罗昕:《云计算时代数字出版的优势、问题与对策》,《出版发行研究》2011 年第 11 期。

③ 许海涛:《河北 32 名作者向"中国知网"索赔版税 120 万》,《中国青年报》2005 年 12 月 5 日。

或者网络上传播的作品，除著作权人声明或者报刊、期刊社、网络服务提供者受著作权人委托声明不得转载、摘编的以外，在网络进行转载、摘编并按有关规定支付报酬、注明出处的，不构成侵权。但转载、摘编作品超过有关报刊转载作品范围的，应当认定为侵权。”中国知网主办单位将作者文章放置于互联网上供人下载，并不属于上述规定中的“转载、摘编”行为，也没有按有关规定向作者支付报酬，因此其行为已经构成了侵权。

此案件的意义是由于数字出版的开放性、低成本和传播的快捷性以及海量作品的海量授权问题已成为制约数字出版发展的瓶颈，给传统的著作权保护带来了巨大挑战。目前，中国知网与各专业期刊关于版权的利益分配方案是，入编按税后销售总额的11%分配给相应的期刊编辑部，作者著作权使用费按各刊关于加入 CNKI 中国期刊全文数据库的声明或各刊与作者的约定由各编辑部确定；交稿入编按税后销售总额的3%作为作者稿酬分配给编辑部。

按照《信息网络传播权保护条例》、新修订《著作权法》第十条、2010年《侵权责任法》等条文，著作权人享有“著作权财产权权利——信息网络传播权”等项权益。中国知网也按照国家规定去做了，给了作者一部分利益；但是在这一产业链条上，一个不争的事实是，使用者付费很高（下载一面文献要支付0.4元），而作者只能拿到一分钱的版税。这是不是有些不公平？这还是正规的数字出版企业，那无数的小企业侵权问题就可想而知了。

上述的事实只是利益分配的问题。还有一个原则性问题需要探讨，数字出版中，原作者究竟愿不愿意把自己的权利让渡给数字出版企业？当然，作者从顺利发表文章并提高转载率的角度，从理性上讲同意杂志社的安排，把文章的版权让渡给中国知网，但是从感情上讲，他们是不同意这种利益分配的，他们受到了不公正的对待。

（三）三网融合中的版权问题

三网融合在促进了产业融合及数字化出版的同时，也使数字版权保护问题凸显。由于三网融合中数字出版是以创意为核心，以数字化为主要内容，版权保护贯穿数字内容生产、分发、销售、使用等整个数字内容流通过程中。因此就产生了数字版权归属不清、版权许可困难、版权授权混乱、侵权认定复杂、版权保护不利等诸多问题。市文化执法部门在执法时,遇见的常见问题是侵权事实理清难,权利人在主张著作权时往往出现身份不清、权属不清、证据不清和举证不清的问题。因此,使侵权问题屡禁不止。

自2005年开始,国家版权局、国家互联网信息办公室、工业和信息化部和公安部四部委联合部署"剑网行动",围绕网络文学、音乐、影视、游戏、动漫、软件等重点领域以及图书、音像制品、电子出版物、网络出版物等重点产品,打击网络侵权盗版行为,净化网络版权行为,促进互联网产业健康发展。2013年是采取"剑网行动"的第九年①,国家版权局直接查办了北京百度公司的侵权盗版案。百度近年来相继推出百度影音播放器,这些播放器破解各视频网站正版保护,通过爬虫非法抓取视频信息,直接盗播视频网站内容。同时,通过百度提供的技术、流量、广告联盟分成以及推广费用支持上千家盗版视频小网站形成了一个庞大盗版视频产业链。

2013年11月19日,国家版权局对百度盗版正式立案。调查表明,百度公司和快播公司通过其运营的播放器软件,向公众提供定向搜索、定向链接服务,直接定向搜索、链接到大量盗版网站,具有一定主观过错,已构成侵犯信息网络传播权,且同时损害公共利益。

2013年12月27日,国家版权局下发了行政处罚决定书,对北京百度网讯科技有限公司处以责令停止侵权行为、罚款25万元的行政处罚,同时,对其提出了明确的整改要求,要求百度公司尊重版权行业管理秩序,对存在的问题积极认真地进行整改,国家版权局将根据整改情况采取下一步措施。

这一案件突出反映出网络盗版侵权有职业化、链条化、碎片化,违法成本较低、维权成本高的特点。这需要对侵权公司的核心技术、运营模式、产业链条等进行全方位多角度的定位分析和跨地区集约化调查取证;采取技术反制和法律制裁等综合手段制止侵权行为。

---

① 《中央四部委联合"剑网行动"责令百度影音、快播停止盗版侵权》,http://it.sohu.com/20131230/n392665822.shtml。

2011年,北京市版权局印发了《关于发布〈信息网络传播权保护指导意见(试行)〉的通知》,开始了网络维权工作。2012年,北京市新闻出版局提出了打造版权之都的战略设想,这些都有利于营造一个好的数字版权保护环境。但是,还有相当长的路要走。

三、解决数字版权保护问题的对策建议

数字版权尽管有技术复杂的特殊性的一面,但本质上也是要保护著作人的权益。我们在保护版权人权益的同时,也要协调、处理、发展数字出版产业与版权保护的关系,一味地强调保护版权会造成"版权壁垒",阻碍产业的发展。我们需要借鉴国际的有益经验。我们还要站在把北京建成国际出版中心的高度上,解决数字出版业的版权保护问题。

(一)借鉴"避风港规则"

《美国千禧年数字版权法》提出了"避风港规则"①。这一规则制定的目的是,既要保护版权人的合法权益,又要给网络服务商一个宽松的发展环境。规则如下:"网络服务商对网民上传至网络的信息没有事先审查的义务,原则上网站不为网民的版权行为负责,但是版权人向服务商提示网络中存在版权侵权后,服务商应采取必要措施保护权利人的合法权益;如果网络服务商接到版权人提示后怠于采取必要措施,那么就需要承担相应的责任。"这一规则为世界主要国家接受。

在遵守"避风港原则"的同时,国际上还采用了"红旗规则"作为网络版权的例外处理方法。规则如下:"如果网络版权侵权行为非常明显,以至于像一面'红色旗帜在网络服务提供商面前公然地飘扬'时,法院有可能推定网络服务商已经明知侵权行为的发生,可以不经过版权人提示而直接要求网络服务商承担责任。"但是,"红旗规则"要作为"避风港原则"的例外慎重

① 中国互联网协会、中国互联网信息中心:《中国互联网发展报告》,电子工业出版社2011年版,第110页。

使用,必须有证据证明网络服务商对版权侵权行为事先知晓。

笔者认为北京市《信息网络传播权保护指导意见(试行)》,不仅很好地运用了“避风港原则”,而且对网络服务提供者作出了比这一原则更具体的要求。例如,第五条:“为服务对象提供信息存储空间的网络服务提供者,对未经许可,多次实施上传他人作品的服务对象应当予以制止。制止无效的,应当终止服务,并向版权行政执法部门举报。”总之,对网络服务商提出了诸多要求,以保护版权者的利益。随着云计算等互联网技术更广泛地运用,我们还应继续运用“避风港原则”来制定各种规则,特别是对云计算运营商提出各种要求,来保护版权所有者的利益。

(二)借鉴英国的版权制度改革经验

英国是文化创意产业的发源地,在数字出版日益发达的形势下,英国对版权制度大胆改革,以适应数字出版的需要。季芳芳、于文在《英国版权制度改革对我国数字出版的启示》的文章中,总结了从2010年—2012年版权制度改革的经验。① 主要内容有三项:一是著作权例外。季芳芳、于文指出:“英国版权法修改的重点便是版权例外的扩大。在数字技术环境下,个人对文化产品的复制和格式转化行为变得极其便利。不以传播为目的的复制与转换不仅对产品生产企业无害,而且能够为个人再创造提供便利,并且扩大文化产品消费的便利程度,从而扩大数字产品的市场。因此,版权法应该适当增加版权例外的种类,促进社会整体利益提升和新兴数字文化产业的发展。哈格里夫斯在审查报告中还建议英国政府扩大版权法中对非商业性研究的例外以允许内容挖掘。”这项改革的实际目的就将个人对数字化产品的利用和商业开发区别开来,鼓励个人利用。这同时也有利于数字化产品的应用。

二是数字版权交易平台建设。季芳芳、于文指出:“因为在数字环境下,实现跨媒介融合是创意产业发展的战略需求。现有版权交易平台和版

① 季芳芳、于文:《英国版权制度改革对我国数字出版的启示》,《编辑学刊》2013年第2期。

权集体管理组织都是按文字、音乐、视频等传统媒体划分。因此,英国政府将通过制定相关法律政策和跨行业组织协调,推进跨媒介数字版权交易平台和跨媒介版权集体管理的发展。英国政府委派英国通讯局前副主席理查德·胡珀就数字版权交易平台(DCE)进行可行性研究。该交易平台将为知识产权问题提供一站式信息服务,从而简化版权许可程序,使频繁便捷的小规模版权交易成为可能,催生新的数字经济模式。"

三是版权保护制度的完善。季芳芳、于文指出:"数字技术对版权制度的冲击还体现在对原有版权保护制度的侵蚀。在网络环境中,版权侵权成本、侵权责任归属和侵权监督机制都发生变化。因此,英国政府将打击网络侵权作为版权制度改革的重要组成。英国政府在2010年通过了《数字经济法案》,其中第3条至第18条都是关于打击版权数字侵权的内容,以维护英国数字经济的繁荣。"

英国的版权制度改革给我们了有益的启示。就是在网络环境下,要做到协调各方利益之间的平衡。鼓励个人非商业化利用数字产品,建设简化版权办理手续的数字化版权交易平台,打击网络侵权行为。

(三)制定整体性的版权产业发展战略规划

北京市的数字出版业发展及数字版权保护问题,要得到根本性解决,就要上升到更高层次来看问题。我们发现,这些问题是版权制度的一个分支问题,我们要解决这个分支问题,就应该整体性把握版权制度问题;而更高一个层次,是版权产业如何发展的问题。

版权可以创造精神财富,更可以创造物质财富。版权相关产业对经济发展作出了独特的贡献。我们国家对版权产业越来越重视,已经制定出了《版权工作"十二五"规划》。

上海市也制定出了自己的版权发展"十二五"规划。上海的版权产业对经济的贡献已经达到了12%,北京市才达到9%。这与北京市是全国的文化中心的地位不相称。2012年,北京提出打造国际版权之都的构想,为北京版权产业的发展创造了条件。笔者提出以下几点。

一是要摸清家底,搞好统计工作。按照世界知识产权组织(WIPO)对版权相关产业的统计定义："版权可发挥显著作用的活动或产业，并将版权相关产业划分为四个产业组——核心版权产业、相互依存的版权产业、部分版权产业、非专用支持产业。"①我们应该对这四个版权产业做好统计工作。市统计局、新闻局应该按照国家版权局的要求，开始统计工作，其中，重点做好数字出版的统计工作。因为，我们的数字出版业已经超过了传统出版行业。只有统计工作做好后，才能为下一步的工作打下基础。

二是制定版权产业的整体性发展政策。这其中要搞好传统出版业和数字出版业协调发展的衔接工作。政策的主要内容包括：版权产业的区域布局、核心版权产业的竞争力、国际版权市场的构建和政府服务体系建设。

三是作好北京市版权产业区域布局研究，包括产业园区、产业集群、产业带的规划。其中以数字出版产业为核心，以高端的数字化出版带动对传统出版业的改造。提高核心版权产业的竞争力，包括提升传统版权产业、软件、数据库与数字版权产业的竞争力。政府作好版权集体管理与服务工作，把管理工作做到产业链的各个环节，保证产业具有创新能力。

四是培育和建设版权国际交易市场。这其中要为国际市场的建设创造一个良好的发展环境。采取的主要措施是：作好正版保护项目，搞好版权金融支持工程、版权科技支持系统，建设综合性版权交易平台，办好国际图书交流等展览会、研究国际版权贸易长效管理机制。

我们运用国际通用规则，借鉴国外版权改革的成功经验，制定出整体性发展规划，不断完善各项管理政策，就一定能解决好数字出版发展中的各种问题，促进版权产业为经济发展做出更大的贡献。

---

① 柳斌杰、阎晓宏：《中国版权相关产业的经济贡献》，中国书籍出版社 2010 年版，第 11 页。

2013年首都网络游戏行业热点分析报告

黄卫星　姜　一*

摘　要：本报告分析和概括了中国网游市场规模及结构的新变化、游戏产业的热点，通过分析网游行业资本市场并购典型案例，探析首都游戏公司在其中所扮演的角色，最后预测首都移动终端游戏产业及企业的热点趋势和发展动态。

关键词：网络游戏　行业热点　游戏公司　移动终端游戏

一、2013中国网络游戏行业扫描

网络游戏的大众娱乐性、技术便捷性、真实竞争性、互动交往性等几大特点，与单机游戏相比，游戏的乐趣更为丰富。网络的"网络性"人生体验，作为现实的"网络性"人生体验的参照、互补、映射、预演或者补偿，等等，这些人与人的互动性，造就了网络游戏的主要魅力。2013年，我国游戏整体用户数量达4.9亿人，用户规模同比增长20.6%；游戏市场销售收入831.7亿元人民币，比2012年的602.8亿元增长38%，相当于全国电影票房收入的3倍多。其中，单机游戏市场实际销售收入0.89亿元，比2012年增长18.0%；端游536.6亿元，比2012年的451.2亿元增长18.9%；页游127亿，

* 黄卫星，博士，中国科学院自动化研究所数字艺术技术工程中心副研究员，主要研究方向为数字技术发展和文化传播。姜一，中国科学院自动化研究所数字艺术技术工程中心助理工程师，主要研究方向为游戏产业的现状和趋势。

比2012年增长57.4%；手游112.4亿元，比2012年的32.4亿元增长246.9%。不难看出，包括端游、页游和手游在内的网络游戏，首当其冲成为文化产业的新生力量，其中，手游的增长速度最为迅猛。

在当前中国互联网产业中，网游成为主要文化消费产品，网游产业规模仅次于电商和广告，领先于电影、电视剧、网络视频、网络文学、音乐等其他娱乐产业。2007年至2013年中国网络游戏市场规模和增速对比分析如下。（见图1）

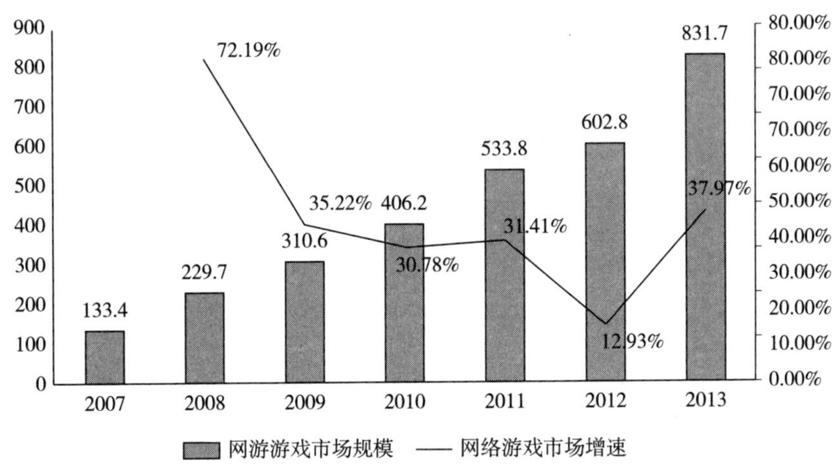

图1　2007—2013年中国网络游戏市场规模及增速①

截至目前，网络游戏发展为客户端游戏、网页游戏、移动游戏三种最主要的类型，“三分天下”占领网络游戏市场。2013年，客户端游戏凭借成熟的商业模式和稳定的用户群体，保持较为平缓的增长；网页游戏依靠联运模式，依然在2013年保持快速增长；最为抢眼的是，移动游戏在智能移动人口红利的带动下，本年度进入了爆发期，这令网络游戏市场在持续保持总量增长的趋势下，2012年至2013年网络游戏的环比增长速度迅猛发展。网络游戏市场在保持高速增长的同时，市场结构也发生着显著的变化。

① 数据来源：艾瑞咨询，笔者整理。

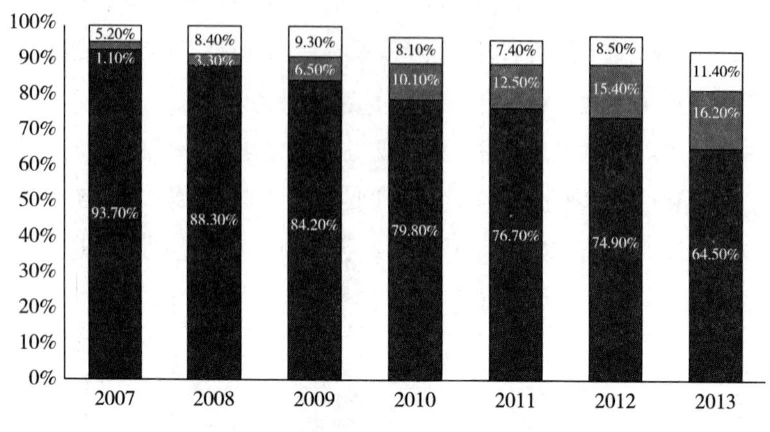

图 2 2007—2013 年中国网络游戏市场结构①

从当前我国网络游戏的市场结构来看，客户端游戏 2013 年占比 64.5% 仍占主流，但全年收入占比整体下降；比 2012 年降了 10.4 个百分点。网页游戏经历过去 4 年快速发展，占比从 2008 年的 3.3%快速提升至 2013 年的 16.2%，但整体增速放缓，开发成本与市场风险制约页游特色发展，为页游发展带来了瓶颈和困扰；移动游戏正处于智能机开始大幅度替代功能机的时代，2013 年起，移动游戏迎来了爆发性增长。

从当前中国网络游戏各细分市场增速结构变化来看，不少中国游戏端游企业在设计、体验、操控、UI 等诸多创新方面尚有不足之处。即使用户对现有形式端游习以为常，但面对页游与新兴移动游戏产业的冲击，便捷性和创新性也令用户们更加欣喜。

而网页游戏增速放缓的原因是随着端游的游戏品质提升与手游的移动便携性影响，页游却普遍缺少独特性，同时高昂的开发成本与市场风险的提升也制约了 3D 网页游戏的普及。随着网页游戏市场产品研发及市场推广成本进一步攀升，网页游戏产业链上游竞争加剧，研发企业利润空间遭到挤压，市场生存压力增大。其中，突出的两点不容忽视：第一，精品化策略要求

① 数据来源：艾瑞咨询，笔者整理。

游戏产品内容和画质标准的提高，直接造成工期延长、薪资上涨，研发阶段的各项投入明显增加。2013年单款网页游戏的研发成本已经接近千万。第二，网页游戏用户不断成熟，对于游戏消费和广告点击愈加理性，结果导致广告转化率下降、有效点击次数减少、冲动消费几率变低，网页游戏的推广成本也自然上升。

相比之下，移动游戏用户的快速增长得益于智能终端普及率的进一步提升，同时也得益于移动游戏操作便利、迎合碎片化时间的特点。另外，移动游戏研发周期普遍在一至三个月之间，开发人员一般仅需四五名，相对于客户端游戏动辄上千万的研发投入，移动游戏的研发成本不到百万，推广期仅为一两个月，而且移动游戏的收入模型比较简单直接，大量"轻资本"团队、VC以及PE因而纷纷涌入移动游戏领域。

预计移动游戏未来还会保持持续高速增长，在整个游戏市场中的占比将会持续提升，并且有望带动整个游戏行业继续保持高速增长的态势。

二、2013年北京游戏公司并购频繁

进入2013年，A股上市公司出现游戏企业并购潮，总计22起并购案。并购游戏企业的上市公司，股价出现明显上涨趋势，涉及金额达到207.3亿元。值得注意的是，网络游戏中增速最快的是移动游戏，其并购总金额几乎同时媲美2013年中国智能手机用户付费总规模，详见如表1：

表1　2013年A股上市公司游戏企业并购案例①

序号	买方	买方所属行业	收购日期	卖方	核心领域	收购金额（亿元）	收购股份比例
1	梅花伞	服饰制造	2013年10月	游族	页游、手游	38.76	100%
2	浙报传媒	传　媒	2013年4月	边锋集团	端　游	32	100%

① 数据来源：艾瑞咨询。笔者整理。

续表

序号	买方	买方所属行业	收购日期	卖方	核心领域	收购金额（亿元）	收购股份比例
3	顺荣股份	汽车部件	2013年10月	三七玩	页游	19.2	60%
4	掌趣科技	游戏北京	2013年10月	玩蟹科技	手游	17.39	100%
5	大唐电信	电信	2013年6月	要玩	页游	16.8	100%
6	天舟文化	出版发行	2013年8月	神奇时代	手游	12.54	100%
7	神州泰岳	软件开发	2013年8月	壳木	手游	12.15	100%
8	博瑞传播	传媒	2013年7月	漫游谷	页游	10.36	70%
9	掌趣科技	游戏	2013年10月	上游信息	手游	8.14	70%
10	星辉车模	玩具	2013年10月	天拓东	页游	8.12	100%
11	掌趣科技	游戏	2013年2月	动网先锋	页游	8.1	100%
12	华谊	影视	2013年7月	广州银汉	手游	6.72	50.88%
13	奥飞动漫	动漫	2013年10月	爱乐游	手游	3.67	100%
14	中青宝	游戏	2013年8月	美峰数码	手游	3.57	51%
15	奥飞动漫	动漫	2013年10月	方寸	手游	3.25	100%
16	凤凰传媒	传媒	2013年8月	慕和网络	手游	3.1	64%
17	神州泰岳	软件开发	2013年9月	中清龙图	手游	2	20%
18	中青宝	游戏	2013年8月	苏摩	页游	0.87	51%
19	旋极信息	计算机软硬件开发	2013年7月	索乐软件	手游	0.57	18%
20	华策影视	影视	2013年5月	幻游互动	手游	0.048	20%
21	朗玛信息	软件开发	2013年8月	梦城互动	手游	0.03	35%
22	朗玛信息	软件开发	2013年4月	网阳娱乐	手游	0.02	35%

根据表1基本信息，笔者又分别从买/卖方领域、行业、地域、游戏种类等方面进行对比分析，如表2所示：

表2　2013年A股上市游戏企业单因素对比

<table>
<tr><td rowspan="15">买方分类占比分析</td><td colspan="3">游戏行业占比分析</td><td rowspan="15">卖方分类占比分析</td><td colspan="3">游戏行业占比分析</td></tr>
<tr><td>买方领域</td><td>企业数量占比</td><td>金额占比</td><td>卖方领域</td><td>企业数量占比</td><td>金额占比</td></tr>
<tr><td>游戏行业</td><td>23%</td><td>18%</td><td>游戏行业</td><td>100%</td><td>100%</td></tr>
<tr><td>非游戏行业</td><td>77%</td><td>82%</td><td>非游戏行业</td><td>0%</td><td>0%</td></tr>
<tr><td colspan="3">文化产业行业占比分析</td><td colspan="3">文化产业行业占比分析</td></tr>
<tr><td>买方领域</td><td>企业数量占比</td><td>金额占比</td><td>卖方领域</td><td>企业数量占比</td><td>金额占比</td></tr>
<tr><td>文化产业</td><td>68%</td><td>18%</td><td>文化产业</td><td>100%</td><td>100%</td></tr>
<tr><td>非文化产业</td><td>32%</td><td>82%</td><td>非文化产业</td><td>0%</td><td>0%</td></tr>
<tr><td colspan="3">并购案例地域占比分析</td><td colspan="3">并购案例地域占比分析</td></tr>
<tr><td>买方领域</td><td>企业数量占比</td><td>金额占比</td><td>卖方领域</td><td>企业数量占比</td><td>金额占比</td></tr>
<tr><td>北京地区</td><td>36%</td><td>35%</td><td>北京地区</td><td>23%</td><td>20%</td></tr>
<tr><td>长江三角洲</td><td>27%</td><td>26%</td><td>长江三角洲</td><td>50%</td><td>54%</td></tr>
<tr><td>珠江三角洲</td><td>23%</td><td>9%</td><td>珠江三角洲</td><td>18%</td><td>16%</td></tr>
<tr><td>其他地区</td><td>14%</td><td>30%</td><td>其他地区</td><td>9%</td><td>10%</td></tr>
</table>

<table>
<tr><td colspan="3">并购案例游戏结构占比分析</td></tr>
<tr><td>游戏分类</td><td>数量占比</td><td>金额占比</td></tr>
<tr><td>端　游</td><td>5%</td><td>15%</td></tr>
<tr><td>页　游</td><td>30%</td><td>40%</td></tr>
<tr><td>手　游</td><td>65%</td><td>45%</td></tr>
</table>

数据来源:艾瑞咨询。笔者整理

由表2可知,由于2013年的游戏热,参加投资并购的买方企业大部分为文化产业类,并且之前没有游戏业务。非游戏类的文化产业公司进军游戏业务已成为一种潮流。在整个2013年投资并购活动中,手游的数量占比65%,金额占比45%,均占有较大的优势,手机游戏也将成为未来资本市场投资的主要目标。

北京地区的游戏公司当中,作为买方企业,17家参与并购的公司中北京占有5家,参与22个并购项目中的8项,企业收购共计71.87亿元人民币,占据涉及金额总数的35%;而作为卖方企业,22家被收购公司中,北京企业占据5席,卖出股份共计42.32亿元人民币,占据涉及金额总数的

20%。因此,与其他省市相比,北京游戏企业在全国资本市场格局中尚处于主体地位。不仅如此,北京游戏企业创造的几例成功并购案,不可谓不“漂亮”:

2013 年 7 月 16 日,总部位于首都的百度宣布 19 亿美元全资收购网龙旗下子公司 91 无线,成为中国互联网有史以来最大的并购案,91 无线拥有国内主要的移动应用分发渠道 91 助手和安卓市场,百度通过此次并购可以加强移动端入口的控制能力。

北京掌趣科技有限公司以 8.1 亿收购海南动网先锋网络科技有限公司① 100%股份,溢价倍数为 15 倍,相当于 2012 年的整年净利润。其支付方式为发行股份和支付现金相结合,其中超募资金支付 2.93 亿元,通过定向增发募资 2.7 亿元支付。这是 2013 年北京地区比较成功的一起并购案例,之后双方在手游页游上分工配合,共创新业绩。

北京大唐电信科技股份有限公司以 16.99 亿元人民币收购广州要玩娱乐② 100%股份,溢价倍数达 14.7 倍,65%的对价以发行股份的方式支付,35%的对价以现金支付。被并购方的知名产品为代理《西游后传》、《决战王城》、《屠龙传说》等。

北京华谊兄弟传媒股份有限公司以数额 6.72 亿收购广州银汉科技③ 50.88%股权,以银汉科技净资产 8323.37 万元计算,溢价倍数为 15.87 倍。采取定增结合现金,其中拟向银汉科技股东发行股份支付对价 2.24 亿元,剩余 4.48 亿元以现金支付。

北京神州泰岳软件股份有限公司以数额 2.15 亿收购北京壳木软件有

① 被并购方知名产品有《西游降魔》、《战斗三国》、《寻侠》等移动版网络游戏,并承诺 2013、2014、2015 年实现的净利润分别不低于人民币 7485 万、9343 万、11237 万元,年均增速分别为 31%、25%、20%。

② 广州要玩娱乐 2012 年净利润 2701 万元,2013 年一季度营收 1.24 亿元,净利 3079 万元,并做了利润补偿的业绩承诺。

③ 银汉科技的知名产品有幻想西游、时空猎人。2013 年 1—6 月实现营业收入 9517.66 万元,净利润 5310.44 万元。银汉售股股东承诺在 2013、2014、2015 年将分别实现净利润 1.1 亿元、1.43 亿元和 1.859 亿元。

限公司①,以基准日壳木软件净资产计算溢价倍数约 26.98 倍。支付方式是现金+股权。

三、2013 年北京移动游戏热点分析

对于大众来说,每天带在身边的是手机而不是笔记本电脑,手机占据了我们绝大部分的零碎时间,下表统计数据显示,移动端游戏如今无处不在,并且无法割舍,成为手机软件中使用频率最高的“新宠”,如图 3 所示:

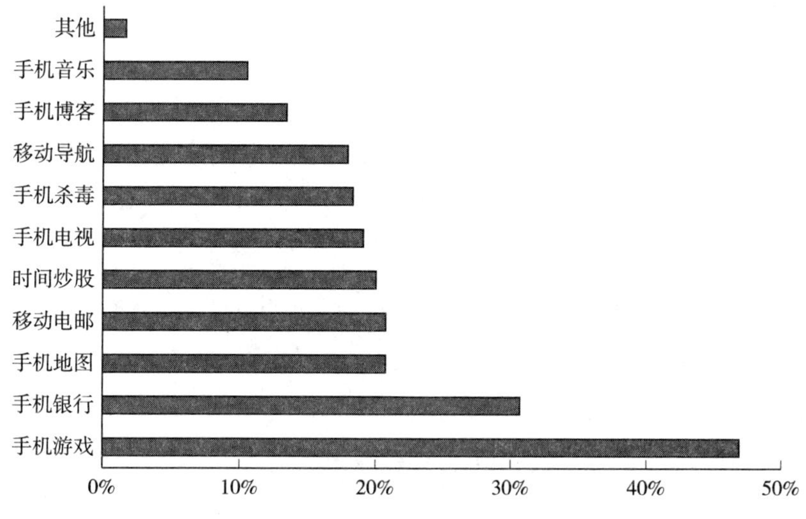

图 3 付费手机应用软件渗透率②

(一)2013 年移动游戏市场概况

2013 年移动游戏市场规模达百亿,同比增长 246.9%,其中智能机游戏增长趋势最为明显,市场占有率上升显著,用户规模和增幅率也是网络游戏三个主要行业中增幅最高的。

---

① 壳木软件知名产品有小小帝国,2013 年 1—6 月,营业收入和净利润分别为 4118.67 万元和 3363.03 万元。壳木软件承诺 2013—2016 年的净利润分别为 0.8 亿元、1.1 亿元、1.5 亿元和 2.0 亿元。

② 数据来源:易观国际。

移动网络游戏行业迎来大发展并不是偶然的，随着3G的普及和4G时代的到来，稳定的网络环境与流畅的网速，为移动游戏行业带来极大的发展契机。移动游戏具体的驱动因素主要包括：智能手机渗透率、硬件性能、大众对于付费娱乐内容的意愿，且智能手机渗透率持续提升。根据工信部的统计，截至2013年5月，移动电话用户数达11.65亿，其中3G用户达到3.04亿户，在移动电话用户中的渗透率达到26.1%，2013年以来平均每月提升1个百分点。2013年1—6月，全国手机出货量2.91亿部，其中3G手机出货量达2.05亿部，同比增长85.9%。随着一二线城市智能手机的更新换机潮已过，智能手机正逐渐向三四线城市渗透，普及的趋势将继续推动手机游戏用户群的增长。

手机网民规模的快速增长及其手机网民占整体网民比例的逐年上升，为移动游戏行业爆发式增长奠定了坚实的基础。数据表明，手机游戏是国内移动互联网用户中最受欢迎的免费或者付费应用形式，其用户渗透率分别达到78.4%和46.9%。

受到手游概念热炒的影响，2013年北京地区客户端游戏热度受到较大影响。主要体现在部分厂商、投资人及行业媒体对手游产品关注焦点的转移。由于用户需求、市场热度的增加，北京的大型游戏厂商开始拓展手游项目，部分中小型厂商也积极转型，许多创业团队也在不断崛起。

（二）移动手机游戏产业链

智能手机产业链自上而下为研发商、发行商、渠道商。

目前国内手游研发团队数以千计，知名手游研发公司30家左右，北京地区大型游戏企业代表有完美世界、搜狐畅游等，如表3所示：

表3　首都手游开发的知名企业

企　业	企业行为
掌趣科技	A股上市公司（300315），100人左右规模团队。2013年预计全年推50款左右iOS游戏，安卓推出5款游戏
触控科技	推出《捕鱼达人》系列，iOS装机量超过1.7亿，月收入过千万

续表

企　业	企业行为
神奇时代	推出《忘仙》,月收入过千万人民币
顽石互动	成立于2006年末,员工数量100人左右 主要产品:二战风云、契约 公司营收:2013年营业收入约两亿元人民币 融资:完成A、B两轮,由IDG资本、成为基金、挚信资本共同参与投资
胡莱游戏	2008年底成立的一家社交游戏公司,现在员工人数已接近300 主要产品:胡莱三国(iOS)、胡莱创业、江湖杀、将军、水晶时代 公司营收:据称2013年月营收千万级别 融资:2011年,公司已经完成由红杉资本领投、Greylock、贝塔斯曼等多家国际顶级风投公司跟投的2000万美金B轮融资

手游开发的企业当中,包括从传统功能机游戏转型而来的企业,也包括新设立专门针对智能手机平台开发游戏的企业。传统功能机手游公司面临向智能手游的转型,既具有优势,也存在劣势。优势在于已经积累了手游开发经验、用户资源、品牌影响力。传统手游开发商因为深知这些用户的需求,开发的游戏“更接地气”。但这些开发商的劣势同样在于其功能机的开发经验,因为功能机游戏多以单机游戏为主,而智能机手游的趋势是网游,因此在观念、经验等方面的不足是这些企业亟须重视的地方。

游戏产业链中的发行/运营商,负责游戏的发行及运营。目前国内专业代理发行公司较少,北京地区比较知名的发行商是触控科技、热酷、飞流等。

游戏产业链中的渠道商,负责游戏的分发。渠道商由于把控用户资源因而在产业链中占据较强话语权。国内主要的渠道平台可分为4类:

(1)操作系统厂商如Apple(AppStore)、Goolge(Goolge Market),提供游戏下载。

(2)终端厂商如华为、中兴、小米等等,负责游戏预装。

(3)电信运营商(移动、电信、联通),负责游戏预装、推送、下载。

(4)移动互联网入口如360、91、UCweb、当乐、安智、机锋等。

2013年,中国移动互联网以及游戏行业的竞争愈演愈烈,移动互联网入口的争夺进入白热化阶段,其中应用分发渠道成为主要战场,而对于众多移动分发平台而言,移动游戏是其中营收占比最大的一部分,在北京本地公司百度并购91无线的案例中,91在Android和iOS两大渠道上均占据较大的优势,特别是移动游戏领域方面的商业化也相较行业起步较早。目前,移动互联网最重要的商业模式即移动游戏,百度通过并购91,联合旗下百度助手和多酷平台,成为中国最大的移动端流量入口之一。

(三)2013年首都移动游戏公司新动向

2013年北京地区游戏公司对客户端游戏投入的增长主要依赖大型游戏公司的运作。包括搜狐畅游、完美世界等端游公司正在从研发、运营、代理、出口、营销等多方面刺激着北京地区游戏产业的活力。产品成功的代表有完美旗下的《笑傲江湖》、《圣斗士星矢》,畅游旗下的《新天龙八部》。由于北京地区的大型游戏公司产品规划相对健全,客户端游戏的增长在稳定上升,未来两年内仍有增长趋势。尽管如此,年末受到腾讯旗下《剑灵》等超大量级产品上线的影响,北京地区仍有许多端游厂商选择了延后发行大作。而以像素科技为代表的中型研发公司,则通过精品化的端游研发、出售,在北京端游市场仍占据一定地位。

由于产业结构进一步集中、端游格局基本稳定、手游转移市场注意力等因素,仍坚持端游研运的中小型企业,受到了大型端游厂商的较大冲击,其中有相当一部分小型厂商端游产品未能吸引足够用户而倒闭或转型。

同全国趋势一致,2013年北京地区出现了较多的手游初创团队。诸如触控科技等手游大型研发公司,在旗下现有产品成功的基础上,正开始向手游代理发行、影视跨界合作、手游海外出口等方向延伸。

此外,还有以蓝港在线、昆仑万维等为代表的从端、页游领域转型而来的手游公司。转型后的公司大部分将业务重心转向手游,原有端游业务基本不再新增项目。由于具备一定研发实力以及项目规划经验,这些厂商在进军手游领域后都有不错发展。

相比之下,北京地区端游大厂在手游方面的转型投入相对迟缓。虽然比起中小团队具备更强大的研发实力及渠道能力,但受庞大的公司架构等因素的影响,它们并未完全适应快速、激烈的手游竞争。

四、2014 年北京网络游戏行业预测

互联网用户的网上娱乐时间呈现碎片化趋势,导致游戏时间和玩法更加灵活的网络游戏日益受玩家青睐。一方面,大型多人在线角色扮演类游戏(MMORPG)市场规模增长日趋放缓,抑制了整体网游市场的增长;另一方面,高级休闲游戏、网页游戏和手机游戏市场则进入了快速扩张的通道,未来空间巨大。

2013 年,中国移动游戏获得了质的飞跃,全年市场规模近百亿,同比增长率成几何倍数增长,智能终端红利成为行业增长的助燃剂。同全国趋势一致,今年北京地区的游戏产业的热度被手游抢尽风头,但由于其资金量少、研发周期短的特点,端游市场仍是该地区游戏业发展的重头。大型厂商在保持现有业务稳健增长的情况下,也开始涉足手游。大中型手游企业在 2013 年都有不错收获,并开始多元化发展。

北京地区产业结构较为全面,游戏产业占整体比重并不大,在政府扶持上并未有太大变化。由于文化部近期对手游市场的整顿,北京地区手游市场的乱象有望在一定程度上被遏制。

随着国家不断出台的游戏产业政策推进和 2014 年智能机市场进一步提高用户保有量,用户移动游戏行为愈加频繁和稳定。根据首都和国内外各大研发商、发行商和渠道商从产品到平台整个产业链持续发展,可以预测:2014 年智能移动游戏市场将保持近百分百的同比增速,全球化、资本化、版权化和全产业链化的特征将更为明显。2014 年也将会有更多的跨业整合,上下游抱团合作与融合的趋势。

首都网站年度新动态与典型案例分析

Annual Development and Typical Cases of Capital Internet

北京地区大学生社交媒体使用行为及社会媒体素养情况调查

金兼斌　徐　煜*

摘　要：本文数据基于清华—人人社会化媒体研究中心 2013 年 3—4 月期间对 112 所国内著名大学的人人网活跃用户所作的一项调查。本报告选取其中涉及到北京地区 27 所高校的学生的数据进行分析，分析的重点是对北京地区大学生的社交媒体使用情况、社会媒体素养状况，以及两者之间的关系。基于作者此前提出的社会媒体素养测量量表，本次调查应该是第一次比较系统、科学地对北京地区大学生的社会媒体素养情况进行调查，得到了一系列具有启发性的发现和初步结论，为后续的深入研究奠定了基础。

关键词：社会媒体　社交网站　社会媒体素养　媒体使用行为

一、社会化媒体的勃兴与社会媒体素养概念的提出

近年来，以博客、微博、社交网络为代表的社会媒体的异军突起，深刻地改变了我们所处的社会信息传播环境。社会化媒体在我们的媒体生态中正占据越来越重要的位置，这可以从人们花在关注和处理微博、微信，以及各

---

* 金兼斌，清华大学新闻与传播学院教授。徐煜，清华大学新闻与传播学院硕士研究生。本文写作得到教育部人文社会科学重点研究基地清华大学高校德育研究中心重大项目《网络社区文化与青年发展研究》的支持。

种社交媒体上的时间和日均次数等指标上看出，也可以从人们围绕这些社会化媒体应用平台进行的各种各样的内容生产——包括写作、分享、点评/赞、转发等方式和手段——上看出。各种社会化媒体平台正日益成为人们日常工作、学习、生活中时间花费和交互活动至为重要的依赖平台和渠道。与此同时，在西方学术界，也有学者开始提出社会媒体素养（social media literacy）的概念。例如，Collin 等人（2010）提出了多个新技术环境下的媒介素养新兴议题，包括技术素养、批判内容素养、社交素养（social networking literacy）、内容创造素养、视觉素养以及移动技术素养等。Vanwynsberghe、Boudry 和 Verdegem（2012）指出，社会媒体素养是个体适当使用社会媒体工具来进行批判性分析、评估、分享和创造社会媒体内容的能力。Rheingold（2010）则认为，社会媒体素养应包含注意（attention）、参与（participation）、合作（collaboration）、网络意识（network awareness）、批评性消费（critical consumption）五个方面。社会媒体素养概念的提出与信息素养、数字素养、互联网素养等概念一起，反映了不同社会环境中的信息传播环境的演变与特征，细化并丰富着媒介素养的基本内涵。从文献看，尽管不少研究都涉及对社会媒体素养的概念探讨，但迄今仍鲜见对此概念的操作化定义及其测量有效性验证。基于此，我们首先对社会化媒体素养进行了操作性定义（金兼斌、徐煜、刘于思，2013）。

具体而言，我们认为社会媒体素养应该包括以下四个维度：（1）社会媒体使用技能（technical skills）。所谓使用技能，是指用户使用社会媒体所提供的各种功能的能力，如通过社会媒体设定个人页面以获取内容或生产内容，并知道如何利用网页提供的各种功能与他人进行多种形式的互动。在以社会媒体为代表的 web2.0 工具中，用户已经从过去单纯的媒介消费者（consumers）成为了媒介内容的主动生产者（producers）（Ostman，2012），而这也要求用户在除阅读和理解之外掌握基本的互动性的操作技能。（2）社会媒体社交意识（social interaction awareness）。所谓社交意识，是指通过社会媒体与他人取得联系，与他人进行互动，并参与社交活动的自觉意识和实际行动。与传统 web2.0 平台所不同的是，社会媒体整合了传播内容和社会关系的双重因素。社会媒体的技术本身降低了网络成员内部的沟通成本,帮助人们维系更大规模的社会网络,它对日常生活中强连带的维系与巩固,对弱连带的建立,都可以起到重要的促进作用(Ellison, Steinfield & Lampe, 2007)。(3)社会媒体批判意识(critical thinking)。所谓批判意识,是指在社会媒体上甄别和查证信息来源、传播意图、内容质量及其后果的能力。在中国本土的情境中,网络信息秩序的混乱(金兼斌,2011)、网络谣言的盛行(周裕琼,2012)、网络极化现象的滋生(乐媛、杨伯溆,2010)都反映出社会媒体中信息的良莠不齐,各种干扰正常网络使用的力量和现象大量存在,因此,网民对社会媒体中呈现的信息、事件和现象的识别和判断能力,变得十分重要。(4)社会媒体功能利用(effective utilization)。所谓功能利用,是指深度运用社会媒体中的各类功能,使其服务于个人教育、工作、社会关系、健康和社会参与等方面的能力。在这里,社会媒体中的功能利用不仅仅是简单学会相关的技术操作(这属于前述第一个维度的内容),它更涉及如何将具有社会动员、认同凝聚作用的社会媒体平台内所嵌入的网络资源,转化为现实的、能为我所用的优势和利益(吴畅畅,2012;Vitak & Ellison,2013)。

在对社会媒体素养进行上述概念化定义之后,我们进一步对之进行操作化测量设计,提出社会媒体素养量表,见以下研究设计部分。

二、研究设计

(一)数据收集

本研究的数据来源是清华—人人社会化媒体研究中心在 2013 年 3 月 15 日至 2013 年 4 月 15 日期间执行的一项问卷调查。该调查的研究总体(study population)是人人网活跃用户中就读于全国 112 所著名高校的本科生和研究生(包括硕士生和博士生)。人人网活跃用户被定义为在 2012 年 12 月到 2013 年 2 月期间,每个月都登陆过其注册的个人账号的人人网用户。该调查所采用的抽样方式是不等比分层随机抽样,研究者预先设定在每所被调查高校中抽取 200 名活跃用户,因此目标样本总体规模为 22400

名。随后,研究者通过人人网平台的信息发布系统,利用清华—人人社会化媒体研究中心的官方人人账号向目标受访者发放站内信,邀请他们自愿填答问卷。为提高应答率,受邀用户成功完成答卷后将自动获得一次抽奖机会,奖品包括价值4000元的苹果系列产品以及50元、20元、10元不等的糯米券,平均中奖率约30%。

基于我们的经验估计和预调查试验,本次调查首先从前述调查研究总体中按应答率(response rate)4.52%、各个高校目标有效子样本量200人进行设计,抽取出440555名前述定义下的人人网活跃校内大学生用户,向他们发出参与调查邀请。在历时一个月的时间里,调查者通过人人网的内部提醒系统向受邀而未填答问卷的用户发出4轮提醒,以尽量保证抽样设计的有效性。

调查最终回收问卷20958份,其中与本研究相关变量直接有关的有效问卷数为20758份,有效问卷回收率为4.712%,在95%的置信度下,其最大误差不会超过正负0.67%。

在用户填答问卷的同时,本研究还运用数据挖掘(data mining)技术抓取了用户在人人网上的媒介使用行为情况。

本文主要介绍北京地区大学生的社交媒体使用情况以及他们的社会媒体素养情况,因此,以下分析结果基于的样本来自于以上调查中就读于27所北京高校的5064名被试。这27所高校包括了北京地区26所211工程院校,以及中国协和医学院,其在总体样本中的频数分布,如表1所示。

表1　样本中各高校子样本分布情况(N=5064)

高　校	频　数	百分比	累积百分比
清华大学	215	4.2	4.2
北京大学	187	3.7	7.9
中国人民大学	204	4.0	12.0
北京航空航天大学	148	2.9	14.9
北京邮电大学	270	5.3	20.2

续表

高　校	频　数	百分比	累积百分比
北京师范大学	239	4.7	24.9
中国传媒大学	224	4.4	29.4
北京科技大学	228	4.5	33.9
中国农业大学	227	4.5	38.3
北京理工大学	233	4.6	43.0
北京林业大学	208	4.1	47.1
北京交通大学	193	3.8	50.9
中国矿业大学(北京)	146	2.9	53.8
北京工业大学	177	3.5	57.2
北京化工大学	198	3.9	61.2
中国政法大学	195	3.9	65.0
对外经济贸易大学	178	3.5	68.5
中央民族大学	186	3.7	72.2
中国地质大学	178	3.5	75.7
北京中医药大学	138	2.7	78.4
中央财经大学	260	5.1	83.6
中国石油大学(北京)	162	3.2	86.8
北京外国语大学	234	4.6	91.4
华北电力大学	190	3.8	95.1
中国协和医学院	70	1.4	96.5
北京体育大学	148	2.9	99.4
中央音乐学院	28	.6	100.0

(二)关键概念的测量

本文主要报告北京地区大学生的社交媒体使用情况以及他们的社会媒体素养情况,涉及两个关键概念:社交媒体使用和社会媒体素养。以下分别对其进行操作性定义。

1.社交媒体使用

在本调查中,我们主要考察被调查者的人人网使用情况。把大学生的社交媒体使用简化为人人网使用情况当然有很多的问题。但本研究的重点，旨在对北京市范围内最重要的27所高校的学生，在社交媒体使用和社会媒体素养方面的情况进行比较。人人网的使用情况，应该在很大程度上可以有效反映大学生们的社交媒体乃至社会媒体的使用情况，特别是从相对比较的角度看，其表征意义更为明显。显然，这里我们有一个潜在的假设，即不同高校大学生们总体的社交媒体乃至社会媒体使用情况（通过以下三个具体指标来测量），是与不同高校大学生们的人人网使用情况有对应性的。鉴于人人网仍然是中国大学生群体中最普及、影响最大的社交网络平台，这样的对应性假设是有其合理性的。具体而言，我们通过以下三个指标来描述大学生的社交媒体（人人网）使用情况：

（1）一般使用频率。它在本研究中被具体操作化为用户在2012年12月至2013年2月期间使用过人人网的天数。

（2）关系使用强度。它在本研究中被具体操作化为用户的好友数。

（3）内容使用强度。它在本研究中被具体操作化为以下三个维度：相册数；日志数；状态数。

2.社会媒体素养

社会媒体素养概念具有一般意义，其概念定义前已作了详细阐述。关于其操作定义，在本研究中，我们在其各维度中对“社会媒体”的对应使用中，也具体化为对“社交媒体”的使用。

具体来说，“社会媒体素养”的测量量表包含了上述使用技能、社交意识、批判意识、功能利用四个子维度共15个题项。其中，“使用技能”的下属题项包括：“我知道如何在社交媒体上使用‘@’功能”、“我知道如何在社交媒体上搜索我想找的人或内容”、“我知道如何在社交媒体上设定我发布内容的公开程度”、“我知道如何在社交媒体上发起投票”；“社交意识”的下属题项包括：“我通常会及时对我主页上的留言和评论作出回应”、“我现在很大程度上是通过社交媒体来了解我同学和朋友的动态的”、“我比较注意通过分享和评论/留言来表达我对同学和朋友的关心和支持”、“我经常忍不住想去查看我的主页里有没有新的来访或评论”；“批判意识”的下属题项包括:"当我对社交媒体上的某个内容有疑问时,我会通过其他途径来核实"、"当我看到社交媒体上有我所关心的信息或观点时,我会先看看是谁说的"、"社交媒体上很多产品或品牌的付费推广隐藏在普通用户发布的内容中的";"功能利用"的下属题项包括:"我常常能够在社交媒体上学到新知识"、"当要获取实习/招聘/求职信息时,我会想到并使用社交媒体"、"当要购买某种商品/服务时,我习惯于先在社交媒体上参考相关的信息"、"我经常在社交媒体上反映学校或社会问题"。使用技能、社交意识、批判意识、功能利用的得分等于各个下属题项加总后取均值的数值。社会媒体素养的得分等于使用技能、社交意识、批判意识、功能利用的得分加总后取均值的数值。

三、调查结果

(一)整体情况描述

北京地区高校学生的人人网使用行为与社会媒体素养的整体情况,如表2所示:

表2　北京高校学生的人人网使用行为与社会媒体素养描述性统计结果

	样本量	均　值	标准差
一般使用频率:活跃天数	5064	20.60	6.91
关系使用强度:好友数	3607	407.81	273.14
内容使用强度:相册数	2413	15.87	17.18
内容使用强度:日志数	2136	29.05	56.16
内容使用强度:状态数	2500	446.46	626.26
社会媒体使用技能	5064	4.24	.90
我知道如何在社交媒体上使用'@'功能	5064	4.56	1.01
我知道如何在社交媒体上搜索我想找的人或内容	5064	4.50	0.92

续表

	样本量	均　值	标准差
我知道如何在社交媒体上设定我发布内容的公开程度	5064	4.27	1.11
我知道如何在社交媒体上发起投票	5064	3.63	1.45
社会媒体社交意识	5064	3.96	.86
我通常会及时对我主页上的留言和评论作出回应	5064	4.16	1.03
我现在很大程度上是通过社交媒体来了解我同学和朋友的动态的	5064	4.01	1.08
我比较注意通过分享和评论/留言来表达我对同学和朋友的关心和支持	5064	3.85	1.13
我经常忍不住想去查看我的主页里有没有新的来访或评论	5064	3.81	1.22
社会媒体批判意识	5064	3.86	.85
当我对社交媒体上的某个内容有疑问时，我会通过其他途径来核实	5064	3.92	1.08
当我看到社交媒体上有我所关心的信息或观点时，我会先看看是谁说的	5064	3.89	1.08
社交媒体上很多产品或品牌的付费推广隐藏在普通用户发布的内容中的	5064	3.78	1.11
社会媒体功能利用	5064	3.43	.94
我常常能够在社交媒体上学到新知识	5064	3.78	1.12
当要获取实习/招聘/求职信息时，我会想到并使用社交媒体	5064	3.63	1.27
当要购买某种商品/服务时，我习惯于先在社交媒体上参考相关的信息	5064	3.54	1.33
我经常在社交媒体上反映学校或社会问题	5064	2.77	1.30
社会媒体素养总分	5064	3.87	.70

从上表可以看出，北京地区大学生使用人人网总体上还是比较活跃的

（请注意我们的调查对象都是所谓“活跃用户”），其在两个月内平均登陆次数为20次左右，即平均每3天会登陆一次人人网。大学生人人网活跃用户的平均好友数为408人，标准差273人，这反映了学生们在社交媒体上社会联系（social relationships）的一般规模，这也是我们评估信息和消息通过社交媒体进行链式扩散传播（如分享行为）效率水平的一个重要指标。标准差为273人，差异系数为0.67，反映出大学生们的社会联系规模差别程度中等。

内容使用强度反映了用户在使用社交媒体时的内容生产情况（即UGC生产），是用户社交媒体使用涉入度或黏着度的重要指标，本调查用相册数、日志数、状态数三个指标来进行操作性定义，其均值分别为15.9、29.1、446.5. 从这三个指标看，至少我们所调查的人人网活跃用户，其在社交媒体上的内容生产情况还是相当可观的。需要指出的是，这三个指标的标准偏差都比较大，差异系数都超过1，说明在内容生产方面，用户之间的差别很大。

关于社会媒体素养。总体而言，社会媒体素养得分为3.87，高于平均分3分，即大学生群体对自己的社会媒体素养情况总体上还是肯定和有自信的。但在社会媒体素养四个维度上差别比较大。大学生们自觉在社会媒体使用技能方面最为自信和满意，得分达到4.24/5，在社交意识和社交素养方面，得分也较高，达到3.96/5；相对而言，在批判意识和功能利用方面，大学生们对自己的评价不高，尤其是在利用社交媒体进行与学习、工作、生活相关的实用功能开发利用方面，大学生们觉得还是素养比较低，缺乏相关的意识和能力。

（二）不同高校相对排名：基于人人网的社交媒体使用行为

各高校之间，因为学校的综合实力、学生录取质量和偏重、课业压力、校园文化等方面的差异，在社交媒体（本研究中主要指人人网）使用方面，也可能会有显著的差别。表3就前述三大类五个使用行为指标进行了排名统计。

表 3　北京各高校学生人人网使用行为的排名

排名	活跃天数		好友数		相册数		日志数		状态数	
1	北京大学	24.66	清华大学	599.02	中央民族大学	21.29	北京中医药大学	46.60	中国人民大学	585.40
2	清华大学	23.81	中国人民大学	546.10	北京师范大学	19.64	北京师范大学	44.51	北京体育大学	555.04
3	北京航空航天大学	23.60	北京大学	508.37	清华大学	18.37	中国协和医学院	43.25	中国地质大学	538.87
4	中国人民大学	23.37	北京外国语大学	482.96	北京航空航天大学	18.28	中国矿业大学（北京）	38.37	中央财经大学	523.18
5	北京科技大学	22.29	中国政法大学	451.32	北京科技大学	18.24	对外经济贸易大学	35.80	北京科技大学	517.88
6	北京交通大学	22.01	中国传媒大学	442.55	北京林业大学	18.09	中国人民大学	34.77	北京林业大学	511.05
7	北京理工大学	22.00	对外经济贸易大学	424.98	北京外国语大学	17.77	中国政法大学	31.26	华北电力大学	509.90
8	北京外国语大学	21.11	中央财经大学	416.73	中国传媒大学	17.46	清华大学	30.94	北京外国语大学	502.42
9	中国农业大学	20.95	北京师范大学	409.25	中国人民大学	17.18	北京大学	30.60	北京航空航天大学	494.16
10	北京师范大学	20.85	北京航空航天大学	402.07	中国协和医学院	16.20	北京林业大学	30.47	北京中医药大学	487.57
11	北京邮电大学	20.79	北京科技大学	399.23	中国农业大学	15.87	北京科技大学	30.29	清华大学	475.53
12	北京林业大学	20.71	北京体育大学	397.27	中央财经大学	15.57	中国传媒大学	29.91	北京理工大学	472.18
13	对外经济贸易大学	20.71	中央民族大学	386.56	北京体育大学	15.48	北京航空航天大学	28.97	北京师范大学	449.54
14	中国传媒大学	20.56	中国石油大学（北京）	384.59	中国政法大学	15.35	北京化工大学	27.74	中国政法大学	447.77
15	北京化工大学	20.40	中国农业大学	382.42	北京邮电大学	15.19	中央民族大学	27.29	北京化工大学	438.02

续表

排名	活跃天数		好友数		相册数		日志数		状态数	
16	北京工业大学	20.27	北京交通大学	380.45	北京大学	14.87	北京邮电大学	26.02	中央民族大学	422.38
17	华北电力大学	20.06	北京邮电大学	369.78	华北电力大学	14.85	中国地质大学	25.32	中国传媒大学	419.85
18	中央财经大学	19.89	北京林业大学	361.24	北京理工大学	14.65	中央财经大学	24.90	北京邮电大学	416.95
19	北京体育大学	19.47	北京理工大学	354.84	中国地质大学	14.11	中国石油大学（北京）	24.69	中国石油大学（北京）	411.61
20	中央民族大学	19.08	北京工业大学	351.23	北京化工大学	13.63	北京理工大学	24.48	北京交通大学	407.05
21	中国石油大学（北京）	18.68	中国矿业大学（北京）	350.82	北京中医药大学	13.61	北京外国语大学	24.27	中国农业大学	390.23
22	中国政法大学	18.57	中国地质大学	349.21	中国石油大学（北京）	13.61	北京工业大学	24.02	北京大学	374.25
23	中国地质大学	16.93	北京化工大学	348.42	北京交通大学	13.56	中国农业大学	22.41	对外经济贸易大学	344.16
24	中国矿业大学（北京）	16.91	中央音乐学院	344.67	中央音乐学院	13.21	北京交通大学	22.08	中央音乐学院	326.63
25	中国协和医学院	16.76	华北电力大学	321.64	对外经济贸易大学	13.05	华北电力大学	19.86	北京工业大学	323.55
26	中央音乐学院	16.56	中国协和医学院	309.36	北京工业大学	12.99	北京体育大学	18.63	中国协和医学院	266.97
27	北京中医药大学	15.72	北京中医药大学	306.65	中国矿业大学（北京）	9.88	中央音乐学院	11.71	中国矿业大学（北京）	245.69

从表3可以看出，就上社交网站活跃程度而言，一些综合性排名靠前的大学，如北大、清华、北航、人大等，学生相对活跃；就好友规模而言，清华、北

大、人大学生的好友规模明显比其他大学的学生大，也许部分地反映这些学校所依附的大学品牌的知名度和光环，对于吸引更多的人主动提出好友请求有正面影响，当然这样的推测有待通过实证检验；至于内容生产，包括相册数、日志数、状态数等，则总体上趋势不是很明显，但也可以看出一些趋势性端倪。如医学和师范类学生的日志数量似乎明显比其他大学的学生多，这其中的原因，也许跟医学和师范类学生的学习、训练（如实习较多）有关，但这也只是猜测；而就状态数而言，体育、地质、财经等院校学生则比较多，也许跟这些大学的学生有更多的户外活动机会相关。总之，不同大学特别是不同类型的大学的学生不同的社交媒体使用方式，给我们进一步探究社交媒体与大学生生活方式之间可能的联系提供了诸多的切入点和由头。

（三）不同高校排名：社会媒体素养

下面我们报告不同高校学生在社会媒体素养上的排名情况，具体结果如表4所示。

表4 各高校学生社会媒体素养排名

排名	社会媒体素养		使用技能		社交意识		批判意识		功能利用	
1	中国传媒大学	4.11	中国传媒大学	4.54	中国传媒大学	4.15	中国传媒大学	4.10	对外经济贸易大学	3.66
2	对外经济贸易大学	4.05	对外经济贸易大学	4.44	对外经济贸易大学	4.10	对外经济贸易大学	4.00	中国传媒大学	3.66
3	北京外国语大学	3.97	北京外国语大学	4.43	北京师范大学	4.06	北京外国语大学	3.97	北京林业大学	3.59
4	北京师范大学	3.96	清华大学	4.40	清华大学	4.01	北京体育大学	3.93	北京体育大学	3.54
5	北京邮电大学	3.95	北京邮电大学	4.38	北京交通大学	4.01	中央财经大学	3.93	中央财经大学	3.52
6	北京林业大学	3.95	北京师范大学	4.36	北京体育大学	4.01	华北电力大学	3.91	北京师范大学	3.52
7	北京体育大学	3.93	中国人民大学	4.33	北京林业大学	4.00	清华大学	3.91	北京邮电大学	3.51

续表

排名	社会媒体素养		使用技能		社交意识		批判意识		功能利用	
8	中央财经大学	3.92	北京林业大学	4.31	北京航空航天大学	3.98	北京邮电大学	3.91	北京外国语大学	3.50
9	清华大学	3.89	中央财经大学	4.29	北京邮电大学	3.98	北京航空航天大学	3.91	中央民族大学	3.46
10	华北电力大学	3.88	华北电力大学	4.26	中国农业大学	3.97	北京科技大学	3.88	北京工业大学	3.45
11	北京航空航天大学	3.87	北京航空航天大学	4.24	北京外国语大学	3.97	北京林业大学	3.88	华北电力大学	3.43
12	中国农业大学	3.86	北京体育大学	4.23	中国石油大学（北京）	3.96	北京师范大学	3.87	中国农业大学	3.43
13	中国人民大学	3.86	中国农业大学	4.21	北京理工大学	3.95	中国人民大学	3.86	北京科技大学	3.42
14	中国石油大学（北京）	3.85	中国政法大学	4.21	北京工业大学	3.94	中国政法大学	3.85	北京化工大学	3.42
15	中央民族大学	3.84	中国石油大学（北京）	4.19	中央财经大学	3.94	中国石油大学（北京）	3.84	中国地质大学	3.41
16	北京科技大学	3.84	中央民族大学	4.17	北京科技大学	3.94	北京化工大学	3.84	中央音乐学院	3.40
17	北京交通大学	3.84	北京大学	4.17	华北电力大学	3.94	中国农业大学	3.83	中国石油大学（北京）	3.40
18	北京工业大学	3.83	北京科技大学	4.15	中国协和医科大学	3.93	北京交通大学	3.82	北京交通大学	3.39
19	中国政法大学	3.82	北京工业大学	4.14	中央民族大学	3.92	中央民族大学	3.82	中国政法大学	3.37
20	北京化工大学	3.79	北京交通大学	4.14	中国地质大学	3.92	北京理工大学	3.80	北京航空航天大学	3.35
21	中国地质大学	3.79	中央音乐学院	4.13	中国人民大学	3.91	北京大学	3.79	北京中医药大学	3.33

续表

排名	社会媒体素养		使用技能		社交意识		批判意识		功能利用	
22	北京大学	3.77	北京化工大学	4.08	北京中医药大学	3.89	中国地质大学	3.79	中国人民大学	3.32
23	北京理工大学	3.75	北京中医药大学	4.08	北京大学	3.88	北京工业大学	3.76	中国矿业大学	3.29
24	北京中医药大学	3.74	北京理工大学	4.06	北京化工大学	3.85	中国矿业大学	3.68	北京大学	3.26
25	中国协和医科大学	3.71	中国地质大学	4.04	中国政法大学	3.84	中国协和医科大学	3.67	清华大学	3.24
26	中央音乐学院	3.69	中国协和医科大学	4.03	中国矿业大学	3.80	北京中医药大学	3.64	北京理工大学	3.22
27	中国矿业大学	3.68	中国矿业大学	3.96	中央音乐学院	3.60	中央音乐学院	3.61	中国协和医科大学	3.20

从上表可以看出,中国传媒大学的学生的社会媒体素养最高,其次是对外经贸大学、北京外国语大学、北京师范大学、北京邮电大学、林业大学、体育大学、财经大学、清华大学和华北电力大学的学生。总体而言,社会媒体素养排名靠前的大学,多为偏人文社科类的大学,邮电大学的学生因为所学本身和信息传播技术关联比较大,所以比较特别;传媒大学的学生排名首位,其实并不意外,因为社会媒体素养概念毕竟和媒介素养一脉相承,内涵也多有交叉重叠,传媒大学的学生有较高的传媒素养是合情合理的。对外经贸大学的学生的社会媒体素养也比较高,应该也和其大学专业特点的要求相关——当今经贸活动,从国际贸易到电子商务,无不需要从业者具有较高的社会化媒体素养,才能充分利用社会化媒体勃兴所带来的机遇。

具体到各个不同的维度。中国传媒大学和对外经贸大学学生在所有四个维度的素养上都表现突出且平衡,占据了一二名位置;北外学生在使用技能、批判意识、功能利用方面,都表现优秀;清华大学学生则在使用技能、社交意识和批判意识方面名列前茅。清华学生在社交媒体使用技能上名列前茅比较容易理解,其在社交意识上也比较靠前,也许多少反映了素来以沉稳内敛著称的清华学生希望借助社交网络在社交生活方面有所突破的心理诉求，当然这也只是猜测。值得关注的是，利用社交媒体为其学习、工作、生活的实用目的服务的意识和能力，排名靠前的多是专业类大学（而非传统的综合性大学）学生，个中缘由，也是值得进一步探究的。

四、进一步探讨：社会媒体素养的可能影响因素

最后，我们探讨大学生社会媒体素养的一些影响或关联因素。我们检验的基本方法是确定可能的相关因素或解释性因素后，以社会媒体素养的情况对这些因素进行回归分析。因此，检验总共分五个模型。其中模型1是整体社会媒体素养的影响因素回归分析模型；模型2—模型5则是社会媒体素养概念的四个维度分别对所确定的可能解释因素进行归因分析，具体结果见表5。

表5　社会媒体素养及各个子维度的多元线性回归模型的预测结果

	模型一：社会媒体素养	模型二：使用技能	模型三：社交意识	模型四：批判意识	模型五：功能利用
第一层：人口统计学变量					
性别（0=女）	.03	.03	.07 *	-.02	.01
年龄	-.14 ***	-.19 ***	-.09 *	-.07	-.08 **
学历（0=本科生）	-.02	.01	.05	-.04	-.08 **
家乡（0-非城市）	.15 ***	.17 ***	.05	.10 **	.14 ***
平均每月生活支出	.03	.06 *	.01	.04	-.01
ΔR^2（%）	6.6 ***	9.4 ***	1.4 ***	2.9 ***	5.4 ***
第二层：社交媒体使用行为					
一般使用频率：活跃天数	.04	.02	.09 **	.03	.00
关系使用强度：好友数	.07 *	.05	.07 *	.06 *	.03
内容使用强度：相册数	.05	.07 *	.03	-.01	.06
内容使用强度：日志数	.01	.00	-.00	.05	.01

续表

	模型一：社会媒体素养	模型二：使用技能	模型三：社交意识	模型四：批判意识	模型五：功能利用
内容使用强度：状态数	.11 **	.13 ***	.10 **	.05	.07
ΔR^2（%）	3.7 ***	3.9 ***	3.3 ***	1.5 ***	1.4 ***
调整后的 R^2（%）	9.8 ***	12.8 ***	4.0 ***	3.7 ***	6.2 ***

a. * $p < 0.05$, ** $p < 0.01$, *** $p < 0.001$
b.表格中的系数均为标准化回归系数β
c.相册数、日志数、状态数均为取对数后所得到的数值

从表5可以看出，我们考虑的因素主要是两类：一是所谓的人口统计变量，包括性别、年龄、学历、家乡所在地是农村还是城市、平均每月生活支出等；第二类是社交媒体使用行为，包括一般使用频率即社交媒体使用活跃程度、关系强度或社会关系规模、内容生产情况（相册数、日志数、状态数等）。

从表5的分析结果看，人口统计变量中，年龄越大的学生社会媒体素养越低，反映了低年级学生对社会媒体的使用更为倚重和重视；来自城市的学生，其社会媒体素养明显比来自非城市的学生要高；而性别、学历、评价每月生活支出等因素，则对一个人的社会媒体素养没有显著影响。这个结论是颇具启发性的，即社会媒体素养与性别和学历无关，也无关一个人的经济状况。这一事实部分说明了对当今的大学生而言，使用社会媒体——无论是通过电脑还是智能手机——都比较普遍且可负担。上网已经成为一种最普通不过的日常活动。人口统计变量总共解释了社会媒体素养方差的6.6%，是显著有效的一组的影响/解释变量。具体到人口变量对社会媒体素养的四个子维度的影响，总体上与社会媒体素养的影响关系基本相同。但对社交意识而言，男性比女性有轻微但明显的优势（似乎与日常印象不太符合！）；而家乡是否来自城市则对其社交意识影响不大；学历唯一影响的是功能利用，学历越高，越倾向于不去利用社交媒体服务于其生活、学习和工作，影响微弱但显著。

当然我们更多的关注点还是探讨本研究中两个关键概念之间的潜在关

联性,即社会媒体使用行为是否影响社会媒体素养。从表5可以看出,好友数、状态数显著正向影响社会媒体素养,即一个人的好友数越多、状态数越多,其社会媒体素养也可能越高(在其他条件都相同的情况下,下同);相册数、状态数显著正向影响使用技能,即使用技能高的人通常相册数、状态数也比较大;另外,活跃天数、好友数、状态数正向影响社交意识;而好友数则正向影响批判意识,即一个人的好友规模越大,其批判意识可能也越强。至于功能利用,其与社交媒体的使用行为似乎没有关联。总体而言,社交媒体使用行为解释了社会媒体素养3.7%的方差,是一组显著重要的解释变量。

五、结　语

本文对北京地区的大学生的社交媒体使用情况以及社会媒体素养状况进行了系统的调研,并对两者之间的关系进行了初步探讨。随着社会化媒体越来越深入的融入到人们的学习、工作、生活之中,青年群体特别是大学生群体的社会媒体素养问题也成为一个值得关注的重要问题。本次调查应该是第一次比较系统、科学地对北京地区的重要大学的大学生社会媒体素养情况进行的调查,得到了一系列具有启发性的发现和初步结论,为后续的深入研究奠定了基础,特别是确定了一些值得进一步检验的假设。

当然,对北京地区的这27所重要高校学生的社会媒体素养情况的描述性数据,本身也具有重要的资料价值;本文中所采用的对社会媒体素养的测量方法,则从其表面效度、区别效度等方面看,都证明不失为一种有效的测量方法。我们将进一步深入探讨社会媒体素养与大学生生活方式、心智成长等之间的关系,以期对基于媒介素养概念基础上发展而来的社会媒体素养概念有更深入的了解和研究,同时也通过这一独特的视角,更好地了解北京地区的青年大学生群体的学习、工作和生活状况。

身份、言论与网络公共领域——对某个大学副教授微博言论事件的批判性分析

李建盛　韩　硕*

摘　要：2013年某位大学副教授对一件纷争中的事件和网络讨论发表的微博言论，引起了网民的激烈讨论和严厉批判，从而形成了本年度网络公共领域的典型文化事件，这场网络纷争和讨论涉及公共领域的众多方面，尤其涉及互联网信息时代知识分子、社会精英的身份和言论在公共领域的作用和影响问题。本文围绕这一事件引起的争论展开批判性分析，并从网络公共话语领域的角度讨论网络言论和行为的自律性和他律性问题。

关键词：身份　言论　网络公共领域　自律性　他律性

互联网信息时代被称为人人都有麦克风，人人都有发言权的时代，但是这并不意味人们的言论可以不受约束，可以不要自律，甚至可以肆无忌惮。互联网无疑是虚拟的世界，但这个世界不论如何的虚拟都与我们生活中的现实世界有着密切的联系，虚拟的网络公共领域不可避免地包含着现实的维度、社会的维度、道德的维度，甚至法律的维度。

在这个自媒体和全媒体时代，一则不审慎、不理性，甚至不负责任的自我发声都可能引发全媒体爆炸性信息的扩散，并产生严重的，甚至恶劣的影

* 李建盛，北京市社会科学院研究员。韩硕，中央民族大学文学与新闻学院研究生。

响。这种影响的大小如何,被赞扬或反对的程度如何,正面与反面的效果如何,都与言论者的社会身份有着直接的联系。近年来,这样的事例并不少见,例如北大法学院教授说老上访专业户不是100%就是99%精神有问题;北大中文系某教授在微博上用三句粗口拒绝记者采访被网民称为“三妈的”,等等。2013年的网络公共事件以及网络言论引起的风波就更是热闹,尤以“李某某案”的网络讨论为最,而网络成为了这一事件讨论的公共空间,各种声音、各种议论、各种言论,纷纷扬扬,粉墨登场。其中,清华大学法学院证据法中心主任某副教授的言论可谓一夜爆名,一时间,讨伐声、质疑声甚至谩骂声,潮起云涌。之所以产生这种效果,不仅仅因为其言论的不当,而且因为其所拥有的知识分子身份和职业身份,并且以这样一种身份,这样一种言论被置身于网络公共领域之中。虽然事件似乎已经落幕,但在自媒体和全媒体时代,我们应该如何说话,尤其是作为大学教授的知识分子如何说话,仍然是不会落幕的问题。

一、一夜爆名的网络不当言论

闷热无比,心浮气躁的七月流火天,人们对“李某某案”事件的网络讨论同样热火朝天,正当其时,清华大学法学院副教授易某发表不当言论,更是为讨论再添一把火,可谓一言激起千冲浪。针对这一言论,网友绿洲说:“在中国,想出名无非有两种,一种是名垂青史,一种叫遗臭万年!关于易某‘教授’的此论,我想这丫是垂之不了,但‘遗臭万年’却又时间过长,因为人生如白驹过隙,不过几十年而已。以后的事情我是不知,但我唯一能知道的是,在哥活这几十年中,此论必是中国法制进程中一标志性事件。”

2013年7月16日,作为清华大学法学院证据法研究中心主任易某在实名微博上发了一条关于“李某某案”的微博,内容是“替李天一的辩护律师说几句:1. 无罪辩护是他的权利,引述海淀检察官的说法:让人做无罪辩护天塌不下来。2. 未成年人受特殊保护,律师发声明要求大家遵守法律并无不当。3. 强调被害人为陪酒女并不是说陪酒女就可以强奸而是说陪酒女同意性行为的可能性更大;另外,即便是强奸,强奸陪酒女也比强奸良家妇女危害性要小。"这一言论,特别是第三条,不仅引起了众多网民的不满,而且也引起事件相关人士和专业人士的质疑,一时间批判声、谩骂声充斥着网络世界。一瞬间,易某某被送上了网络声讨的被告席。面对着纷繁而至的讨伐声音,一个小时之后,易某某修正了部分微博内容,想变换说法挽救危局。把最后一句进行修正为:"强奸良家妇女比强奸陪酒女、陪舞女、三陪女、妓女危害性要大。"这不但没有平息网民的愤怒,反而更加引来网民的强烈批判和声讨,可谓是"一言激起万条骂"。

易某某似乎没有意识到自己言论所产生的后果,甚至为自己感到委屈,他低估了网络公共领域的力量,半小时之后,再发一条微博回应说:"看了一下评论,不堪入目。网络就是网络,不能奢望可以成为理性对话的公共平台。"自认为理性的易某某,所作出的实际上是一种非理性的应对,这反而引起了关于究竟谁不理性的争论,易某某再一次使得自己卷入了难以自拔的网络声讨漩涡之中。或许是出于自觉,或者是因为无可奈何,易某某随后删除了以上三条微博。截至 7 月 17 日下午 1 点左右,易某某该系列微博被转发和评论均已接近 10 万。在新浪微博上,"易某某"成为微博最热门话题,相关微博达四十多万条。网友老徐在《易某某,你火了》博文中写道:"……易某某,之前默默无闻,可能也就在法律圈或者清华大学有人知道他。一切都因为他今天下午一点钟发的一条微博而改变,易教授一下子火了,瞬间成为了家喻户晓的人物。"

一时间,易某某可谓名声大噪。在网友的众声讨伐之下,也许此时易某某真的意识到了自己的不当言论所得带来的严重后果,也许易某某也确实发现了网络公共世界并非想象中的那么简单好玩,一天之后,17 日下午 6 点 42 分,易某某在微博上发表了《致歉声明》:"本人昨日微博言论确实欠妥,对由此引起的消极影响深感不安,特向各方致歉!"不少人对易某某的道歉表示欢迎和赞赏,例如北京市京都律师事务所律师王长清在微博上说:"易老师一直是一位值得尊敬的老师,我虽不是很赞成他说的结论,但尊重他说话的权利,更钦佩其敢于认错的勇气,确实说出真话比说出不符合大众道德的话要困难得多。”但是,更多的网友则并不接受这种道歉,网友“应请水”表示:“这不是道歉不道歉的事,你的言行已经充分出卖了你的灵魂思想……没人需要你来假惺惺的道歉!”社会学者、知名网友肉唐僧在网络文章《易教授,我不需要你的道歉》中写道:“无论易教授的危害论是指涉受害者个体还是社会,都违反了法律的普适准则,也体现了他对当代法哲学个人权利指向缺乏了解。作为专业法律人,将法律道德化的企图是不能被原谅的。”并称这种所谓的道歉实在“令人莫名其妙”。

人民网舆情监测室舆情分析师何新田、朱玉萍对7月15日、16日、17日“清华教授易某某”话题媒体关注度和微博关注度做图表分析①。

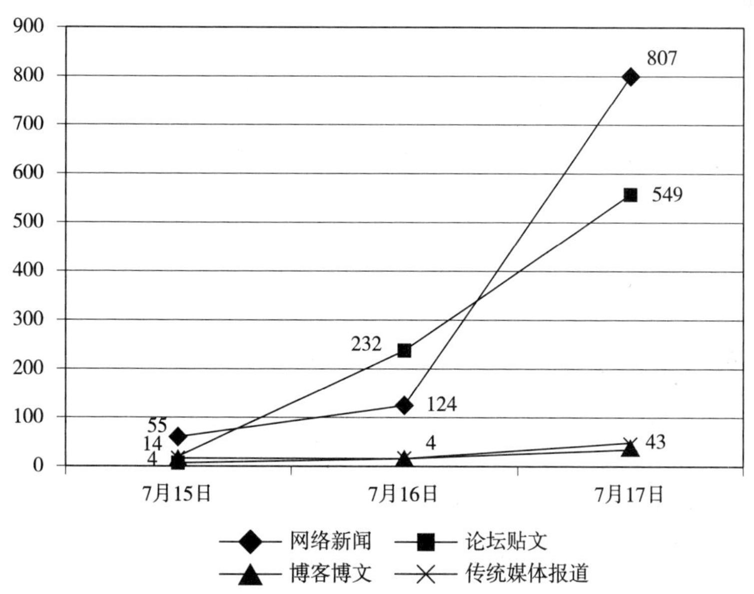

图1 7月15—17日“清华教授易某某”话题媒体关注度

易某某系列微博被总结为“清华大学教授认为强奸陪酒女比强奸良家妇女社会危害小”在网上疯狂传播,引起了大量网友质疑和学者们的激烈争论。易某某言论的争议性,及其职业性质和知识分子身份,更使得这一言

① http://yuqing.people.com.cn/n/2013/0718/c212785-22243511.html。

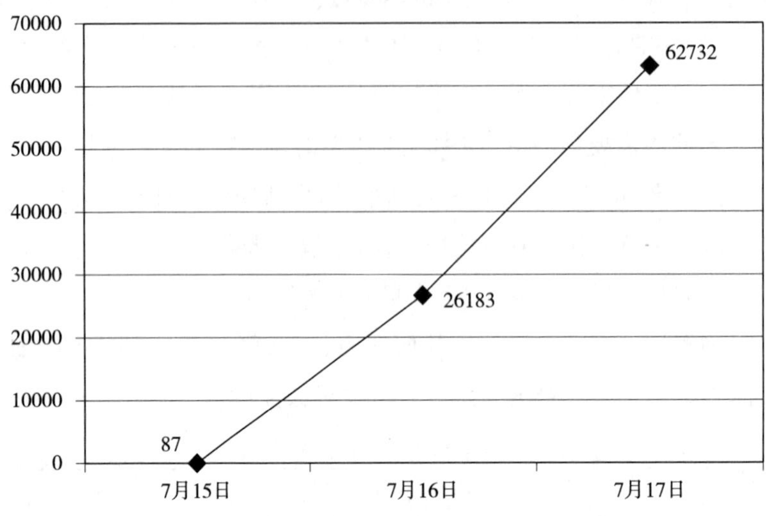

图2 7月15—17日"清华教授易某某"话题微博关注度

论事件成为了2013年网络公共领域中引人注目而又引人深思的典型案例。根据人民网舆情监测室观察,仅7月16日当天,相关话题舆情热度出现爆发性增长态势。当天的相关网络新闻过百,相关论坛帖文超过200篇,相关微博超过2.6万条;截至7月17日中午,该话题舆情热度仍在持续猛增,单日相关网络新闻1648篇,仅新浪微博上,易某某的这两条微博就引来超过10万次网民转发和超过11万条网民评论。在短短几小时内,易某某和他的言论便一跃成为了网络新闻的头版头条、微博的热门话题,在随后所带来的各种效应中,甚至有网民认为易某某事件将成为法学史上的典型案例。其中绝大部分网友对易教授的言论持质疑批判态度。在凤凰网发起的一份相关网络调查中,截至7月17日22时的调查数据显示,有超90%的网友不同意清华教授的观点。网友们认为清华教授的言论有为李某某开脱罪责的嫌疑,涉嫌歧视特定人群,认为陪酒女不应享有与良家妇女一样的人权。

二、众声喧哗的网络批判质疑

对易某某言论的批判质疑可谓众声喧哗。下面这些针对易某某言论的网络文章标题均可以轻而易举地在搜索网站上找到,从这些标题中,可以看出网友们对此言论的倾向和态度:“易某某的高论不仅玷污了清华大学,更是给中国法律人脸面抹黑”,“易某某的言论是清华之耻”,“违反常识、突破底线、冒犯公众”,“清华教授道歉 堂堂教授言论不当”,“清华的易某某副教授你什么时候才理性呢?”;“理性对话不能建立在违背常识的强奸观上”,“中国人民不接受清华教授易某某的道歉”,“是‘网络不理性’还是易某某法理精神有问题?”,“易某某可比‘陪酒女’差太多了”。这里既有感性的激愤,也有理性的分析,但总体而言,都对易教授的言论持否定和批判的态度。

可以说,网友对易某某的评论几乎没有肯定性的评价,也就是说都是否定性和批判性的,这种批判性的声音,大致可以分为两类:一种是激愤性的指责和谩骂,另一种是较为理性的分析和批判。

首先我们来看网民对易某某激愤性的指责和谩骂。无论是易某某之前的“强奸陪酒女也比强奸良家妇女危害性要小”,还是修改之后的“强奸良家妇女比强奸陪酒女、陪舞女、三陪女、妓女危害性要大”,这样的言论即便是出自普通人之口,也会引起人们的指责和不满,更何况这样的不当言论出自一个大学教授、法律学者,甚至是中国高等学府清华大学教授之口,引起网友们的愤慨、批评,甚至谩骂,虽然带有偏激和情绪化,甚至有某种程度上的非理性,似乎都是情理之中的事情。

网友认为易某某作为一个人就不应该说出这样的话,不论他是个什么样的人。在法律已经普及的今天,“法律面前人人平等”这是一个人人都应该知道的常识。在这个法律面前不论男女老少,不论地位高低,也不论良家妇女或陪酒女,都应该是平等的,而易某某竟说出此言论,网友们的愤慨也正基于此。天涯网友皓月当空空对月说“你也有母女妻小吧!? 不是石头缝里蹦出来的吧!? 还将人分三六九等,作为国内最高学府法学专业的导师说出这句话,无良,无德,无脑,可笑,可悲,可叹! 从不骂人的我也禁不住想说声:去你大爷的,一瓢大粪泼灭你那知识分子的优越嚣张气焰!”人与人之间固然有各种各样的差别,但是这种差别并不能带来法律上的不平等,正如有网友啃骨者说:“人和人都是有差别的。不客气的类比一下,你妈和你妻也是有差别的,但你能够凭此判断出强奸谁危害大或者危害小?”网友工号1140说易某某发表这种言论,“说明脑袋被驴踢了”,“清华的叫兽,中国的最高学府里有这种人,无德无良,不管是不是理性,都是对人性的亵渎,丢清华的脸。”类似的批评,甚至更加尖锐的指责,更难听的骂声不可胜数,这里就不再列举。抛开这些言论中的过于偏激的语言和情绪,可以看出,这些批评当中表达了网友们的这样一种态度和立场,即无论做人还是说话,都要讲究最基本的人伦规范,遵守最基本的道德准则。做人事,说人话。用网民的话说就是不能“无德无良”,不能亵渎人性。

古人说“师者,传道授业解惑者”,用现代的话来说“教师是人类灵魂的工程师”。自古以来老师有着极高的社会地位,受到人们的尊重,不仅因为老师可以传授知识,更是因为老师也是道德的榜样。但是现如今,作为大学教授的易某某竟说出一番与其教师身份极其不相称的言论,从而违背了社会公众和网民对人民教师的期待,严重地损害了网民心中的教师形象,这能不引起社会公众和网民的激愤吗?网民们对此的言论不仅激愤,而且尖刻。很多网友不把教授当教师,而直接称其为“叫兽”,网友九黄觉人写道:“读书都读到狗肚子里去了。这种所谓‘叫兽’平时没本事,一心想用‘语不惊人死不休’来搏出位,对这些‘叫兽’来说,言语越荒谬越好,语言越刺激越好。没有道德准则,寡廉鲜耻。……没有德,再好的学问也是害人,再说,也没有什么‘真才实学’,要不怎么那么想搏出位。”有网友提问说这样的老师怎么能够教好书育好人,怎么能发挥老师在学生中的示范作用。网友恨说假话者这样写道:“我就不明白了,你作为一个教书匠不好好教书育人,却折腾这些干嘛?你让你的学生怎么看你?你的行为会在学生身上复制的。说实话,你不适合当老师,因为老师必须具有独立的人格,而不是充当吹鼓手。不知我们的老师怎么认为的?”甚至有网友认为这样的老师根本不配待在这样的高等学府中,大学里也不应该有这样的教授。网友x1681816818说:“脑残式出名了!但是注定遗臭万年!清华不仅仅是辞退这个叫兽的问题,还要改一个‘厚德载物’校训了,没‘德’怎么能当老师?

清华也将因此人而衰败和背上骂名!” 由此可见,易某某的不当言论在网民看来不仅言论者本身挨骂,而且也有损学校和教师的形象。

在法律社会中,违背“法律面前人人平等”这一常识的言论本身就让人难以接受,而这样的言论竟是出自一个法律学者的大学教授之口,恐怕更是难以容忍。网友们对易教授不当言论的愤怒和批判,也许并不在于他们对法律知识有多少了解,而正是在于他们懂得“法律面前人人平等”这一常识。网友隐者龟 188 认为:“说这种话的人能站在讲台上。真是讽刺! 连个普通人的法律常识都没有。”普通网民和大学教授之间的这种巨大的反差激怒了网友,反倒映衬出大学教授的不懂法、非理智,甚至有违常识。众多网民纷纷针对这一现象表达自己的看法,网友包炬强说:“清华大学法学院证据法中心主任,在你心目中人是三六九等么,居然公然能说出此等歧视话……完全是个法盲,幼稚,无知。就这样的人还混进清华当叫兽? 这个国家怎么啦?!”;甚至有网友直接称其为“法盲”,网友鐵_血_柔_情说:“就这么一个法盲,居然能做清华的法学叫兽? 清华就这水平? 这简直是对法律的一种侮辱! 照这教授这逻辑,……”;红网上题为《易某某,你并非法律的代言人》的文章,写道“作为清华大学中从事法学方面的教授,就已经是精英无疑。但是遗憾的是,我们在他的言行里,丝毫看不到道德底线和职业操守。如果一个社会以强势弱势判断对错的话,那我们还要学法、用法干吗? 你并非童言,却又如此无忌,带着如此歧视的目光,先于法律判决一次,最后还要装成风轻云淡的样子。在大家的不满都被你聚集的时候,你还可以自说自话的认为‘顺着无知大众说话远比说出真理容易’。不过法律和真理,永远都不是掌握在你这种极端少数人的身上的。”这段针对易教授作为法律学者所说的话,虽然没有做深度的剖析,但其言却不无道理。

现在,我们再看看这种不当言论所引起的更理性更深刻、也更符合法理的分析,更能让人们明白为什么这样的言论既不合情合理,也不怎么合乎法理。

无论说“强奸陪酒女也比强奸良家妇女危害性要小”,还是改口说“强奸良家妇女比强奸陪酒女、陪舞女、三陪女、妓女危害性要大”,这种言论本身就是非理性的,而且作为一个法律学者以及大学教授,说出这样的言论更是违背理性。当他面对网民的千夫所指和网络舆情的围剿时,不但没有意识到自己言论的不理性,反而在自己的微博上作出“网络就是网络,不能奢望可以成为理性对话的公共平台”的言论。于是,本来就不理性的言论,加上说网络公共平台不理性的斥责,在网络上引起了究竟是谁不理性和谁需要理性的讨论。

彭宗继在题为《清华的易副教授你什么时候才理性呢》的文章中认为,理性就是不冲动,就是不要凭感觉做事,易副教授第一条微博的前两点和第三点的前半句,表面看来还是较为理性的,似乎也算是公道的言论,但是彭宗继对第三句的后半句提出了质疑,认为“强奸陪酒女也比强奸良家妇女危害性要小”既没有法律上的界定,也没有最高人民法院的司法解释,因而这样的言论就是“信口开河”,就是一种不理性的表达。“要说不理性,首先是你的一己之私导致你偏离了法律,做了不理性的发言。堂堂最高学府的法律教授面对社会关注热点都不理性,有些网友说点过激的话,和你是不是也就是半斤八两呢?”把“三陪”等不合理的社会现象看成是合理的,实际上,是错误地低估了社会大众的道德底线,认为“三陪”就是低人一等,不享受和普通妇女同等的法律待遇和社会待遇,这样的说法显然是不理性的。作者反问道:“易教授,连强奸法律的事情你都敢做,你还是理性的吗?”

针对易某某称“网络就是网络,不能奢望可以成为理性对话的公共平台”这句话,来自红网的标题文章《理性对话不能建立在违背常识的强奸观上》肯定了网络匿名性必然会引起公共领域的舆论争锋,并且,难免夹带网民的情绪化宣泄。但易教授的不当言论具体到“李某某强奸案”事件的讨论上,就需要理性地说话和理性地对话。文章认为:“理性对话的前提是双方的讨论建立在理性、共同的话语体系之上。”易某某“强奸陪酒女比强奸良家妇女要好”的说法,已违背了“人人平等”的基本常识,“其本质是一种野蛮、粗暴的是非观。”作者认为难以与这样的人进行理性的讨论。网络空间并非法外之地,在网络空间中的讨论必须遵循一定的原则,不遵循这样的原则,就不可能进行“认真而理性的回应”,易某某的言论实际上就是“违反常识更有违法理的言论”。作者进而认为,易某某“网络不理性”的说法实质是其自身言论“倒行逆施”的恶果。

事物的认识需要理性的思维方式,问题的判断需要理性的分析,城市晚报评论员麦小迈的文章《网络言论:“理性表达”的非理性陷阱》认为,“网络言论不理性”这样一种判断本身就不理性,“认识本身就要理性,就要有一个整全的判断。其实理性至少包括表达的理性,观念的理性,思维逻辑和思维方式的理性等多个层面”。如果对“理性”本身的认识就偏颇、浅薄、武断、狭隘,这种认识本身就不是理性的认识。“那些口口声声高喊理性,却将别人引到非理性泥淖中的人,万勿和他接近。这是面对网络言论平台,所有有良知的人,应有的最起码的理性。”

以上分析表明,不仅易教授说“强奸陪酒女也比强奸良家妇女危害性要小”是不理性的,而且对网络做出的“网络就是网络,不能奢望可以成为理性对话的公共平台”的言论,也被认为是不理性的。缺乏理性的不是别人,而且恰恰就是他自己。而易某某作为一个法律学者,他的言论是否符合法理也引起了激烈的争论,甚至严厉的批评。

李军泽律师的博文认为易某某第一条微博中的前两个观点是正确的,理由是,根据法律规定,律师有权依照其对案件的分析和判断,选择做无罪辩护或做最轻辩护,而未成年人受特殊保护,也是有明文规定的,这没有什么不妥。但是微博中的第三点“强奸陪酒女也比强奸良家妇女危害性要小”明显存在很大问题。他从如下三个方面对易某某的言论进行了驳斥,第一,不知道易教授是根据事实还是根据法律来判断陪酒女同意性行为的可能性较大,或者是处于自己的主观臆想做出的判断。如果是主观臆想,这种言论显然与易教授的身份不符,不仅仅因为他是赫赫有名的清华教授,而且更因为他还是证据法中心的主任,是专门搞证据的,“相信我们的易教授不可能不知道‘以事实为依据,以法律为准绳’的最基本的刑事准则。所以易教授发表这样的观点,无法不让人大跌眼镜!”第二,即使易教授“同意性行为的可能性较大”的立论是正确的,也要看陪酒女是否基于自己的意愿而做出的选择。如果律师有证据证明被害人出于自愿发生性关系的,当然可以做无罪辩护。但前提是“不能因为是陪酒女,而就想当然的认为被害人是同意发生性关系的,而且同意同时与那么多人发生性关系”;第三,不论职业贵贱,不论身份差别,法律同样保护妇女性的神圣不可侵犯的权利。显然易教授的“强奸陪酒女也比强奸良家妇女危害性要小”这种观点不仅值得商榷,而且容易引起误解,“按照这样的逻辑推理,则可能就会鼓励人们去强奸那些从事陪酒女,甚至更多地去强奸妓女,既然强奸陪酒女,危害性较小,那么强奸妓女,危害性岂不更小。想起来都让人不寒而栗!”因此,易教授“强奸陪酒女也比强奸良家妇女危害性要小”的观点无法让人苟同。

董斐的文章《是“网络不理性”还是易某某法理精神有问题?》,从法理的角度对易延友的言论进行了分析和批评,他把清华大学法学院的“易先生”与电影《色戒》中的“易先生”做类比,同样给人“可怕,冷血,偏见,歧视,糊涂”的感觉。而作为法学院教授的易先生,一个专门研究法律的人,以他的学者身份和工作性质,不应该犯如此低级的错误,而且背弃法律面前人人平等的最基本的精神说出这样的胡话,更以“网络不理性”来评价网络评论。“网络不理性。这实在让人感到莫名的悲哀,堂堂清华法学院的教授,如此狭隘极端的观点发布之后,还死不认错,实在是和清华法学院这块响当当的牌子不相称。”作者认为“易先生”应该知道,性权利是人人享有的与性别有关的合法权利。犯罪嫌疑人是用强制手段与被害人发生关系就构成强奸罪,没有什么社会危害程度不同的说法,否则,就是赤裸裸的歧视。陪酒女被强奸同样需要法律保护。这是最基本的法理精神,身为清华法学院教授的“易先生”不应该不懂。

易某某的言论似乎不仅引火烧身,而且还殃及池鱼,被网友认为不仅玷污了清华大学,更是给中国法律人脸面抹黑。lubangsheng(老古)在题为《易某某的高论不仅玷污了清华大学 更是给中国法律人脸面抹黑》的文章中写道:“易某某是个清华大学的教授、博导,从身份上看,应当是个重量级的法学专家,以他的身份发表这个言论,实在是不可思议。”理由是,首先,律师固然可以为犯罪嫌疑人作无罪辩护,但其言行举止应当受律师法和律师职业伦理道德的约束,“一个负责任的律师,绝不会屈从于当事人的非法要求,这是律师在执业过程中应遵守的伦理职业道德。”既不能损害当事人,也不能损害律师自身和行业的形象。其次,未成年人应当受到法律的保护,但法律对未成年人的保护不是没有底线的。倘若想利用被害人的身份,歪曲案件的基本事实,以此作无罪辩护,不仅是对法律尊严的亵渎,更是对受害人的再次伤害,必然触犯公众的神经,并非“明智之举”。第三,易某某作为清华大学的法学教授,理应明白“法律面前人人平等”这个基本的法治要求,不应当说出连农村老太婆都不好意思说的违背人性的话。即便受害人是妓女,若未经她同意,便不能强行与其发生关系,否则就是属于强奸。“作为人,不懂法律并不可怕,可怕的是不懂得最起码的做人道理和尊重人;作为法学专家,不懂得专业领域的具体法律也不可怕,可怕的是不懂得法理和缺乏法律人应有的良知。”

以上所提到的针对易某某不当言论提出的批评不及网络批评言论的九牛一毛,对其做出的批评远不止本文所述,但是从以上分析可知,易某某的言论既不合情理,也不讲道理,更不符合法理。因此,招致各方面各层面网友的批判是很自然的事情。鉴于这种言论的不符合情理和不符合道理,众多网友以谩骂的声音质疑之,由于这种言论符合法理,许多网友以法律面前人人平等的法律常识批驳之。

三、网络公共领域不会落幕的自律与他律

互联网信息话语空间是由现实社会的人的交流与对话在虚拟的信息世界中形成的话语公共领域,这样一种公共领域既是虚拟的,同时也是现实的。虚拟性显示了网络公共领域的话语自由性,而现实性则体现了网络公共领域的言论和行为的限制性。因此,在所谓的虚拟的网络公共领域中,同样存在着言论和行为的自律性和他律性问题。

互联网信息空间无疑是一种公共空间,网络话语世界无疑构成了一种公共话语领域。因为在这个信息公共空间中人们可以自由地讨论公共的事物或事件,隐含或者体现了人与人之间的关系,以及对某个事物或事件的公

共讨论和意见，但这种自由讨论是蕴含着理性的。用汉娜·阿伦特的观点，所谓“公共”，一是指公共场合中的东西或者事物，二是指人类共同拥有的世界。它既包含着空间、事物和人的活动的公共性，也包含了空间、事物与人的活动的相互动态关系。“‘公共的’这一术语指的是两个紧密相联但又非完全相同的现象。”“公共的”首先是指凡是出现在公共场合的东西都能够为每个人所看见和听见，具有广泛的公共性。“对我们来说，显现——不仅被他人而且被我们自己看见和听见——构成着实在。”①在这里，阿伦特指出了公共性的公共空间性和公开性特点，公共的东西是在公共的、公开的而不是在私有的、私密的空间呈现或表现的东西，这个公共场合是所有参加到这个空间中的人都能够享受的空间，或者通过看，或者通过听这样的行为，正是那些在公共空间中为公众所闻所见的东西，构成了公共的事实。在哈贝马斯的公共领域概念中，公共领域还意味着交换和讨论遵循诸如平等、理性辩论、批判性等公共领域的基本原则。在网络公共领域中也同样如此，既然是网络公共领域中讨论的一种公共的事实，那么就必然会引起人们对公共事实的公共讨论，而理性地、批判性地展开公共讨论的公共事实以及发表和形成的言论和意见，也就毫无疑问地形成了网络话语的公共领域，

我们可以看到，尽管互联网所构成的是一个虚拟的信息空间，但这个虚拟的信息空间所形成的却无疑是一种公共领域。在这个虚拟信息空间中的发言和讲话，虽然不像现实社会世界中那样形成直接的对话和交流，但是，网络公共领域却无疑是通过虚拟的信息空间向实实在在的现实中的社会人发言和讲话，并且，与现实社会的交流与对话世界相比，网络虚拟世界中的发言和讲话与现实社会中的直接对话与交流相比，由于网络信息的爆炸性扩张而更容易产生即时性和广泛性的影响。而这种影响着不仅仅发生在虚拟的网络空间中，而且毫无疑问地会延伸到社会的现实世界之中。理由是，无论网络信息空间如何的虚无缥缈，多么的任意自由，它总是与社会现实相联系，总是与现实社会中的人联系。无论是网络虚拟空间的发言者，还是虚

---

① [美]汉娜·阿伦特:《人的境况》，王寅丽译，上海人民出版社2009年版，第32页。

拟信息空间中的言论接受者都毫无疑问是现实社会中真实存在的人。而且,相互谈论的问题和事件或多或少都与我们生存于其中的社会现实有关。而对现实社会中发生的事件的讨论则与事件本身有着直接的关系。从某种意义上讲,网络虚拟信息空间所构成的公共领域,其实也就是现实的社会公共领域的一种扩张和延伸,在这种扩张和延伸中,虚拟话语公共领域与现实社会公共领域密切交融在一起。

在本文聚焦的网络事件案例中,易某某虽然是在虚拟的信息空间中发表的言论,但是他所针对的是现实社会中的事件,是对现实世界中发生的事件发表的意见和评论,是对一个需要做出的理性判断而且谨慎发言的事件。易某某不仅作为一个普遍网民、一个社会公民,而且是作为一个著名大学的副教授,一个高等院校的人民教师,更重要的是作为一个法学学者,发表如此在公众和网民看来既不符合情理、不符合道理,更不符合法理的言论,不但缺乏一种自我性的理性自律意识,而且也缺乏社会性的他律意识。而这,恰恰是无论现实公共领域还是网络公共领域都需要的自律意识和他律意识。

在 2013 年 7 月 17 日当晚播出的央视《新闻 1+1》节目中,著名主持人白岩松批驳易某某的不当言论时评论说"1.法律前人人平等,易的说法违反常识;2.法律是最低道德底线,法律并没对身份做界定,他的说法突破底线;3.最要命的是冒犯公众,冒犯公众比虚假新闻伤害更严重。"这个评论既富有概括性,又一针见血。谢伟峰在题为《我们需要"易某某"这样的精英吗?》博文中写道:"头顶着'清华大学教授,博士生导师,清华大学法学院证据法研究中心主任'的易某某,绝对是精英中的精英",但"论爆炸性来说'强奸陪酒女也比强奸良家妇女危害性要小'的确是太冒天下之大不韪"。作者提出,今天这个大众消费文化已经和网络舆论渐成掎角之势的时候,"我们更渴望有敬畏和怜悯心的精英,用你们的力量和分贝给舆论场中带来平衡和引导,而不是'火线留名'式的炸锅。"

公共领域,无论是现实公共领域还是所谓的虚拟公共领域,既是一个需要懂得常识的公共空间,更是一个需要理性的公共领域,而对于一个头顶着

"清华大学法学院副教授"头衔的知识分子来说,更是如此。作为知识分子,无论在提倡自律意识还是在遵守他律规范方面都应发挥示范的作用。

这里所分析的是一个个案,但这个案例中所涉及的问题却不是一个案例。涉及的是从传统公共领域向新型的虚拟信息公共领域转型过程中的复杂问题。在这个公共领域中,发言者和讲话者的身份、话语和效果,意味着比在传统公共领域中发挥更大的作用,产生更多的影响,产生更大更复杂的争论,它们可以是正面的,也可以是负面的,而且绝对是多向性的、爆炸性的、多极增长的。作为大学教授,作为知识分子,能不慎乎?能不理性乎?陈克农在其博文中写道:"对于易某某的言论,根本不值得从法律上进行驳斥,我只想告诉这位所谓的'教授':对于你进行任何程度的谴责都是不过分的,无论是作为教授,还是作为一个人,你都完全不够格了。能说出那样外行而又残忍的话来,充分证明你在道德层面上要比你所鄙视的'陪酒女'低下很多倍。你让我们看到的是中国社会法制化建设黯淡的前景和中国人权保护的任重而道远。"这里针对的或许就不是某个人或者某个案例,而是通过个案提出对作为"教授"、"知识分子"、"法律学者"的责任的吁求。

因此,网络虚拟公共领域中的言论与现实世界中的公共领域中的言论一样,既存在自律性的问题,也存在着他律性的问题。也就是说,网络公共领域中的发言和讲话,既要网络公共领域中的发言者和讲话者具有一种理性的自律意识,同时也要理性地遵守公共领域的他律性原则和规范。简单地说,就是发言者和讲话者既要明白哪些是能够说的,哪些是可以说的,哪些是允许说的。这里既包含着自律性的问题,也包含着他律性的问题。无论在现实的还是在虚拟的公共领域中,这种自律意识的自觉和他律规范的坚守,无论什么时候都是需要。就本文聚焦的案例似乎已经落幕,但是,这里讨论的公共领域的自律与他律问题,却可以说是不会因此而落幕的。

首都官员微博的传播内容及其效果分析——以“巴松狼王”微博为例

阮　超　陈红玉*

摘　要:官员微博已经成为政务微博的重要部分。本文选取微博主“巴松狼王”特定时间内的所有微博为研究对象,分析官员微博作为政务微博一个分支的诸多特点,通过对官员微博个案的实证研究以及微博传播内容和效果分析,探讨影响官员微博传播效果的因素。

关键词:官员微博　传播内容　传播效果

随着信息技术和网络管理制度等方面的不断完善,政务微博越来越受到重视,其中官员个人微博的意义也将变得越来越大。政府的官网也因此不再只是政府部门唯一的门户,政府机构和个人都开始越来越多地使用网络媒体或是自媒体与大家互动,官员微博在公共管理中也承载着重要的政治功能。通过官员的个人微博能快速地为民众解决难题,迅速传播政务信息,这种话语权的开放,使得政务微博具有了减压阀的社会功效,成为公众宣泄情绪,缓解压力的一种方式。随着官员微博数量的增长,研究其微博传播特征具有一定代表性,在未来对其持续的关注与考察也有着积极的现实意义。

---

* 阮超,清华大学公共关系与战略传播研究所研究,助理研究员。陈红玉,北京市社会科学院,副研究员。本文为北京市优秀人才培养资助项目“微博传播机制与首都网络谣言治理对策研究”(2013D002035000001)的阶段性成果。

一、2013年首都官员微博与政务微博发展概况

在互联网信息时代,越来越多的党政部门,无论是中央还是地方,都开始利用微博进行政务管理,即"微博问政",政府部门利用互联网推动社会服务,成为政务工作中的创新和亮点。诸多官员开始尝试利用微博发布信息、引导舆论、获取反馈,这就是官员微博。

政府官员越来越多地借助网络与民众沟通,官员微博是一种范例,在大多数党政机构以及官员会通过电子邮件、博客等形式通过网络平台发布消息的基础上,官员微博将成为网络政务的新趋势。人民网舆情室在《微博政民互动典型案例分析报告》中认为,在"微博问政"的舆论场中,政府和民众在共同学习。

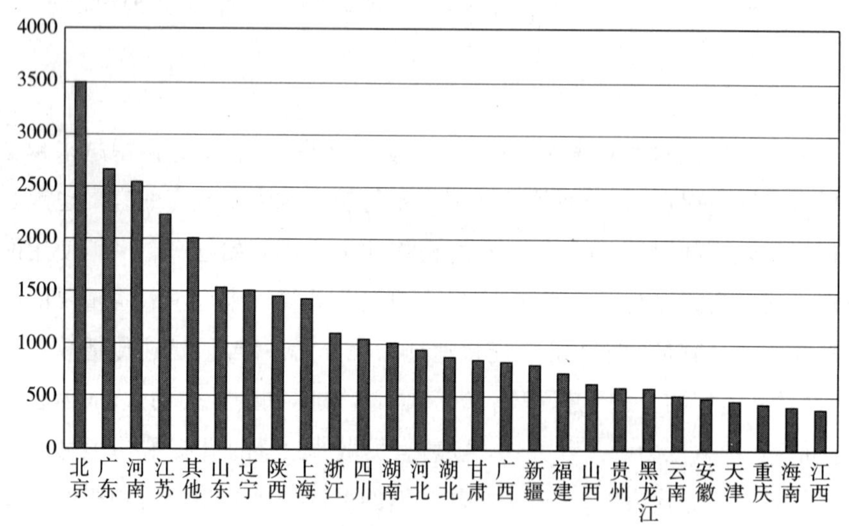

图1 2013年北京在"官员微博地域分布"中的排名①

首都微博数量的稳定增长为官员微博问政奠定了基础。早在2011年

① 数据来源:2013年新浪政务微博报告。

末，我国微博用户已达4亿，仅新浪一家网站上，实名开通微博的官员有9000多名，这其中还有将近300名厅级官员，官员通过微博和网民互动，各级官员通过微博问政已成为一种趋势。《2012上半年新浪政务微博报告》发布，新浪微博认证的各领域政府机构及官员微博已达45021个，较2011年年底增长近150%。其中，北京地区通过新浪微博认证的各领域政府机构及官员微博超3600个，较2011年年底增长超七成。2013年12月，人民网舆情监测室联合新浪共同发布《2013年新浪政务微博报告》，新浪政务微博总数共计100151个，其中机构官方微博66830个，官员微博33321个，从地域分布来看，北京以6869个位居第三名，从部门分布来看，共青团、公安、政府宣传等部门政务微博数量最多，其他部门政务微博发展空间较大。

从微博总量上看，目前政务机构微博影响力“Top1000”和官员微博影响力“Top1000”本年度共发微博8609428条，平均每个官员账号发博3057条，平均每个机构账号发博5553条。公职人员微博较2012年总体增幅为23.4%，相比机构微博增速较缓，其中北京公职人员总数为3581，超过了江

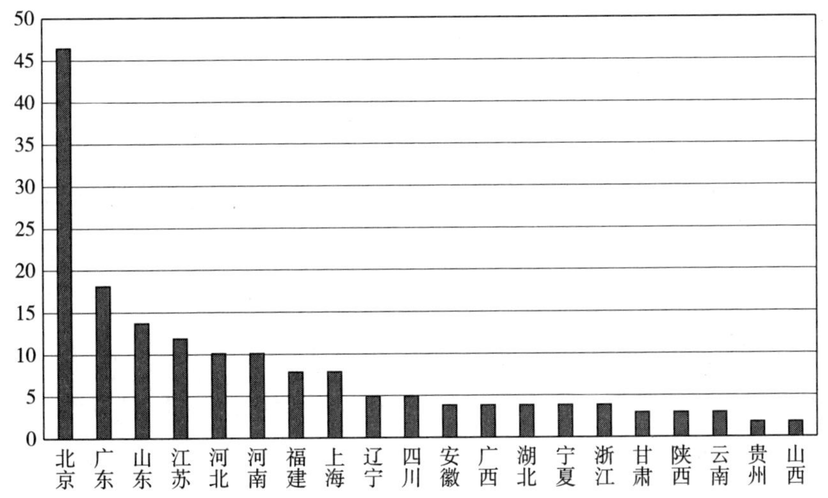

图2　北京在“官员微博影响力‘TOP200’地域分布”中的地位①

① 数据来源：2013年新浪政务微博报告。

苏和河南上升为第一名;四川与辽宁公职人员微博数量增长速度较快,排进全国前十;广东公职人员微博总数增幅最大,为71.4%。公职人员微博影响力“TOP200”排名情况为广东、江苏、北京、河南、四川分列前5名,其中山东、江苏、河北增长速度较快。

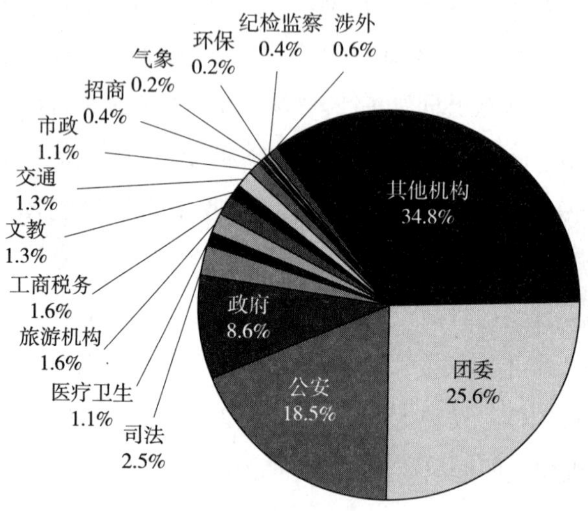

图3　北京市官员微博部门平均分布情况①

从图1可以看出,首都公职人员所属机构较为多元。公职人员实名认证微博主要来源于团委、公安和政府部门,这三个部门的总数占到52.7%,而“TOP200”方面我国公职人员主要来自于公安、政府、司法和团委,占到总数的61.5%,公安和政府部门所占的比例具有一定优势,公职人员实名认证微博所属机构集中度较高。

北京市公安局官方微博“平安北京”于2010年8月开通。10个月共发表有关民警日常工作和市民生活、安全等博文3300余条,同时与近500个网民建立了联系。2011年4月12日,“平安北京”发出邀请:在“平安北京”新浪微博粉丝达到100万之际,为更好地请粉丝为“平安北京”指路,促进“平安北京”新浪微博继续成长,希望粉丝们能多为“平安北京”新浪微博

① 数据来源:2013年新浪政务微博报告。

“挑刺”,成为“挑刺专家团”。敢于信息公开,更勇于接受群众监督,乐于做一个传播者,更勤于搭建警民互动的桥梁。伴着支持与建议,鼓励与批评,政府的公信力和人民警察的形象在百姓心目中树立起来。当公共事件突起,草根微博的现场直播往往成为掀起舆情聚变和舆论浪潮的最重要力量。因此,官方微博一定要具备高超的危机应对能力,用好新媒体,为舒缓舆情压力、圆满解决问题赢得良好的舆论环境。

2013 年 10 月 15 日,国务院办公厅发布《关于进一步加强政府信息公开回应社会关切提升政府公信力的意见》,其中多处提及政务和官员微博,要求官员微博主动做好重要政策法规解读,妥善回应公众质疑,及时澄清不实传言,发布重大突发事件权威信息等。该意见还明确指出,各地区各部门应积极探索利用政务微博等新媒体,及时发布各类权威政务信息,尤其是涉及公众重大关切的公共事件和政策法规方面的信息,着力建设基于新媒体的政务信息发布和与公众互动交流新渠道。2013 年新浪微博依然是舆论场的焦点,是最具传播活力和话题深度的网络平台之一,突发事件在微博上传播扩散速度则更快,综观 2013 年首都多起重大突发事件,政务微博和官员微博已经成为政府部门应对突发事件的“标配”,在发布权威信息、回应社会关切、有效安抚民众情绪、引导舆论方面发挥着不可替代的作用。

二、首都官员“微博问政”的样本分析

“微博问政”中有一类情况是政务机构官方微博,也有一类特殊的微博博主,他们的一个角色是官员,另一个角色是普通网民,他们在发布政府消息上比百姓更具权威性,但他们的微博又并非完全等同官方声音,他们的发展状况到底怎样,传播的效果到底如何,本文以官员微博中具有代表性的“巴松狼王”为例展开分析。

微博主杜少中是原北京市环保局副局长及北京市环保局新闻发言人。作为北京市环保局新闻发言人,杜少中充分利用微博平台与市民零距离交流,和网民讨论环境监测、沙尘暴、机动车污染防治等诸多话题,同时在微博

上动员公众参与、接受举报。他的微博是北京地区官员中粉丝量最大的之一,并被新浪评为2012年的"十大官微"①,在全国首份政务微博报告评选的"全国十大公务人员微博榜单"中,北京市环保局副局长杜少中"@巴松狼王"跻身十大官员微博之列。杜少中自2011年1月份开通新浪微博,当年粉丝数已超过15万。截至2013年12月底,杜少中"@巴松狼王"目前微博粉丝量已经接近400万②。

该项调查对于样本的研究时间设定为:2012年9月1日至2013年8月31日。研究样本均为这期间"巴松狼王"发表的所有微博,其中部分案例选取的是2012年之前的微博。在研究过程中,主要是为了研究微博本身的内容,与时效性无关联。

1."巴松狼王"微博样本分析

目前,对于官员微博的个案研究鲜有见到。本文所选取的样本为"巴松狼王"从2012年9月1日开始至2013年8月31日全年的微博样本。"巴松狼王"从2012年9月1日开始至2013年8月31日,共发布微博627条,对于这些微博,笔者将进行大致地分类。此分类也许存在一些不全面性,但笔者在分类之前再度与微博主进行了沟通,他认为从大类上来说,一共可以分为三大类:一类是与他的环保工作相关的微博,另一类是生活方面的微博,还有部分微博由于主题的局限性,无法进行合理归类。

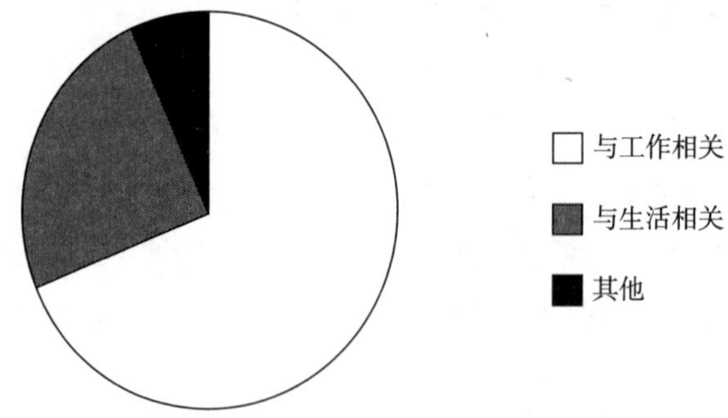

① 王娟、王钰:《中国政务微博发展初探》,《新闻爱好者》2012年第7期。

② http://weibo.com/dushaozhong.

	与工作相关	与生活相关	其他	微博总数
微博数量	432	154	41	627
占总数比例	68.9%	24.6%	6.5%	100%

图 4 “巴松狼王”微博数据分析图

从图 4 我们能得出一些结论。总体来说,“巴松狼王”的微博中有超过 2/3 强是与工作相关的,另外接近 1/4 强是与生活相关的。在官员微博中也具有一定代表性:虽然是官员个人的微博,但仍旧具有一定官方性,并且在微博中出现篇幅较多的与工作相关的内容。

其中,在 407 条与工作相关的微博可分为四类:第一类主要讲述微博主开微博的动机,其目的主要是为了更好地进行工作;第二类是微博主通过微博平台,解决工作中的一些政务问题,这些问题在微博问政没有兴起之前主要是通过线下的方式解决,当然,原来线下解决时可能出现,下情无法上达或是解决问题效率低下等情况;第三类主要是微博主通过微博谈到与环境质量保护等相关问题,通过谈环境质量,来促进公众的参与;第四类主要是微博主讲述工作过程中与媒体打交道的一些事情,这部分可能出现的是媒体对于微博主工作的赞许或是质疑等。

2.“巴松狼王”与工作相关微博数据分析

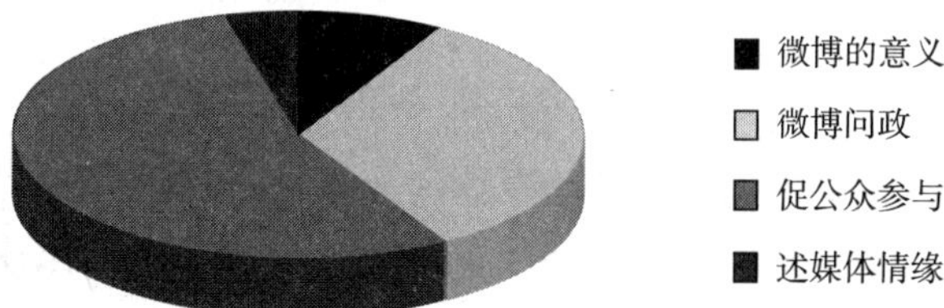

	微博的意义	微博问政	促公众参与	述媒体情缘	微博总数
微博数量	36	143	236	17	432
占总数比例	8.3%	33.1%	54.6%	4.0%	100%

图 5 “巴松狼王”与工作相关微博数据分析

从图5我们可以看出，对于微博主“巴松狼王”而言，在所有工作微博中，接近1/3强的微博是属于微博问政的内容，而超过1/2强的微博主要起到的是促进作用，并非实实在在的服务或是工作，但是也是在为工作做出相关的努力。

154条与生活相关的微博可分为两类：一类是微博主在微博上表达对于“微博”这个新事物的看法，其中，这些内容与其工作本身的直接相关度不大；另一类是微博主在微博上提倡简单生活，保持阳光心态生活的微博。

3.“巴松狼王”与生活相关微博数据分析图

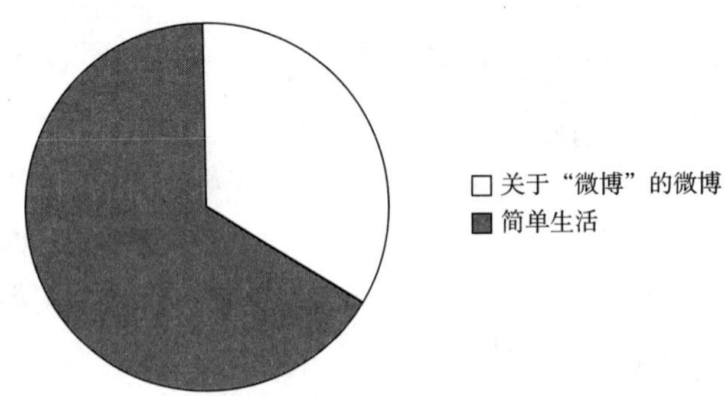

	关于“微博”的微博	阳光心态，简单生活	微博总数
微博数量	52	102	154
占总数比例	33.8%	66.2%	100%

图6 “巴松狼王”与生活相关微博数据分析

其中较为具体的内容主要是以下几个方面。关于“微博”的一些微博，主要包含了微博主从开始对微博的猎奇心理，到后来因为微博上的激烈言论而生气、与其他微博主辩论，到最后把微博言论作为鞭策自己工作的整个心态转变过程。而在讲到生活心态部分的微博，微博主的微博内容主要包含了过日子讲究心情、描述家乡老北京的美丽风景、忆往昔生活、旅游出行、周末聚餐等内容，都是非常实在的日常生活。

本文研究的是官员微博中与政务相关的一些特点，所以对于微博主生活内容部分的研究将不做深入。接下来，笔者将从个体维度来分析，“巴松狼王”是如何运用官员微博解决政务。在笔者研究的这一段时间内,“巴松狼王”已经卸任北京市环保局副局长的职务,所以,这段时间内的微博主不能完全算是官员个人微博。但是为了研究的便利性,加上对于政务微博特点的研究在时间节点的选择上并不那么严格,根据微博与微博主职业的相关性、影响力等因素,笔者选择了在2012年之前的一个案例来分析。

2011年5月27日,“巴松狼王”在微博上关注了通州区梨园南街的金隅7090小区出现异味的情况,并且在微博上表达了会尽快处理此事的想法。由于当时出差离京,于5月29日回到北京后再次在微博上对举报者做出回应,希望能够提供更为具体的线索。6月5日发微博表示“3小时之前临时造访通州7090小区”并且和附近产生异味的印刷厂厂长进行交涉。初步达成协议后于6月9日发微博通知事情近况。在协议治理结束的前三天,也就是6月21日,微博上与当地的居民进行互动了解治理情况,在了解到情况并没有像想象中的那样顺利进展时,又于6月28日进一步到7090小区查看,并于当日发表微博表达歉意,并表示会进一步关注和治理。一直到该事件的最后一条微博是7月5日发出的,这个时候,通州环保局已经勒令要求附近产生异味的厂房停产,该事件算是得到了一个阶段性的解决。在事件后期,由于微博主微博的影响力,很多媒体也开始介入此事件并进行相关报道。其中,线上线下的交流都为这次事件解决起到作用,但是线上的交流使得治理的进展速度加快,并且促成了线下交流的契机,同时,媒体也因为微博主的影响力开始关注,并且为推动治理起到了一定积极作用。

三、从“巴松狼王”微博看官员微博传播效果的影响

在研究“巴松狼王”微博传播效果时,主要从以下两个方面去考量:一个是微博下方评论或转发的数量,无论是褒义或是贬义;另一个是该微博引起的社会关注度。在对所选取的样本进行分析后,能够影响到其传播效果的主要有以下几点:

1.提早占领微博阵地:官员开微博时间的第一阵营

"巴松狼王"虽然并不是目前官员微博中粉丝量最大的，但是在北京地区的官员中，其粉丝量名列前茅。他于2011年1月4日即在新浪开通了自己的个人微博，而他在北京地区也是首先拥有个人微博的几位官员之一，不到三年时间，已有将近400万粉丝，粉丝的增长速度非常之快。同时，看到全国其他地区较有影响力的官员中，很多人在时间上抢占了先机。最早一批开设微博的官员个人，其微博的粉丝量普遍较高。微博主自己也认为"作为思想文化传播的阵地，要有效占领"。

2.专业相关性：与本专业领域的相关度高

通过前一部分对"巴松狼王"整体微博的数据分析，不难发现，他的个人微博中大部分内容依旧是与他的工作和专业相关，表现出较强的专业性，在涉及环保等问题上，微博主的言论具有一定权威性，能够使人信服。虽然在之后，他的职位做了一些调整，但是这样的影响力已然在他的微博中得到体现。这些微博无论是从评论数量还是粉丝数量看，都有较强影响力。而微博主的微博中有关生活方面的微博转发和评论数量普遍低于与环境保护或是处理政务相关的微博。

3.关注民生：越亲民，越欢迎

微博主通过微博解决了一些民生问题，比如为通州区梨园南街的金隅7090小区出现异味情况做出整改督促，对昆运河边的渣土拍照并提出严肃整改等，这些微博内容主要是暴露问题，得到了很多粉丝的响应，尤其是在事发地附近的居民，都在微博主的微博上进行了热烈的互动。

4.意见领袖主导的辐射式二级传播

笔者在研究样本中的微博时，发现有一些微博的评论和转发数量明显多于其他微博，他们的一个主要特点是经过了微博平台中其他意见领袖的评论或转发后，得到更多其他微博主的关注。笔者研究微博主的微博，比如有闾丘露薇、张泉灵等记者评论或转发的微博，后面跟的评论和转发数量明显多于其他微博。

意见领袖的概念是在20世纪40年代由拉扎斯菲尔德在《人民的选择》中提出的概念，主要是指在信息的传播过程中，高于一般受众的信息传播者,他能够较快、较多接触到相关信息,并将信息进行进一步的加工,将信息传播给其他人,并且能够为一般的受众提供信息或者意见。官员个人微博的出现,也进一步发展了意见领袖的概念。官员的个人微博因为其身份的特殊性,使得微博具有与生俱来的舆论领导力,他们加快了传播速度,同时也扩大了影响。网络媒体使信息传播呈辐射状发散,网民从博主处获得信息,加工过滤后再进行下一步传播,以影响更多人,这样就形成了以意见领袖为主导的辐射状的二级传播模式。

5.互动冲突性:通过微博“空战”解决问题

这一类其实与第三类有一些相似之处,之所以把它单独归为一类,是因为,这种通过意见领袖让更多人获知信息的方式并非是单一的转发或是评论,而是双向互动的评论、甚至开展了所谓的“微博骂战”。这些微博往往不是一两条就把事情解决的,而是经过大量的两者之间对峙,引发广泛关注。

四、结　论

尽管魅力官员的微博各领风骚,但微博的传播优势在于群组互动,官方微博兼信息发布、汇集舆情、舆论引导、危机公关等多项使命。在政民互动的道路上,汇聚的力量越多,微博问政之“火”就越旺,那些活跃在微博上的魅力官员和官网都是长期触网的资深“冲浪者”,更是通过反复磨合才赢得民心。如何打造出经得起时间考验的网络问政的连心桥,首先,制度化建设是保证,因为有了相应的约束奖惩机制,才能保证官方微博的长效和高效运转;其次,培养官员使用网络问政的习惯,加强学习和锻炼,增强网络政务的能力,千锤百炼才能熟练业务和政务服务,持之以恒才能最后见得成效;最后,应行胜于言,言化为行。开通官方微博要以“权为民所用,情为民所系,利为民所谋”为根本目标,通过网络问政,将虚拟空间中的民意转化为服务于社会主义伟大实践的科学民主决策。

微博作为一种新媒体,它的力量是强大的,目前官员相继开通微博,说明已经开始意识到了微博所具有的作用，不少官员微博在相关工作中确实发挥了积极作用。如何让微博从一个新的信息交流方式变成真正的政务沟通平台，依然值得大家探索。官员个人微博建立了政民沟通的桥梁，官员微博作为一种新的问政的形式，虽然目前依然呈现碎片化等特点，但只要充分利用微博的优点，掌握其信息传播特点，就能更好地做到勤政为民。

2013年北京网络文化消费热点报告——以首都“二维码”的应用为例

陈友军　向佳鑫*

摘　要：当前，以“二维码”为代表的新媒介正在对网络文化消费产生广泛而深刻的影响。作为上网的一个入口，“二维码”这一无处不在的信息源背后潜藏着巨大的商业价值，从而导致网络文化的生产与消费模式也发生变化。本文主要探讨了网络技术变革引起的网络文化范式的变迁；众多互联网企业将重点投向“二维码”应用领域后所形成的网络文化空间动态；移动网民通过“二维码”进行网络文化消费的新潮流等网络文化消费热点问题。

关键词：“二维码”　网络文化　消费热点

如果将2012年作为中国的“二维码”元年，那么2013年则是“二维码”的爆发之年。商场、电梯间、地铁站、广告牌、杂志上、互联网网页、电视台都出现了“二维码”，“二维码”忽如一夜春风来，出现在了北京的大街小巷。“二维码”也开始改变人们的生活方式，所谓“被二维码”的生活，为现代消费者增添了便利与新奇。不断发展和变革的媒介本身改变着我们消费信息的方式方法。“二维码”作为一个上网的入口，本身的商业价值并不大，但是平台的构建促成了文化的生产与消费模式的转变。以“二维码”的研究为切入口，对于把握新媒体背景下首都网络文化消费的新特点具有重要意义。

---

* 陈友军，中国传媒大学文学院副教授。向佳鑫，中国传媒大学文学院硕士研究生。

一、“二维码”的含义及其发展历史

“二维码”(2-dimensional bar code),又称“二维条码”,它是用特定的几何图形按一定规律在平面(二维方向)上分布的黑白相间的图形,是所有信息数据的一把钥匙。“二维码”易制作,成本低,持久耐用、信息容量大,同时,其误码率不超过千万分之一,比普通条码低很多。另外,“二维码”编码范围广,可把图片、声音、文字、签字、指纹等可数字化的信息进行编码,其隐藏的一千多个字节将信息无限放大,使现有的生活方式得到无限地延展。

国外对于“二维码”的商业应用要追溯到 20 年前,它起源于日本,原本是丰田旗下的子公司 Denso Wave 为了追踪汽车零部件而设计的一种条码。如今,上至城市管理服务体系,下至民众日常生活服务,“二维码”在欧、美、日、韩等发达国家已经得到了高度普及。在美国,纽约市长彭博计划让这座城市充满“二维码”,为游客提供各种导航服务。在韩国首尔,市内 6300 个公交站牌布设“二维码”,提供公交查询、旅游指南、生活信息等贴心服务,这一举措不仅为乘客提供了便利的公交服务,而且还带动了首尔的观光旅游。在日本,出租车、户外广告、杂志、产品包装上,到处都印着“二维码”,尤其是在丰田产业园,“二维码”随处可见。据统计,日本已经有 6000 万用户使用“二维码”,对“二维码”的认知度高达 96%。

国内“二维码”的商业应用最早始于 2006 年 8 月,中国移动当时在全国力推手机“二维码”应用,但由于智能手机普及度不高、3G 网络还未建成等原因,第一轮的“二维码”产业并没有真正形成。良好的网络环境,企业的广泛应用,以及用户的普遍认同三者共同促成“二维码”市场的成熟。到 2012 年,移动运营商、IT 巨头们一“码”当先,“二维码”的商业价值才得以凸显。2012 年因此被称为“中国的二维码元年”。据统计,全国每月扫码量超过 1.6 亿次,新兴“二维码”厂商也在这一年快速成长,这为 2013 年“二维码”全面进军多媒体吹响了号角。

二、2013 年首都“‘二维码’海啸”原因分析

如果说 2012 年“二维码”搅动了一江春水，那么 2013 年“二维码”则引发了一场“海啸”。微信 5.0 版对“二维码”功能的拓展，淘宝对店家“二维码”广告图片的封杀，百度、阿里巴巴对“二维码”的进军，搜狗输入法、UC 浏览器、新浪微博等对扫码功能的强化……这一切都在说明“二维码”的时代已经到来。“二维码”能够在北京地区“遍地开花”，主要有以下几个原因。

(一)北京地区移动互联网的建设

腾讯 CEO 马化腾将“二维码”称为“移动互联网的关键入口”，但是，反过来看，“二维码”的发展如果没有移动互联网的支撑，市场培育得再好也无济于事。可见，移动互联网的建设是“二维码”发展的基础。

2013 年是中国移动互联网市场爆发式增长的一年，整个行业呈现出蓬勃发展的态势。作为中国移动互联网的超级阵地、全国从事增值电信业务最多的地区，北京拥有深厚的文化与产业积淀，丰富的人才基础，最强的网民消费力以及优惠的政府扶持政策，堪为中国移动互联网高速发展之典范。

1.北京地区 3G、4G 网络的建设

“全球 3G 看亚洲，亚洲 3G 看中国，中国 3G 看北京”。从 2009 年至今，北京 3G 信号早已覆盖全市，伴随着 3G 网络建设技术的成熟、网络覆盖范围的扩大以及手机上网资费的降低，北京地区 3G 网络的建设为用户带来了良好的移动互联网体验，进一步增加了 3G 用户数量和 3G 手机销量。北京市正在逐步完善 3G+WLAN 模式为主的“无线城市”建设。可以说，如今北京地区 3G 网络的建设领跑全国。

随着 4G 技术的逐渐成熟，北京地区的电信运营商也在 3G 网络建设的基础上加大了对 4G 网络的建设投入，2013 年底 4G 基站将建成 1400 个。截至 2013 年 11 月，北京地铁十号线二期以及北京三环外的一些室外地区已经可以使用 4G 网络，而在三环内的很多居民小区、商业区的室内，原来

没有4G网络覆盖的地方也开始逐渐完善。

2.北京地区无线接入点(AP)的建设

北京已经建成国内最大、国际一流的无线局域网。无线局域网按需覆盖重点和热点区域,将累计建设无线接入点(AP)超过25万个。另外,北京市民,来京人员有望在2015年享受到高带宽的无线接入互联网服务。

不仅如此,北京市政府通过购买服务的方式,在市级行政服务大厅、交通枢纽、重点旅游景区、大型文化体育场所等区域,为公众获取政务、公共服务、旅游等公益信息提供免费无线接入服务。随着北京"光网城市"的逐步建设,北京市民、来京人员都将体验到"无线城市"所带来的便利。

3.北京地区智能手机普及率

由于3G、无线WiFi的快速发展,中国网民互联网接入的方式呈现出全新格局,人们对于移动终端的依赖在不断加强,尤其是智能手机正在从各方面改变人们的生活方式。尼尔森发布的《2013移动消费者报告》显示,中国智能手机普及率达66%,已经超越美国和英国。对于北京地区来说,早在2011年就已经进入了3G智能手机普及井喷期,根据国内最大通讯连锁"迪信通"发布的《北京手机消费市场调查报告》可知,3G智能手机已经成为北京地区手机消费者的首选。综上可见,北京地区智能手机渗透率大大高于全国平均水平。

未来的互联网将以无线接入为主,有线互联网将只是互联网的一部分。在可预测的将来,移动互联网将引领新媒体的发展,移动互联网的市场规模和空间前景广阔。智能手机普及和移动互联网爆发式发展,解决了"二维码"终端解码和数据联网的问题。那么,依靠移动互联网发展的"二维码"毫无疑问也将得到最大程度的发挥,瓶颈得以打破,商业价值也将逐渐凸显。从"二维码"过渡到它背后的后台资源,移动互联网络在这个过程中扮演了"推手"的角色。

(二)"二维码"助推"智慧北京"建设

从"数字北京"向"智慧北京"的全面跃升是首都信息化发展的新动态,也是未来十年北京市信息化发展的主题。"智慧北京"的发展目标是基本建成覆盖城乡居民、伴随市民一生的集成化、个性化、人性化的数字生活环境；基本实现人口精准管理、交通智能监管、资源科学调配、安全切实保障的城市运行管理体系。

“二维码”正好助推了“智慧北京”的建设。2013年2月，国家博物馆首引“二维码”技术展出美国大都会博物馆精品，站在凡·高的真迹《柏树》前，用手机扫描一下与作品相关的“二维码”，就能轻松实现延伸阅读。扫描作品上的“二维码”不仅能当场读到跟展品相关的资料介绍，也能保存在手机里回家细看，“二维码”扫描让观众的参观变得更加快捷和丰富。在2013年，北京许多展会都“穿上”了“二维码”的“外衣”，这有利于构建更加便捷化、数字化、人性化的展览环境。

2013年9月，北京司法考试首次在准考证上添加了防伪“二维码”，不仅可以快速验票，也在一定程度上防止了替考和考生个人信息的泄露，有力地保障了司法考试的顺利进行。

2013年11月，北京市对100个景区设置了“二维码”，通过手机轻轻一扫，就可以浏览景区地图、公交线路等服务信息，“二维码”成为建设北京市“智慧旅游”的重要工具。

2013年12月，北京陶然亭公园为园内2000余株树木挂上科普标牌，游客通过扫描标牌上的“二维码”，就可获取植物图片及分类、形态、地域分布等资料。

2013年12月，北京5000辆出租车实现支付宝付款，乘客付款时扫描司机提供的“二维码”，手机就自动跳转到付款页面，乘客输入金额后，按“确认”，司机马上可收到短信提醒，付款过程前后不超过5秒。

未来几年，“二维码”将会更多地参与到“智慧北京”的建设中来，“二维码”质量监控、“二维码”会议签到、“二维码”挂号、“二维码”招聘、“二维码”旅游、“二维码”购物都将成为我们生活中不可缺少的部分，“二维码”将协助北京打造“智慧城市”。

（三）移动商务借助“二维码”实现精准营销

“鱼塘理论”是营销学中的一条重要理论，商家投放的“二维码”广告都是一个个“鱼塘”,“鱼塘”的目的在于养住、圈住更多的“鱼”。而广告商借助“二维码”,可以让“鱼塘”变得铺天盖地的同时,实现最精准的营销。因此,“二维码”备受移动商务的青睐。

北京在推动文化改革发展过程中,把增强文化创新能力摆上战略高度,提出实施科技创新、文化创新“双轮驱动”战略,这为北京文化与电子商务融合发展提供了难得的机遇,同时也培养了新的文化消费方式。2013 年,“二维码”产业能够爆发,因为它赶上了一个好的时代。市场环境逐渐成熟使得移动支付、电子票务、移动社交、打折优惠等移动商务需要借助“二维码”实现精准营销。

“二维码”的后面是一个潜在的巨大市场,企业可以通过“二维码”这个渠道向自己的特定目标客户群传递自己的商务信息。因此,腾讯旗下的财付通捆绑“微信”开发“二维码”的应用。紧接着新浪微博、搜狗输入法、阿里巴巴旗下的聚划算和支付宝、大众点评网等众多互联网企业也先后开通“二维码”功能。在“二维码”的时代,如何“码”到成功,成为众多移动商务CEO 不得不面临的问题。

(四)北京移动互联网网民对“二维码”的接受能力

移动互联网网民指的是使用移动智能终端,通过移动互联网上网的网民。毫无疑问,手机网民在移动互联网网民中占有很大比例。根据 2013 年7 月中国互联网络信息中心(CNNIC)发布的第 32 次《中国互联网络发展状况统计报告》可知:截至 2013 年 6 月底,我国手机网民规模达 4.64 亿,较2012 年底增加 4379 万户,网民中使用手机上网的人群占比提升至 78.5%,而手机网民的增长正反映了移动互联网的良好发展态势。随着移动互联网整体用户规模的不断增长,作为移动互联网入口——“二维码”的潜在用户也在不断增加。

以 iOS 和 Android 为主导的移动智能终端的普及,正在深刻改变手机的使用概念。手机文化消费从早期的网页浏览、彩信发送、线上游戏、文本阅读升级为现在的手机钱包、拜访商户、指引路线和社会交往。2011 年Google 与 IPSOSResearch 联手关于智能手机使用情况的中国调研结果是:

中国城市地区 64%的智能手机用户每周都会用智能手机进行搜索，主要搜索目的包括购买(59%)、在地图上寻找商户(如商店、餐厅)或服务、指引路线(55%)、拜访商户(51%)、阅读或发表对商户或服务的评论(44%)以及登录商户或服务的网站(35%)。可见，依托于智能手机的搜索功能的重要性不言而喻。但是尽管手机屏幕加大，性能提升，但输入仍不够方便，这就给“二维码”这一“移动互联网的关键入口”提供了机会。

当今的消费者更加注重消费的真切体验和消费的便捷性，强调的是消费的体验与消费的瞬时。比如，消费者对广告牌上的商品感兴趣，就可以直接扫描“二维码”，查询商品的相关信息，然后直接进入该电商网上商城的购物页面，这时消费者就可以通过手机便捷支付购买该商品，该商品则从电商处发货，然后交快递公司送货。由此一来，“二维码”成为完成这一交易的入口。在北京等一线城市，越来越多的高学历用户、高收入用户和社会中坚群体对“二维码”的态度从好奇转向了依赖，他们的生活因为“二维码”的出现而变得更加便捷。

(五)北京关于“二维码”的研发、制作、识别公司众多

2013 年，引爆互联网十大技术趋势为：“二维码”、HTML5、大数据、O2O、移动游戏、云计算与服务、人工智能、移动教育、互联网电视盒子。“二维码”被排在了第一位，足见其重要性。“二维码”是未来的热门行业，专家估计，2015 年“二维码”市场规模将超过 1000 亿人民币，而且这一预期值还在不断刷新。

北京人才济济，企业众多，依托北京得天独厚的优势，许多“二维码”公司都坐落在北京，提供关于“二维码”的产品和服务。比如中国手机“二维码”领域的先行者和领导者，在“二维码”应用技术领域拥有十几项专利申请的银河传媒，处于北京 CBD 商业核心区，隶属于北京迅鸥互动科技有限公司的二维工坊，用户规模已突破 5000 万，每月扫码量超过 1.2 亿的中国二维码行业第一品牌——灵动快拍、北京蜂侠飞科技有限公司、“聪聪二维码”、信码互通等。

2013 年 8 月，灵动快拍公司基本实现了收支平衡，这也让众多的“二维

码"公司看到了盈利的希望。这些"二维码"公司的技术研发大大降低了"二维码"的用户门槛和制作成本,众多低成本"二维码"在线工具又解决了编码生成问题,这些都有利于"二维码"应用的普及。

工信部中国电子技术标准化研究院副总工程师王立建说,国内"二维码"产业近年来发展迅速,粗略测算当前国内"二维码"制作、发布、识别等上下游相关产业规模已超2000亿元。但与日本、美国等国家和地区"二维码"超过90%的高普及率相比,我国"二维码"产业仍有较大增长空间。

三、"二维码"应用呈现出的网络文化消费新特点

当移动互联网趋于成熟、各企业都看到"二维码"背后的巨大价值以及用户对"二维码"有了依赖的时候,"二维码"应用则从一项单纯的图形储存技术迅速延伸到信息查询、文化传播、商务应用等方面,成为互联网的重要接入口。我们渐渐发现,随着互联网时代发展至新媒体时代,文化的生产与消费模式也正在发生着转变,网络文化的消费呈现出许多新特点。

(一)网络文化消费的常态化

网络文化消费不仅仅单指网上购物,还包括网上学习、网上聊天、网上游戏、网上家园等。网络文化运用最先进的传播手段快速成长,逐渐构成了一个网络文化产业,并推动着其他文化产业的发展。2013年首届北京惠民文化消费季启动以来,已经实现直接消费33亿元,其中超过20亿元来源于网络消费,占到了总额的70%以上,足见网络文化消费市场的巨大。

随着移动互联网的不断发展,消费空间摆脱了实体店以及有线网络的限制,网络文化消费变得更加随时随地。网络文化的消费成为众多年轻人日常消费的一部分,物质消费与精神文化消费的概念逐渐模糊。可以说,网络文化产业的市场空间巨大,只要好好培育已有用户,挖掘潜在用户,唤醒消费者对网络文化消费的需求,网络文化消费的巨大潜力就会显现出来。

如今中国智能手机的用户已达2.9亿,当手机成为崭新数字世界中"无所不能"的信息终端的时候,"二维码"则开辟了提供多样而丰富信息的

捷径。"二维码"作为移动互联网一个入口,网络文化消费发生的场景发生了变化,从书房和办公室走到户外,大凡有移动人群的地方就有"二维码"的身影,消费者利用 N 多的碎片时间来扫描"二维码"进行网络文化消费。因此,2013 年北京的大街小巷,"随时随地看到就能买"的网络文化产品改变着文化消费形式,正如灵动快拍 CEO 王鹏飞所言:在"反向 O2O"的思路下,"二维码"成为了很好的介质。2013 年 9 月,在北京地铁魏公村站有一个公益广告"驻足聆听盲人的音乐",旁边附着"二维码",扫描"二维码"以后,我们能够看到盲人音乐会的相关介绍,而且还能通过手机钱包直接购买相关门票。可见,网络文化消费变得常态化,成为日常消费的一部分。

在北京地铁里,1 号店、乐蜂网、酒仙网、携程网、凡客诚品等诸多电商都通过"二维码"实现自己的精准营销,用户扫描"二维码"就能参与 VIP 注册、打折、领取优惠券、免运费、抽奖等优惠活动。电商试图营造消费热点,引导消费者参与到无处不在的网络文化消费中去,实现"随时随地营销,随时随地消费"的新型移动网络文化消费模式。因此,有业内人士将 2013 年称为"移动支付元年"。

(二)网络文化消费的细微化

"随着'微博'、'微信'、'微新闻'、'微硬盘'、'微支付'等'微'系名词的出现与流行,标志着我们所生活的时代已经进入'微'时代。'微'时代让文化的生产与消费模式正发生着微妙的'微'变化,使之转变为'微生产'与'微消费'。"①由于文化的生产朝着细微化发展,文化的消费模式也发生着转变,变得更加细微化。移动互联网的完善、消费时间的碎片化、电商市场的细分化以及移动网络消费者的日益成熟促成网络文化消费变得便捷、小额,而且强调的是用户的体验和文化消费的瞬时性和重复性。短、平、快、频成为网络文化消费的重要特点。

并不是所有的电商都适合运用"二维码"进行营销,比如衣服、鞋子这些商品,需要经过反复比较然后才会购买。如果消费者想买冰箱,肯定会线

① 李晨宇:《精英文化与大众文化融合于"微"》,《社会科学报》2010 年第 2 期。

下体验、权衡其性价比之后考虑线上购买，绝对不会因为瞬时的购买欲直接扫描相应的“二维码”就实现便捷支付。笔者认为，适合“二维码”购物的，是那些小额、易交易而且是需要重复购买的商品，如零食、日用品、APP 软件、游戏点卡、电子期刊、付费视频等高度标准化的商品。消费者可以在已有的消费体验下实现新一轮的二次消费。

“二维码”参与到电子商务中并非是构筑一个电商平台，而是试图改变网络文化消费的模式，让消费变得更加的精细、便捷和小额。

就手机游戏而言，根据 CNNIC 发布《2012 年度中国手机游戏用户调研报告》称，手机游戏用户中仅有 27.6%有过游戏付费行为。虽然中国手机游戏用户尚未养成付费习惯，但并不代表中国手机游戏用户不愿为其买单。不愿付费的原因之一在于游戏软件商没有提供便捷的付费方法以至于付费程序过于繁琐而不安全，令消费者放弃付费。如果游戏软件商将游戏的安装软件及相关信息置于“二维码”中，手机用户就可以通过扫描“二维码”以后，实现游戏的便捷购买、安装和充值。“二维码”参与到手机游戏的营销，实现“长尾效应”的同时也有助于手机游戏产业的长期发展。

（三）网络文化消费的互动性

在网络文化消费中，消费的内容来源于媒介，强调的是一种消费者真切的体验，消费者成为整个消费过程的主体，享受着整个消费过程。因此，网络文化的消费必须以先进的媒介技术作为强有力的支撑。“二维码”这一媒介技术因其省去了在手机上繁琐的输入过程，操作便利而备受青睐。

“文化消费向个性化趋势转型，促进了创意经济的涌现”①。在北京一些时尚的咖啡店里，顾客扫描一下饮料杯上的“二维码”，就能迅速了解这一款咖啡名称的由来，还可以下载好听的铃声或音乐。此外，顾客还可以通过“二维码”实现点餐、抽奖、会员积分、服务评价等服务。这不仅提高了服务的效率，尊重了顾客的自主选择，而且也提升了咖啡店的文化品位。

跳出在文化创意领域的应用，“二维码”在物联网方面的应用也被看

① 参见鸿雁：《基于演化观的创意经济探讨》，《新闻界》2009 年第 6 期。

好。"二维码"不仅有助于建立产品科学有效的安全溯源机制，而且可以更好地实现互动营销。在实体店，消费者希望通过导购了解商品的信息，但又会觉得导购限制了挑选的乐趣以及购买的自由，"二维码"恰好可以代替导购的部分功能。比如当商店的所有葡萄酒都贴上"二维码"，轻松扫描其"二维码"就能了解这瓶葡萄酒的生产过程以及相关的品牌文化。消费者在选购葡萄酒时就能够更加轻松，全面地了解产品的各项信息，可以更好地实现与品牌的互动，让购买变得简单有趣，而且可以准确辨识真伪，打击"山寨"。

(四)网络文化消费的立体化

很多业内人士认为"纸媒的冬天"正在来临，2012年的最后一天，美国老牌周刊类杂志《新闻周刊》出版了最后一期印刷版杂志，2013年起该刊全面转向数字版。创造新的纸媒发展模式成为当前纸媒工作者最重要的课题，而"二维码"凭着突破时空限制方面等优势有效地让纸媒搭上了移动互联网的快车。

以报纸为例，早在2005年，《北京晚报》在国内就率先应用"二维码"技术做新闻报道。但多年来，"二维码"在报纸中的应用一直不温不火。直到移动互联网日趋成熟的今天，"二维码"的潜在优势才不断被激发出来。灵动快拍CEO王鹏飞把"二维码"定义为"从视觉、听觉、触觉等全方位无限延伸的一个任意门"①。可见，"二维码"是传统纸媒实现移动互联网化的一个桥梁，使得纸媒的立体传播逐渐成为可能，并且带动了读者的互动以及广告经营模式的更新。

1.传统媒体的跨媒体传播

"二维码"背后能承载信息的容量是无限的，只要纸媒后面有足够的服务器空间，就能实现纸媒的低成本扩版。比如报纸配发"二维码"以后，可以很好地解决纸媒的版面瓶颈，"二维码"能够链接文字、图片、音乐、视频等多种媒体形式，实现纸媒与网络平台的互通。"二维码"不仅使报纸有限

① 王鹏飞:《平台搭建是二维码营销根本》，《成功营销》2009年第9期。

的容量得到了无限扩展，而且报道不再受出版时间的限制，热点的新闻可以用多种形式灵活地实现多媒体呈现。报纸借助“二维码”可以实现深度报道、后续报道以及延伸阅读。可以说，“二维码”成为报纸“全媒体”转型的有力工具，可以真正实现报纸跨媒体的立体阅读。

2.读者的立体互动

当纸媒遇上移动互联网的“新宠”——“二维码”后，纸媒纯粹传递信息的功能将会被提供深度阅读和审美阅读的功能所取代。读者不仅仅满足于信息的获取，还希望能够在阅读的同时通过手机扫描“二维码”实现立体性的互动，比如延伸阅读、参加读者调查、有奖竞猜以及获取优惠券等。当一本图书配上“二维码”以后，“二维码”背后的链接信息可以随时更新，几十年以后的读者甚至仍然可以通过扫描字里行间的“二维码”实现跨区域、跨年代的读者互动。结合麦克卢汉的“媒介即讯息”理论和克里斯滕森的“创新困境”理论，传统纸媒乐于让“二维码”“牵线搭桥”，实现与新媒体的联姻，是前者的明智之举。

3.广告的立体传播

中国传媒大学广告学院院长黄升民统计数据显示①：2012 年在总体广告市场上电视媒体的份额高达 76%；互联网媒体在总体份额占比为 5%，但增速达到 24%。平面媒体的广告市场份额遭受各方面的冲击而严重缩水。怎样让平面广告立体化，增大其信息容量和视觉的冲击力都是平面广告商所面临的困境。

2013 年，北京街头的平面广告下方都增加了“二维码”，通过扫码后在手机上播放，平面广告摆脱了静止状态，可以像电视、互联网媒体一样实现广告的立体呈现，而且还可以实现广告信息的随时更新，传播效力大增。从平面广告到立体广告的跳转取决于消费者自身的主观选择，这不仅从某种程度上尊重了广告受众，而且也能实现了广告商与受众的互动。平面广告

① 黄升民：《电视生猛的“六缸”驱动力》，见 2013 年 10 月 15 日黄升民在“电视的力量—中国电视影响力发展论坛”上的发言。

的“二维码”还可以结合大数据，精确地跟踪和分析每一个广告、每一个时段、每一个访问者的记录，为企业评估广告效果、选择最优媒体、最优广告位、最优投放时段做出精确参考。

另外，通过搜索引擎、网络广告等互联网方式的广告投入成本非常高昂，国内电子商务获取新用户的成本每年都以 30%的水平增加，平面媒体的“二维码”广告因其同时解决了中小企业信息发布及满足消费者需求两大难题而受到众多电子商务网站的青睐。毫无疑问，紧接着的几年，大发行量的传统纸质媒体将成为“二维码”购物的最大载体。

四、国内“二维码”发展中所面临的系列问题

中国将近 5 亿移动网民对“二维码”的态度，已经由新奇、便利转向依赖、信任，“二维码”在国内用户中的普及度已经大大提升。但业内人士认为，“二维码”在中国的发展仍面临一些关键问题，比如，缺乏核心技术、盈利模式有待突破、行业的急功近利以及安全问题等。其中，安全问题最为严峻。

（一）缺乏核心技术

当前国际范围内使用的“二维码”技术标准，主要有日本 QR 码、美国 PDF417 码。我国也有企业自主研制出 GM 码标准，但眼下并不普及，国内使用的“二维码”主要是“QR”码，存在一定专利风险。若无法及时规避，正在迅猛发展的“二维码”产业，或将沦为下一个“DVD”产业。因此，核心技术的缺失制约着我国“二维码”产业的发展。

（二）盈利模式有待突破

虽然“二维码”逐渐成为了寻常百姓网络浏览、下载、在线视频的入口，但是，“二维码”电子商务、“二维码”导航、“二维码”购物等功能仍然没有完全发挥出来，用户习惯的缺失直接影响到“二维码”的应用。1 元钱买饮料、麦当劳的优惠券等各种通过“二维码”扫码实现的优惠活动，其目的都在于培养“二维码”用户的消费习惯。目前，大多数“二维码”公司还不赚

钱，整个行业还在探索合适的商业模式，“二维码”的盈利模式还有待突破。

（三）安全问题极为严峻

随着编码和解码技术升级，“二维码”可容纳的信息量越来越大，再加上国家对“二维码”应用的相关政策并不是很完善，如今的“二维码”也成为了手机病毒、钓鱼网站传播的新“帮凶”。网秦发布的《2013 年上半年全球手机安全报告》显示，中国大陆以 31.71%的手机恶意软件感染比例位居首位。除了越狱、刷机以外，“二维码”对病毒的传播可谓是“功不可没”。

病毒“二维码”已经成为诈骗新工具，扫描“二维码”一旦中毒，就可能泄露手机通讯录、银行卡号等一切与手机绑定的隐私，甚至还会引起被扣费和透支银行信用卡等严重后果。打开网页新闻，因扫描病毒“二维码”而导致的财产损失、隐私外泄等案例与日俱增。在用户量及扫码量飞速增长的同时，如何确保扫码内容安全以及扫码结果不给用户带来风险，已成为用户密切相关的权益问题，乃至关系到整个行业的发展。

总的看来，“二维码”的未来，是一片新的蓝海，还是一个泡沫？这是让人深思的一个问题。2013 年，“二维码”作为现代化移动营销的生力军，发展之迅速，的确让人始料不及。可以预见，“二维码”将成为融合移动互联网、电子商务、云计算等领域的下一个金矿产业；“二维码”的应用也将广泛渗透到购物、餐饮、IT、传媒、旅游、展会等多个行业领域；“二维码”将成为移动互联网聚力打造首都网络文化消费的“新名片”，逐渐成为首都移动网民网络文化消费的一个新入口。

2013：网络文学上演“双城记”

许苗苗*

摘　要：2013年年初“文学之城”的评选中，首都北京惜败上海屈居亚军，京沪之间始终上演着你争我夺的“双城记”。占网络文学垄断地位的“盛大文学网”总部位于上海，在这一新兴文化领域内具有天然优势，北京虽然是诸多重要门户网站的聚集地，但在此领域却处于弱势。本年度，北京诸多网站开始发力：以“17K文学网”为代表的专业网站成立“网络文学大学”，以“新浪读书”为代表的综合网站拓展文学频道，以百度“多酷平台”为代表的新兴力量开始介入，网络文学开始面临新的变局。目前“京派”网络文学虽在规模上尚不能与“海派”相比，但由于力量众多，侧重不同，且背后均有不容小觑的势力支持，其力量在迅速壮大，并日渐显露出挑战性。

关键词：网络文学　北京　上海　“双城记”

2013年度对于首都网络文学发展来说，是平静与惊险并存的一年。如果单纯从创作种类、作品题材、作者力量等文学因素角度看网络文学，可以说本年度这一领域并无亮点。已然发展成型的题材类型化、内容通俗化以及篇幅的冗长、质地的稀薄、作者拼体力而非创意等模式没有向好的方面突破，这一领域显得风平浪静、波澜不兴。但另一方面，表面的平静下险象环

* 许苗苗，博士，北京市社科院文化研究所副研究员，首都文化发展研究中心专职研究员，伦敦威斯敏斯特大学访问学者。主要研究方向为网络文化、都市文化。本文为国家社科基金青年项目：“网络文学的媒介转型研究”（批准号：13CZW004）阶段性成果。

生:年初"文学之城"评选过程中,北京与上海上演双城记,最终作为全国文化中心的北京却不敌上海。从网络文学行业角度来说,上海的盛大文学有限公司虽然继续保有垄断地位,却遭遇变革,同时,几家早已布局网络文学行业的北京网站开始发力,显露出与上海争夺的势头。总体来看,如果结合网络文学各大组织运营者的博弈,从产业整体发展和行业格局的变动来看,可以说,2013 是中国网络文学发展过程中十分关键的一年。

一、透析 2013"文学之城"评选

"文学之城"是联合国教科文组织"创意城市网络"计划中的一部分,自 2004 年 10 月将苏格兰首府爱丁堡命名为第一座"文学之城"以来,迄今为止已陆续有澳大利亚墨尔本、美国爱荷华得到认定和命名,而拥有三千余座城市的中国,尚无一得到认定。据了解,联合国教科文组织认定"文学之城"的目的在于促进社会、经济和文化发展,认为文化不仅能够对经济发展做出贡献,也赋予社会生活不可缺少的"意义、归属感和延续感"。

2013 年 3 月 26 日,一则微博消息吸引了众多关注文学人们的转发:"百座文学之城揭晓,北上广蝉联三甲,上海超越北京成为百座文学成之冠。"对于诸多身在北京、心系北京的网友来说,这一消息无疑十分刺眼。点开消息附带的链接才发现,这"文学之城"的评选,虽然最终目的是向联合国教科文组织推荐中国文学城市,但其实可以看作网络文学巨头"盛大文学"在 2013 年的一次推广活动,"盛大文学"再一次有意无意地以"文学"替代了更具有限定性的"网络文学"一词,并且将这种企图从网络文学概念领域延伸到了城市文化中,打出了"掘城市文化底蕴、打造当代文学名城"的口号。

"寻找中国 100 座文学之城"活动在 2013 年其实并非首度推出,早在 2010 年 7 月其第一届就拉开了序幕。具体评选方式为:首先盛大文学通过对旗下七家文学网站作者上传文章的 IP 地址进行统计,得出网络文学作者聚集最多的 385 座城市名单,之后在其中选出百座文学之城。其后根据网

友投票占50%,专家、媒体评审团占50%的比例,在百城基础上评出前10座文学之城。在10座城市中展开以"城市物语"为主题的城市文学故事征集,竞选出两个城市进行双城写作拉力赛,最后获胜者将推送联合国教科文组织,申报世界"文学之城"称号①。此次第二届"寻找中国100座文学之城"十城榜单,最终晋级前十的城市为上海、北京、广州、深圳、成都、重庆、杭州、武汉、苏州、天津。

从评选方式可以看出,盛大文学发起的并不是传统意义上的文学活动,因为文学之城评选的先决条件是"IP地址"和"网络文学作者"数目统计。进一步深入跟踪会发现,即便是网络文学作者人数评选,也不是普遍意义上的网络文学,而仅限于"盛大文学旗下作者群"。由于盛大文学总部位于上海,其作者分布自然在总部附近有一定的群落聚集性,在其160余万名作者中,上海作者数以6.86%的占比高居榜首在所难免,但能否就此得出"取代作为国家文艺中心城市的北京,成为聚集网络文学创作者最多的城市"的结论则值得商榷。

虽然所谓"文学之城"的评选只是单一网络文学公司的商业行为,但这次活动对于考察当前国内文化、文学生态环境却具有相当的意义。首先,联合国提倡的文学之城本身并非倾向大城市或大作家,而是"更加关注文学影响力,看它的市民对文学的参与热情,看这个城市文学创作的整体活力,看文学对城市人的影响"。可以说,是一种对市民的文学认同度和参与度的考察。而网络以其开放性赋予公众的话语权,网络文学从本质上具备吸纳尽可能多的文学创作者、阅读者、文学活动参与者的特质。其次,网络无国界,但文化的认同性却与民族、地域有着极强的联系。网络以其通用英语的优势正在模糊并吞噬着各国文化的民族、地方特色,但是通过技术手段对世界范围内单一语种的创作情况调查,仍能够在一定程度上了解相关文化的分布特性,并不失为提高语言文学凝聚力的一个好渠道。同时,联合国

① 《盛大文学发起的"寻找中国100座文学之城"活动正式上线》,http://www.sd-wx.cn/ploy/2010/LitCity.html。

"文学之城"的评选中,认为对文化的理解可以帮助人们在保持自己生活方式的同时,学会尊重其他文化传统和生活方式,"这是一条接受文化差异和建设社会和谐的道路"。最后,在盛大文学对网络文学创作的统计中,可以大致了解国内各城市以及海外华人的创作情况。虽然这类网络文学的统计不能完全替代文学,但一定程度上反映出民间文学创作情况和分布。

表 1　2013 年度国内网络作家地域分布统计

国内排序	省	市	作家占比	国内排序	省	市	作家占比
1	上海	上海市	0.068565	16	福建	福州市	0.012256
2	北京	北京市	0.065729	17	河南	郑州市	0.012144
3	广东	广州市	0.035885	18	湖南	长沙市	0.012109
4	广东	深圳市	0.029868	19	山东	济南市	0.011235
5	四川	成都市	0.026993	20	辽宁	沈阳市	0.011080
6	重庆	重庆市	0.026513	21	山东	青岛市	0.010996
7	浙江	杭州市	0.026508	22	黑龙江	哈尔滨市	0.010605
8	湖北	武汉市	0.023679	23	广东	东莞市	0.009771
9	江苏	苏州市	0.022528	24	河北	石家庄市	0.009749
10	天津	天津市	0.019359	25	江苏	泰州市	0.009740
11	江苏	南京市	0.018537	26	台湾	台湾省	0.009077
12	浙江	温州市	0.018220	27	浙江	嘉兴市	0.009011
13	陕西	西安市	0.014645	28	吉林	长春市	0.008943
14	河南	南阳市	0.013987	29	香港	香港特区	0.008873
15	江苏	无锡市	0.012707	30	广西	南宁市	0.008746

二、网络文学"双城记"

当前,国内力推"网络文学"概念的,大致有两股势力。其一是以"盛大文学"旗下起点中文网、小说阅读网、红袖添香网、晋江原创网、言情小说吧、潇湘书院、榕树下七家网站联盟为一脉的力量。而另一股力量的组成则比较复杂,有以"17K 文学网"、"纵横中文网"为代表的网络文学原创站点;也有"新浪读书"、"凤凰网读书"等依托综合网站的读书频道等。2013 年 7 月网络文学网站排名以及 2013 年第三季度网络文学类网站活跃用户情况排名见表 2。

表 2 2013 年 7 月网络文学网站访问排名①

排 名	网站名
1	起点中文
2	小说阅读
3	新浪读书
4	17K 文学网
5	纵横中文网
6	晋江文学城
7	凤凰网读书
8	红袖添香
9	言情小说吧
10	潇湘书院

表 3 互联网文学类网站活跃用户数排名②

排 名	站 点	活跃用户数
1	起点中文网	1748. 8 万
2	17k 小说网	693. 4 万
3	小说阅读网	654. 8 万
4	凤凰读书	510. 3 万
5	新浪读书	492. 3 万

① 资料来源:中商情报网,http://www.askci.com/,2013 年 8 月 10 日。

② 资料来源:中国报告大厅,http://www.chinabgao.com/stat/stats/21665.html,2013 年 10 月 16 日。

续表

排 名	站 点	活跃用户数
6	书包网	463.5 万
7	豆瓣读书	408.9 万
8	笔趣阁	405.5 万
9	纵横中文网	405.1 万
10	言情小说吧	403.3 万

由表3可以看出:一方面,盛大文学的实力确实不容小觑,在网络文学前十位网站中,其旗下网站就占据了六席,其中,"起点中文网"在访问量和网民活跃度上远远将其他文学网站甩在身后,始终毫无悬念地占据第一位的宝座。而另一方面,"17K小说网"和"纵横阅读网"等网络原创网站以一己之力,紧咬"起点中文网",在整体排名上始终紧随其后。"新浪网"、"凤凰网"等综合网站也没有放松对读书频道的打造,并时刻在探索着进军网络文学市场的可能性。虽然盛大文学已然成为网络文学市场当之无愧的巨头,但来自"17K小说网"、"新浪读书"等网站的威胁也不容小觑。出于竞争、发展等的需要,这类网站还不时联手应对盛大文学的挑战。盛大总部位于上海,而其余网站大多以北京为中心,可以说两股势力在博弈的过程中,上演一场京沪两地的"双城记"。

如前所述,上海作为盛大文学总部所在地,在网络文学作者、创作活动等方面具有先天的优势。据悉,盛大文学自2008年成立以来,当年营收5298万元人民币,随后2010年和2011年分别达到3.93亿元和7.01亿元。2012年第一季度营收1.91亿元,实现净利润306万元。2013年,仅旗下"潇湘书院"一家网站就营收过亿。盛大文学还获得了外部资金力量的认可,6月中旬吸引到高盛及淡马锡1.1亿美元的投资,7月16日再度获得新华新媒公司战略投资。可以说,无论在规模方面还是利润方面,盛大文学都已是当前网络文学界当之无愧的大鳄,已占据国内网络文学市场将近80%的份额,并为中国移动无线阅读贡献了60%的内容,形成了一家独大的局面。在网络文学概念的经营中,盛大文学不仅获得了巨大的市场收益,它还扮演了一个概念推动者和定义者的角色,以商业营销手段,将"网络文学"一词从最初网友们自娱自乐的无功利写作转变为一项颇具生产潜力的产业链,并带动了网络文学向印刷品、影视、游戏等媒介的转型。盛大文学的发展,不仅仅代表着市场行为,在一定程度上也主导了国内网络文学的发展方向。因此,是值得关注的。但同时,盛大文学作为一个经济实体,也必然因受到利益的驱动而采取一些壮大公司却妨害网络文学本身发展的行为,这些行为直接体现在盛大文学总部与下属各网站管理者、编辑的理念、财务冲突上。2013 年 3 月就发生了盛大文学旗下最大网站"起点中文网"中层管理者集体辞职的事件,6 月初,这些曾经是"起点中文网"最初创立者并深谙其运作规则的辞职员工转投腾讯,并另起炉灶设立"创世中文网",旗帜鲜明地站在了"起点"的对立面。这一事件不仅是盛大文学总部与旗下网站之间矛盾在 2013 年的集中爆发,也可以看作网络文学"海派"发展模式弊端的暴露。

在北京方面,"17K 小说网"和"纵横阅读网"等虽然在原创内容的类型设置和选择上与"起点中文网"有很大的相似度,但力图寻求突破并实现差异化。由于前者依靠盛大集团,走快速扩大规模的路子,较为注重数量的增加,降低了原创内容质量的要求,存在类型单一、模式重复的问题,其作者为适应网站的类型化写作要求,不断地自我重复,缺乏创新。在这方面,"17K 小说网"则做得较好。它依托数字出版集团"中文在线",网站重视具有持续开发可能性的作品,因此比较注重签约作者的培养、写作能力的提升以及作品质量的提高。

同时,总部同样位于北京的新浪虽然目前并未以网络原创为主业,但其读书频道依靠综合门户网站广泛的资源,逐渐建立起依托名作名家的特色,占据了高端读者的视野。2013 年 7 月,新浪读书频道、移动阅读内容进行了整合,并拆分读书频道,单独成立文学公司并注册了名为"果壳小说"的文学网站。

此外,总部位于北京中关村的搜索网站百度也悄悄开始涉足网络文学领域。2013 年 2 月底起，百度多酷平台开始着手招募作者、编辑；4 月底，百度多酷文学站上线并与手机版共享数据库；6 月 8 日，多酷文学网宣告正式上线，其链接悄悄出现在好 123 快捷导航页面。

由此可见，目前“京派”网络文学在规模上尚不能与“海派”相比，但由于力量众多，侧重不同，且背后均有不容小觑的势力支持，其力量在迅速壮大，并日渐显露出挑战性。

三、网络文学格局新变

纵观全局，2013 年网络文学呈现出以下特点：在创作层面，作者分散化、多元化，网络作者影响力提升；在行业层面，垄断企业问题暴露、多元化格局日益凸显；在研究层面，研究机构的评论突出专业性等特色。

（一）在创作层面，作者呈现分散化、多元化趋势，大陆网络作者影响力提升

从表 4 可以看到，台湾和香港的网络文学作者数量本年度排名均已进入前 30，其中台湾排名第 26 位，香港排名第 29 位，比起 2010 年香港、台湾分别列第 68 位和 72 位的名次，均有显著提高。此次统计中，台湾占比“0. 009077”、香港占比“0. 008873”，以盛大文学 2012 年底公布的注册作者 160 万的基数算，则台湾网络文学作者达到 14523 人，香港网络文学作者达到 14197 人。考虑到两地总人口数量，这一数字值得引起重视。

众所周知，华语“网络文学”概念开始流行，是从台湾作家痞子蔡的《第一次的亲密接触》开始的，因此，台湾地区网络文学有着较好的基础。据悉，目前台湾地区网络文学盛行，台湾地区 2011 年阅读习惯调查结果①显示，台湾地区公共图书馆最常被借阅的 Top20 排行榜中，有 16 本属于奇幻、冒险小说，多本以史实为底本，加入奇幻元素。盛大文学旗下“起点中文

① 《2011 年台湾阅读习惯调查结果公布》，http://www. redlib. cn/html/14203/2012/82683670.htm。

网"白金作家月关的《回到明朝当王爷》、《步步生莲》、《大争之世》三部作品均榜上有名。

此次网络作者台湾香港地区排名的大幅度提升一方面说明两地网络文学的普及程度较高;另一方面,由于统计的是大陆网站并以中文写作,也可以看出两地网民对汉语写作的认同度、归属感。更重要的是,由大陆网站主导的网络文学概念已经生成了一个在全球华语圈内颇有影响力的网络文化概念,在相关的亚文化群体内具备一定的吸引力和聚集力。

除港台地区外,通过对海外作家分布数据的统计分析可见:近年来,海外作家群体也在大幅度增加,其中,新加坡(占比 32.03%)、美国(占比 19.4%)两个国家的作者数最多,占整体海外作者群体的半数。其他,如日本、英国、马来西亚、韩国、德国、新西兰、法国及意大利等国家均活跃着为数众多的网络文学作家群体。

表 4　2013 年度国外网络作家地域分布统计①

排　序	国　家	作家占比
1	新加坡	0. 3203
2	美　国	0. 1940
3	日　本	0. 0805
4	英　国	0. 0581
5	马来西亚	0. 0540
6	韩　国	0. 0498
7	德　国	0. 0271
8	新西兰	0. 0267
9	法　国	0. 0223
10	意大利	0. 0216
11	西班牙	0. 0156
12	加拿大	0. 0113

① 《2013 年度国外网络作家地域分布统计》, http://book. sohu. com/20130325/n370230916.shtml。

续表

排　序	国　家	作家占比
13	俄罗斯	0.0096
14	澳大利亚	0.0090
15	泰　国	0.0076
16	荷　兰	0.0073
17	瑞　典	0.0068
18	乌克兰	0.0053
19	阿联酋	0.0045
20	爱尔兰	0.0037
21	南　非	0.0037
22	印　度	0.0033
23	菲律宾	0.0032
24	阿根廷	0.0030
25	丹　麦	0.0030
26	越　南	0.0030
27	芬　兰	0.0025
28	比利时	0.0023
29	奥地利	0.0018
30	巴基斯坦	0.0018

随着网络写作的普及，少数民族作者也逐渐显示出个性化的实力，在互联网上展示出民族特色和风采。如新疆巴音郭楞蒙古自治州、贵州黔南布依族苗族自治州、黔东南苗族侗族自治州、吉林延边朝鲜族自治州、湖南湘西土家族苗族自治州、四川凉山彝族自治州、云南德宏傣族景颇族自治州等少数民族城市、自治州也形成了数量可观的网络文学作者群①。

① 刘婷：《第二届“百座文学之城”榜单揭晓网络作者“聚居地”出炉》，《北京晨报》2013年3月26日。

(二)在行业层面,垄断企业问题暴露,多元化格局日益显现

表5 目前代表性网络文学网站成立时间及依托集团

序 号	网站名称	成立时间	依托集团
1	红袖添香	1999	盛大文学
2	幻剑书盟	2001	Tom 网
3	逐浪文学网	2003	空中网
4	起点中文网	2003	盛大文学
5	小说阅读网	2004	盛大文学
6	纵横中文网	2004	完美世界
7	17k 小说网	2006	中文在线
8	果壳文学	2013	新 浪
9	创世中文网	2013	腾讯网
10	多酷文学	2013	百 度

由表5可以看出,主要网络文学站点成立有两个高峰期:一个是2005年之前,这类站点多半由个人文学网站发展起来,经过了早期网络文学站点内容、作者来源等探索,由于特色的内容赢得了一批忠实用户的支持,后获得大型网络集团的投资,开始由个人站点向商业化站点发展,在规模上有了较大的提升。另一个高峰期则是2013年。从它们背后所依托的集团可以看出,本年度新成立的网站基本由综合门户、搜索网站、个人通讯提供商投资,这些网站基本都是行业内的巨头且在主要经营项目上各有所专,涉足网络文学可以视作综合规模扩大的一个步骤,也可以看做是互联网行业竞争精细化的一项动作。

位于这两个高峰期之间的2006年成立的“17K小说网”则略有不同,它由数字出版商“中文在线”投资并控制。既不是被收购的个人网站,也不属于综合网站抢夺地盘的尝试行为。它一开始就对网站中网络文学原创内容的后续商业开发进行明确的定位,致力于网络出版,没有个人网站探索期的那种自由随意性,在内容类型方面比较单一;同时也没有综合网站出于快速

抢夺市场目的，对已盈利的“盛大模式”进行效仿过程中所显露出的高度同质化弱点。在诸多网络文学站点中，“17K 小说网”注重利用地处北京这一文化中心的优势和便利性，与中国作协等专业单位合作，着力于对旗下作者写作能力进行培养和提高。并未把重点放在求数量和篇幅上，而是重视质量和深度的提升。2013 年 11 月，中文在线还发起成立了国内第一所公益性质的网络文学大学，并在北京孔庙国子监举行成立仪式。网络文学大学由“17K 小说网”发起并联合多家知名原创文学网站共建，意在对网络文学作者进行免费培训，由中国作家协会指导，并聘请诺贝尔文学奖得主莫言担任名誉校长。这一行为是强调专业化、精品化的又一重大举措，在改善当前国内网络文学质量水平方面有举足轻重的意义。

（三）在研究层面，关注网络文学的研究机构日益增多，评论日趋专业化

在网络文学研究以及专业化机构对网络文学的关注层面，2013 年度北京动向值得瞩目。

2013 年 10 月 31 日，北京市文联、北京作家协会举行了北京作家协会网络文学创作委员会成立大会，北京市文联党组书记、常务副主席陈启刚出席会议并讲话，市文联党组副书记、北京作协分党组书记程惠民介绍了委员会成立的基本情况①。大会聚集了一些国内知名的网络文学作者如唐家三少、辰东、蝴蝶兰、金子、百世经纶等，也邀请了陈福民、毕建伟、李林荣等专业作家和评论家。网络文学代表人物唐家三少担任委员会主任，著名网络作家辰东、唐欣恬、宋丽晅以及网络文学研究者、红袖添香网总编辑毕建伟担任副主任。作为网络文学重镇，北京聚集了一大批有实力、有创作能力的网络作家。北京作协更是早在 2008 年就开始吸收网络文学作家加入。虽然湖北省作协在 2009 年出台了专门针对网络作者入会细则的举措广受好评，但实际上最早向网络作家敞开怀抱的省级作协却是北京作协。这充分说明了北京作协对待文学创作者特别是年轻作者的包容和鼓励态度。虽然

① 李洋：《北京作协成立网络文学创作委员会》，《北京日报》2013 年 11 月 1 日。

网络文学创作委员会只是北京作协旗下八个文学创作委员会之一,但此行为可以看作推动北京地区文学事业繁荣发展的一项重要举措。通过网络聚集力,能够更好地利用北京得天独厚的网络以及文化资源,对首都文学创作队伍进行整合,为生活在北京的诸多体制外、非京籍的网络作者提供便利;也可为网络作家提供培训、研讨、交流的机会,在研究方面,也可以积极探索新媒体文学创作和网络作家成长的特点和规律。成立大会之后还召开了"时代·责任·梦想"网络文学座谈会。网络文学作家代表在会上畅所欲言。由于他们能够深切体会到网络文学创作的艰辛,与读者有着更多的互动和沟通,提出了不少有针对性的意见。例如,认为二三十万字的作品在网络文学产业中由于商业价值不高,缺少展示平台,作者报酬很少,亟待扶持。又如认为网络文学正越来越多地为影视等其他艺术门类提供故事核和最具想象力的素材,但其作者却缺乏有效的维权途径,等等。

作协网络文学创作委员会的成立在创作和评论互动层面为解决当前网络文学面临的实际问题以及认识当前网络作家的生存状态提供了契机,而中国中外文艺理论研究会专业文艺研究人员的关注则将对网络文学的研究提升到了专业理论探讨的层面。2013 年 7 月 26 日,中国文艺理论学会网络文学研究会成立大会暨"网络与文学变局"学术研讨会在拉萨召开。来自全国各大高校、研究院所、期刊杂志社的专家学者和著名网络作家 100 余名代表到会。据会议资料显示:我国近 6 亿网民中,文学网民达 2. 48 亿,网民的网络文学使用率为 42. 1%。其中,有超过 2 千万人上网写作,网站注册写手近 2 百万人,通过文学网站和各类数码接收终端阅读文学作品的人数日均超过 10 亿人次。面对这一活跃的文学现象,专业研究者无法忽视,网络文学评论和理论研究显得十分重要和紧迫。全国网络文学研究会可谓应运而生,它有利于组织国内外的研究力量,推动网络文学的理论评论工作从自发走向自觉,开创网络文学研究的新局面。此前,网络文学研究的主要成果大多出自中国中外文艺理论协会新媒体分会,2013 年 11 月 17 日,这一研讨会再度在位于北京西三环的中国青年政治学院拉开了帷幕。一些北京网络文学研究者在会上展示了网络文学、网络文化研究最新成果。

作协团体的吸纳和创作委员会的成立有利于梳理网络文学生态的真实状况，在商业力量之外提供了文学视角，也有利于传统作家与网络作家的互动、互补；而专业批评力量、文艺理论研究者的关注和介入，有利于整合当前国内网络文学研究资源，打通民间创作与学院研究、专业创作之间的壁垒，更有利于吸引更多年轻的，熟悉互联网并拥有一定理论功底的研究人员进入网络文学研究这一方兴未艾的新领域。

2013 年度，诸多北京的网络文学特色站点纷纷发力，向当前网络文学界的实力派，位于上海的盛大文学发起了挑战。京沪两地在网络文学领域上演了一场双城记。目前首都网络文学各家站点的力量尚无法撼动上海盛大文学的垄断地位，但竞争中酝酿着多元化的经营理念，也包含突破垄断、发起行业变革的可能；专业化关注，作者质量提高预示着网络文学发展的美好前景。双方力量的均衡、博弈令人欣喜，其结果也必然值得拭目以待。

中国互联网络信息中心数据

CNNIC Data

2013年北京市互联网络发展状况报告

中国互联网络信息中心

一、内容摘要

➢ 截至2013年12月底，北京市网民规模达到1556万人，年增长率6.7%。互联网普及率为75.2%，比全国平均水平高29.4个百分点。

➢ 北京市手机网民规模达到1236万人，在整体网民中占比为79.4%，较2012年底增加了170万人。

➢ 我国域名总数1844万个，相比2012年底增速达到37.5%。北京市域名总数为186万个，占全国域名总数的10.1%，位居全国第三位。

➢ 北京市网站数44万个，占全国网站总数的13.7%。北京市网站数量较2012年底增长了10%。

➢ 北京市网民上网时长为30.3小时，比全国平均水平高5.3个小时。

➢ 北京市网民家中接入互联网的比例达到90.8%，比例较2012年底略有提升。单位、学校和公共场所的互联网接入比例明显高于全国水平。

➢ 北京市网民搜索引擎的使用率略高于全国平均水平6.8个百分点，达到86.1%，位居北京市第二大互联网应用，进入了稳定发展的阶段。

➢ 即时通信是北京市网民使用率最高的互联网应用，比例为87.8%，较全国平均水平高1.6个百分点，比2012年底增加了2.3个百分点。

➢ 北京市网民网络娱乐类应用使用率均高于全国平均水平，网络音乐、网络视频和网络文学与2012年底相比也有不同程度的增长，网络游戏的使用率则低于2012年4.1个百分点。

➢ 北京市网民商务交易类应用使用率均明显高于全国平均水平，网络购物使用率比全国平均水平高出15.7个百分点，网上支付使用率高出全国10.1个百分点。商务类应用使用率均高于2012年同期水平。

二、网民规模

（一）北京市网民规模

截至2013年12月底，北京市网民规模达到1556万人，年增长率6.7%。互联网普及率为75.2%，比全国平均水平高29.4个百分点，北京市互联网普及率稳居全国首位。与2012年底相比，北京市网民增速提升了不到1个百分点，随着互联网设备的不断普及与宽带网络计划的大力推进，未来北京市互联网普及程度与其他地域差异将慢慢缩减。

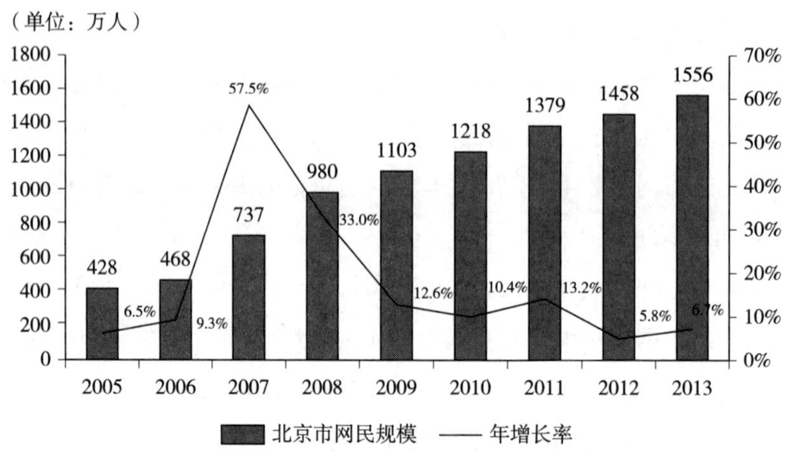

图1　2005—2013年北京市网民规模和增长率

（二）手机上网网民规模

截至2013年12月底，北京市手机网民规模达到1236万人，在整体网民中占比为79.4%，较2012年底增加了170万人。与全国平均水平相比，北京市网民手机上网比例略低于全国平均水平0.6个百分点。3G的普及、无线网络的发展和智能手机的降价，以及手机应用服务的发展，促进了手机网民规模的快速增长。

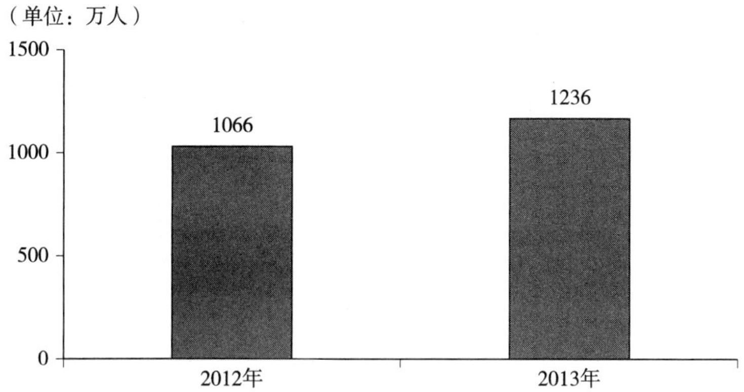

图2　2012—2013年北京市手机上网网民规模

三、北京市网民结构特征

（一）性别结构

北京市网民男女性别差异明显大于全国平均水平。北京市男女性别比例为58∶42，男性较全国平均水平高2个百分点。男性比女性高出16个百分点，与2012年男女性别差异基本一致。

（二）年龄结构

北京市网民年龄较成熟，20岁以上用户群比例均高于全国平均水平，其中50岁以上高出全国8.4个百分点。而20岁以下的用户比例为13.5%，比全国平均水平低12.4个百分点。

（三）学历结构

与全国平均水平相比，北京市网民学历水平较高，大专学历网民比例为12.9%，高出全国平均水平2.8个百分点，大学本科及以上的网民占比高达30.2%，比全国高出19.4个百分点。而高中/中专/技校及以下学历群体占比均低于全国平均水平，其中初中学历用户比例较全国平均水平低11.8%。

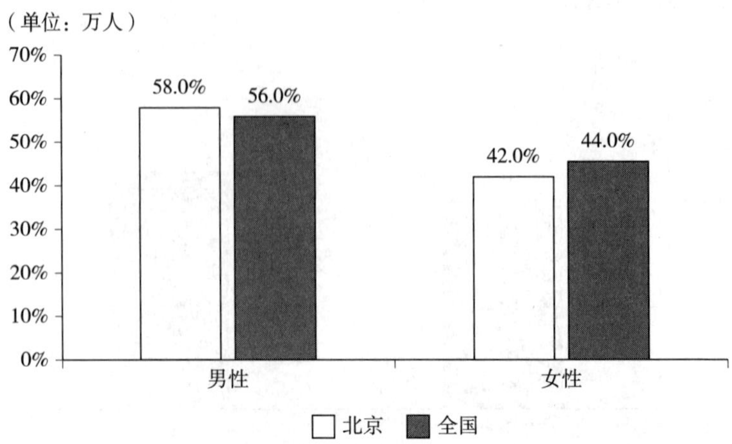

图 3　北京市与全国网民性别结构对比

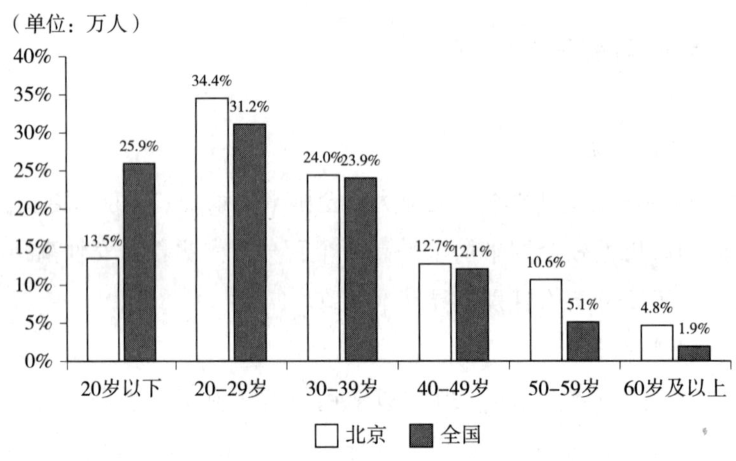

图 4　北京市与全国网民年龄结构对比

（四）职业结构

学生是第一大上网群体，比例为 21%，低于全国平均水平 4.5 个百分点。网民中第二大群体为企业/公司一般职员，占整体的 18.6%，高出全国平均水平 7.2 个百分点。其次为个体户/自由职业者，再次为退休人员。

（五）收入结构

北京市网民收入水平高于全国平均水平，3000 元以上各收入段的网民

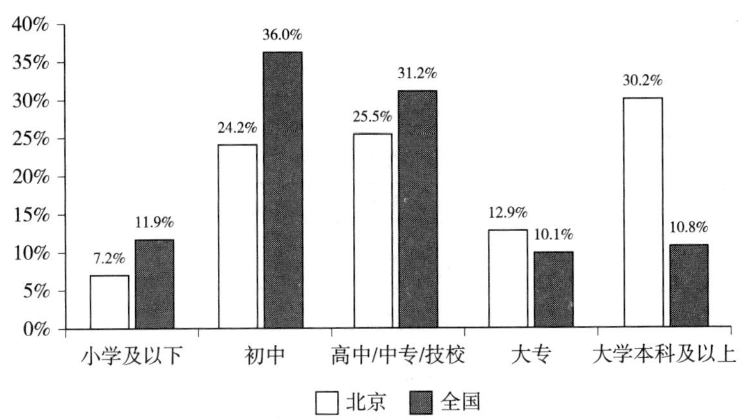

图5　北京市与全国网民学历结构对比

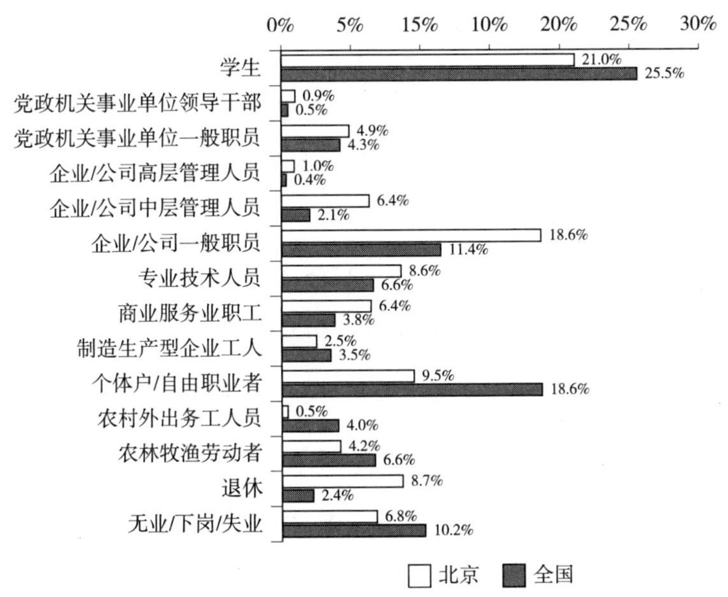

图6　北京市与全国网民职业结构对比

比例均高于全国水平。而北京市网民中500元以下及无收入者占比为9.8%，比全国低11个百分点。北京市网民中收入在3001—5000元的群体为最大用户群，比例为22.8%，比全国高出7个百分点；其次为2001—3000

元用户群，比例为 17. 8%，和全国水平持平。

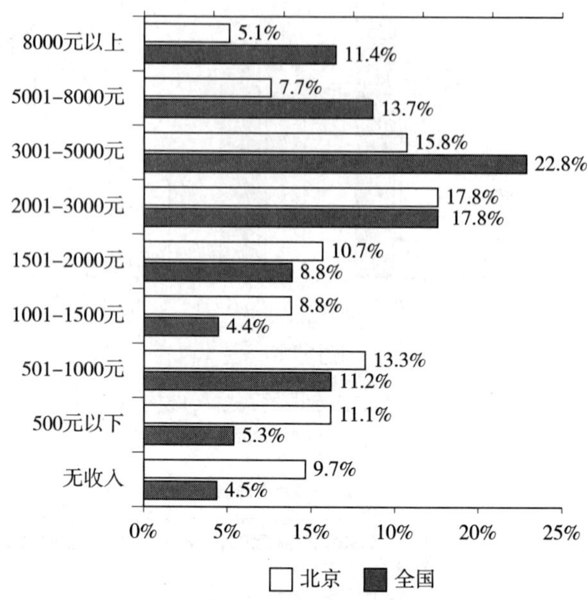

图 7　北京市与全国网民收入结构对比

（六）城乡结构

北京市网民城乡结构比为 82. 5 ∶ 17. 5，城乡差距显著，但是乡村网民比例较 2012 年底的 15. 5%提升了 2 个百分点。

四、互联网基础资源

延续了 2012 年的情况，北京市互联网基础资源发展仍旧稳居全国领先地位。其中，IPv4 地址数保持全国第一，域名拥有量位居第三，网站拥有量仅次于广东省。

与 2012 年底相比，IPv4、域名总量和网站总量继续保持增长态势，尤其是在 CN 域名增长带动下，北京市域名总量大幅增长了 47. 6 个百分点。

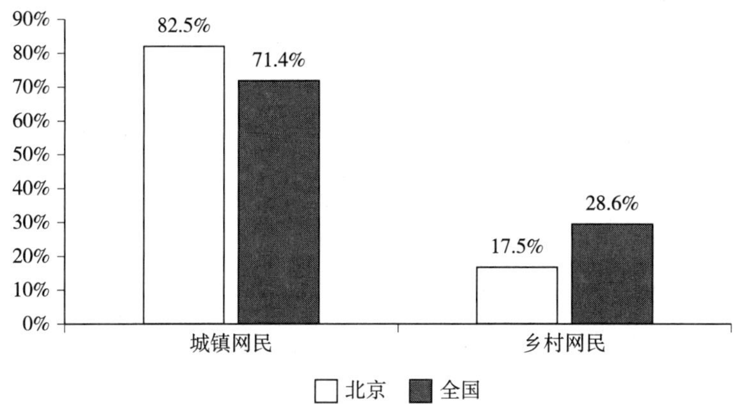

图 8 北京市与全国网民收入结构对比

表 1 2012—2013 年北京市互联网基础资源对比

	2013 年	2012 年	年增长率
IPv4(万个)	8472	8462	0.1%
域名(万个)	186	126	47.6%
CN 域名(万个)	81	47	72.3%
网站(万个)	44	40	10.0%

(一)IP 地址

截至 2013 年 12 月底,北京市 IPv4 地址总数为 8472 万个,占全国 IPv4 地址总数的 25.65%,保持全国第一。

IP 地址作为一项重要的互联网基础资源,对我国互联网健康有序发展有起重要的影响。而伴随着中国网民的快速增长、移动互联网、物联网和云计算等新兴业务的广泛开展,互联网产业将对 IP 地址产生海量需求。在目前 IPv4 地址逐步耗尽的情况下,向 IPv6 的过渡和迁移是解决这个问题的唯一方案。

(二)域名

截至 2013 年 12 月底,我国域名总数 1844 万个,相比 2012 年底增速达到37.5%。北京市域名总数为186万个，占全国域名总数的10.1%，位居全国第三位。

北京市CN域名总数为81万个，占全国CN域名总数的7.5%，占北京市域名总数的43.6%，CN域名总数较2012年底增长了72.3%。"中国"域名为3万，占全国"中国"域名总数的11.5%，占北京市域名总数的1.7%。

（三）网站

截至2013年12月底，北京市网站数44万个，占全国网站总数的13.7%。北京市网站数量较2012年底增长了10%。

五、网络接入

（一）上网时长

北京市网民上网时长较长。截至2013年12月底，北京市网民上网时长为30.3小时，比全国平均水平高5.3个小时。

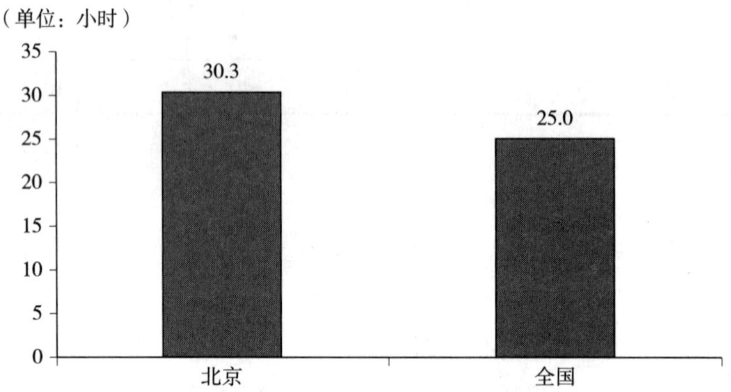

图9　北京市网民平均每周上网时长

（二）上网地点

截至2013年12月底，北京市家中接入互联网的比例达到90.8%，比例较2012年底略有提升。单位、学校和公共场所的互联网接入比例明显高于全国水平，其中，公共场所互联网接入率较2012年底高出7.2个百分点。

北京市公共网络建设发展较好。

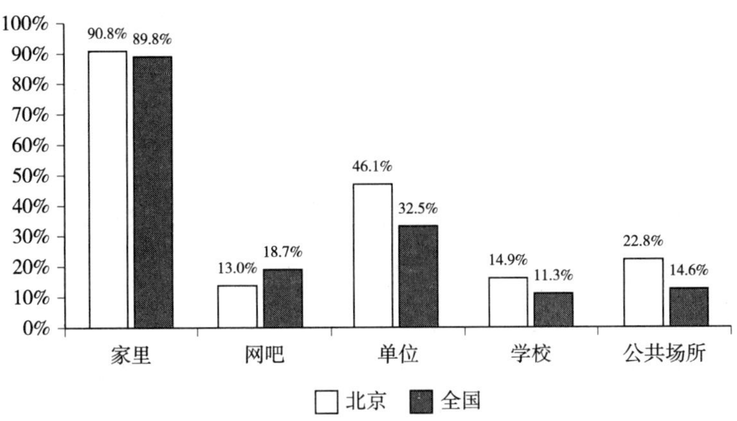

图 10　北京市与全国网民上网场所对比

（三）上网设备

北京市网民手机上网比例快速增长，达到 79.4%，较 2012 年底提高了 6.3 个百分点。未来，随着网络环境进一步完善和智能终端的继续降价，手机上网比例还将继续扩大。

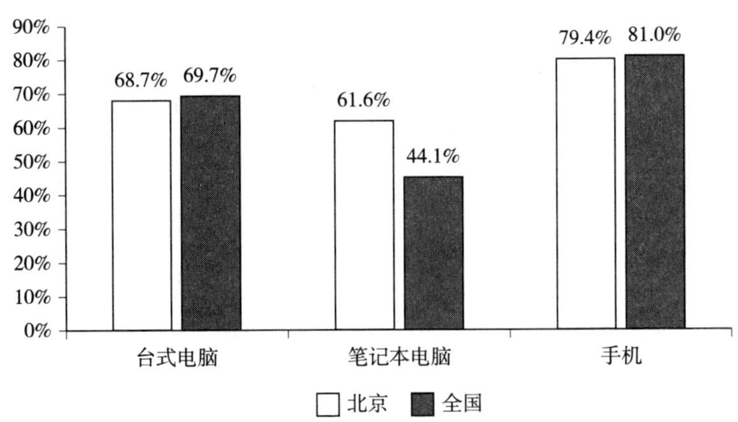

图 11　北京市与全国网民上网设备对比

六、网民网络应用

北京市网民除博客/个人空间和微博外，其余各项互联网应用使用率均高于全国水平。其中网络购物高出全国 15.7 个百分点，电子邮件高出 13.7 个百分点，网上支付高出 10.1 个百分点。

北京市网民商务类应用一直保持较好的使用水平，各项使用率均明显高于全国平均水平。其中网络购物和网上支付高出全国平均水平超过 10 个百分点。网络购物使用率比全国平均水平高出 15.7 个百分点，网上支付使用率高出全国 10.1 个百分点。这与北京市经济发展状况，以及北京市网民结构特征相关。北京市网民学历高，收入高，带动了商务应用的使用。

表 2　北京市和全国网民网络应用使用率对比

网络应用		北　京	全　国	差　异
信息获取	搜索引擎	86.1%	79.3%	6.8%
交流沟通	即时通信	87.8%	86.2%	1.6%
	博客/个人空间	62.7%	70.7%	-8.0%
	电子邮件	55.7%	42.0%	13.7%
	社交网站	52.8%	45.0%	7.8%
	微　博	43.2%	45.5%	-2.3%
	论坛/BBS	23.9%	19.5%	4.4%
网络娱乐	网络音乐	79.2%	73.4%	5.8%
	网络视频	76.2%	69.3%	6.9%
	网络游戏	55.4%	54.7%	0.7%
	网络文学	50.4%	44.4%	6.0%
商务交易	网络购物	64.6%	48.9%	15.7%
	网上支付	52.2%	42.1%	10.1%
	网上银行	50.4%	40.5%	9.9%
	旅行预订	36.9%	29.3%	7.6%
	团　购	28.9%	22.8%	6.1%

（一）信息获取类应用

北京市网民搜索引擎的使用率略高于全国平均水平 6.8 个百分点，达到 86.1%，位居北京市第二大互联网应用。搜索引擎作为互联网基础服务之一，进入了稳定发展的阶段。

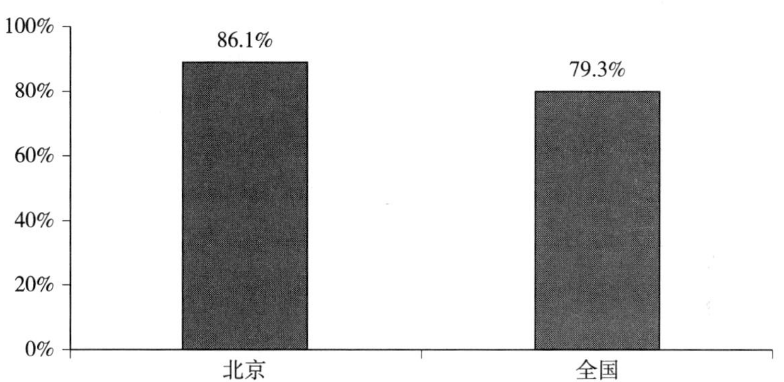

图 12　信息获取类网络应用搜索引擎使用对比

（二）交流沟通类

即时通信是北京市网民使用率最高的互联网应用，比例为 87.8%，较全国平均水平高 1.6 个百分点，比 2012 年底增加了 2.3 个百分点。即时通信服务一直是网民最基础的应用之一，其直接创造商业价值能力有限，更多的来自增值服务的开发。

各项交流沟通类网络应用中，博客/个人空间和微博的使用率低于全国平均水平。其中博客/个人空间较全国低 8 个百分点，微博则低于全国 2.3 个百分点。与 2012 年底相比，博客/个人空间使用率下降了 6 个百分点，而微博则大幅下降了 15.8 个百分点。2013 年是微博发展的转折年，在这一年，微博发展并不乐观，用户规模和使用率均出现大幅下降。原因在于：一方面，微博采用的基于社交网络营销的商业化模式并不理想，使其盈利能力有限；另一方面，竞争对手带来的冲击使微博用户量受到影响。

北京市社交网站应用使用率为 52.8%，比全国平均水平高 7.8 个百分点，较 2012 年底下降了 1.5 个百分点。虽然社交网站使用率在下降，但是社交元素已经置入越来越多的互联网服务中,成为互联网应用的基本元素,以促进各应用发展。

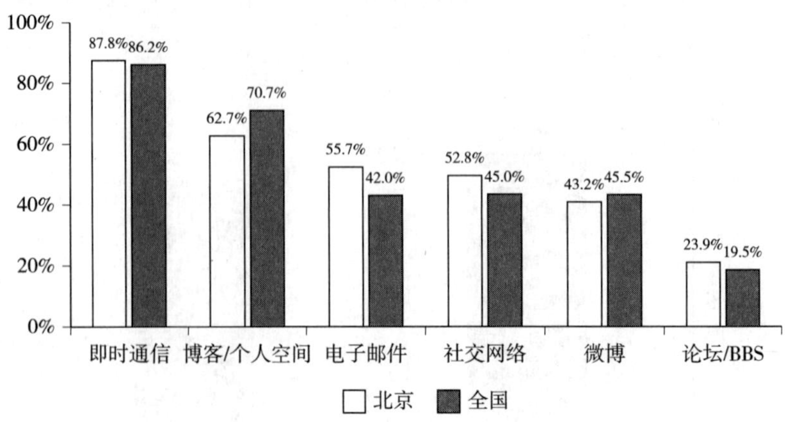

图 13　交流沟通类网络应用使用对比

(三)网络娱乐类

北京市网民网络娱乐类应用使用率均高于全国平均水平,网络音乐、网络视频和网络文学与2012年底相比也有不同程度的增长。网络游戏的使用率则低于2012年底4.1个百分点,网络游戏整体用户规模增长空间有限。但是与整体网络游戏用户规模不同,手机端网络游戏用户呈现出快速增长的态势,这说明,中国网络游戏用户在快速向手机端转化。

(四)商务交易类

北京市网民商务交易类应用使用率均明显高于全国平均水平,其中网络购物和网上支付高出全国平均水平10个百分点还多。网络购物使用率比全国平均水平高出15.7个百分点,较2012年的差距增加了4.1个百分点。北京市网民网上支付使用率为52.2%,高出全国10.1个百分点。商务类应用使用率均高于2012年同期水平。

网络购物在北京市网民中一直保持着较好发展。购物体验的提升,购物环境的优化,以及网络购物法规的完善推动了网络购物使用率的持续走高。北京市网民网络购物使用率较2012年底增长了10.1个百分点,是所

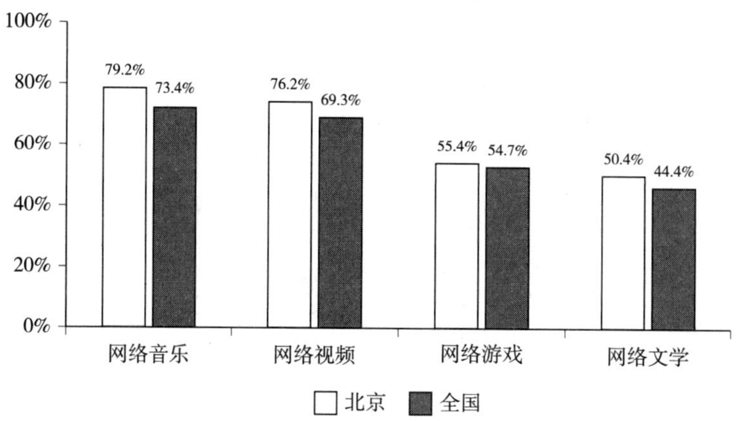

图14　网络娱乐类网络应用使用对比

有互联网应用中年增长最为显著的。

网上支付在北京市网民中使用情况较好,一方面是北京市网民在网络购物方面的增长直接推动了网上支付的发展;另一方面,越来越多的平台引入支付功能,扩展了支付渠道;最后,如打车等线下服务与网上支付深入结合,增加了网上支付的使用。北京市网民网上支付较2012年同期使用率增加了4.1个百分点。

北京市网民团购使用率是商务类应用中最低的,为28.9%,但是与2012年底相比却增加了7.1个百分点,是第二大使用率增长快的互联网应用。团购的发展主要得益于手机端的快速发展。2013年,团购服务在手机端与地图、旅行、生活信息服务等领域的进一步融合,推动了团购向网民群体的快速渗透,整个行业也在不断向线下生活服务领域纵深发展。

七、北京市互联网络发展状况总结和建议

(一)总结

根据北京市统计局、国家统计局北京调查总队发布的2013年全市经济运行情况来看,2013年,北京市经济实现平稳增长。初步核算,2013年全市

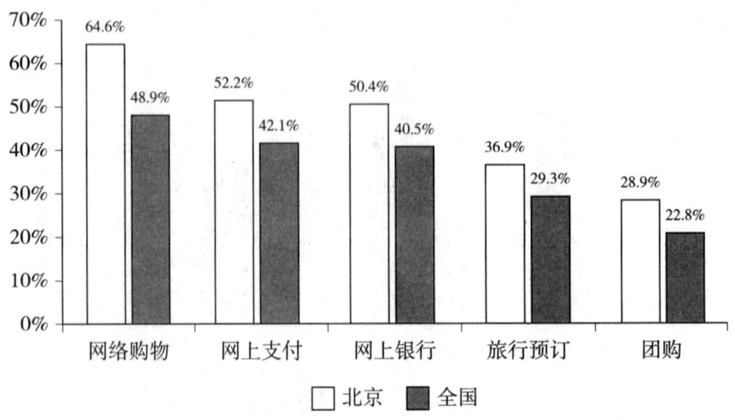

图 15　商务类网络应用使用对比

实现地区生产总值 19500.6 亿元，按可比价格计算，比 2012 年增长 7.7%，增幅与 2012 年持平。坚实的经济基础为北京市互联网的进一步发展提供了有利条件。截至 2013 年 12 月底，北京市网民规模达到 1556 万人，年增长率 6.7%。互联网普及率为 75.2%，比全国平均水平高 29.4 个百分点。IPv4 地址数位居全国第一，域名拥有量保持第三位，网站拥有量仅次于广东省，位居第二。

1.北京市网民规模增长有限，手机网民增长快速

截至 2013 年底，北京市网民规模为 1556 万人，年增长率为 6.7%，互联网普及率为 75.2%。与 2012 年底相比，北京市网民增速提升了不到 1 个百分点，增长空间非常有限。但是，手机网民却保持着良好的增长态势。截至 2013 年 12 月底，北京市手机网民规模达到 1236 万人，在整体网民中占比为 79.4%，较 2012 年底增加了 170 万人，年增长率为 16%。3G 的普及、无线网络的发展和智能手机的降价，以及手机应用服务的发展，促进了手机网民规模的快速增长。未来，随着网络环境进一步完善和智能终端的继续降价，手机上网比例还将继续扩大。

2.北京市互联网从“数量”向“质量”转变

全国互联网发展正在从“数量”转换到“质量”的大趋势下，北京市互联

网发展从互联网普及率的提升转换到了互联网应用使用深度的增加。截至 2013 年底,北京市网民规模年增长率仅为 6.7%,但是互联网应用的使用率却在不断增长。互联网应用为人们塑造了全新的生活形态,与传统经济的结合,使互联网在商务方面,诸如购物、物流、支付、金融等领域均得到了很好的应用,使用黏性也越来越强。

3.商务应用继续看涨,网购、团购增长突出

北京市网民商务类应用一直保持较好的使用水平,各项使用率均明显高于全国平均水平。这与北京市经济发展状况,以及北京市网民结构特征相关。北京市网民学历高,收入高,带动了商务应用的使用。而商务应用中,与 2012 年底相比,网络购物和团购增长最为明显。网络购物使用率为 64.6%,较 2012 年底增长了 10.1 个百分点;团购使用率为 28.9%,比 2012 年同期增加了 7.1 个百分点。

(二)建议

1.加强宽带建设,支撑应用发展

2013 年 8 月 1 日,国务院印发《"宽带中国"战略及实施方案》,指出宽带是我国经济社会发展的战略性公共基础设施。强调加强战略引导和系统部署,推动我国宽带基础设施快速健康发展,并制定了我国 2015 年和 2020 年两阶段宽带建设的发展目标。可以预见,未来宽带建设将成为基础设施建设的重点工作。宽带建设的不断加强,将推动网民规模的增长以及网络应用的深化,对互联网技术发展和应用创新起到重要的支撑作用。未来,应当为公众提供方便快捷、安全可靠的高速宽带网络,以促进北京市信息化发展。

2.加强个人信息保护,维护网络信息安全

2013 年 2 月 1 日,我国首个个人信息保护国家标准《信息安全技术公共及商用服务信息系统个人信息保护指南》实施,标志着我国个人信息保护工作进入法制阶段。7 月 16 日,工信部公布《电信和互联网用户个人信息保护规定》,保护电信和互联网行业用户信息,维护网络信息安全。信息安全问题日益突出,用户个人信息泄露成为非常严重的问题。2013 年爆发

的“棱镜门”事件,引起了全球对用户信息安全保护问题的重视。北京市政府需加强监管,加大个人信息保护力度,继续完善政策法规,对非法信息窃取和泄露行为进行防范和控制,以保障互联网健康发展,保护用户合法权益。

3.加快移动网络建设,扶持产业健康发展

从2012年开始手机一跃成为第一大上网终端,且保持着快速增长。手机上网满足了人们碎片化、移动化的需求,因此手机越来越成为人们重要的上网设备,甚至吸引了非网民的加入。运营商们也在努力挖掘商机,开发与用户手机上网契合的应用。

据悉,北京市中关村地区聚集了数千家移动互联网产业链相关企业,在移动互联网领域已形成完整的综合性产业集群,成为中国移动互联网产业中心。北京市政府应当继续加快移动互联网络的建设,为应用的使用提供夯实的基础资源,扶持企业产品开发,加大对移动互联网发展的关注力度,将移动互联网发展作为产业重点,扶持移动互联网产业健康稳步发展。

附:各省互联网基础资源附表

附表1　2013年分省网民规模及增速

省　份	网民数(万人)	普及率	网民规模增速	普及率排名
北　京	1556	75.2%	6.7%	1
上　海	1683	70.7%	4.8%	2
广　东	6992	66.0%	5.5%	3
福　建	2402	64.1%	5.4%	4
天　津	866	61.3%	9.2%	5
浙　江	3330	60.8%	3.4%	6
辽　宁	2453	55.9%	11.6%	7
江　苏	4095	51.7%	3.6%	8
新　疆	1094	49.0%	13.7%	9
山　西	1755	48.6%	10.4%	10

续表

省　份	网民数(万人)	普及率	网民规模增速	普及率排名
青　海	274	47.8%	15.1%	11
河　北	3389	46.5%	12.7%	12
海　南	411	46.4%	7.0%	13
陕　西	1689	45.0%	8.9%	14
山　东	4329	44.7%	12.0%	15
重　庆	1293	43.9%	8.2%	16
内蒙古	1093	43.9%	13.3%	17
宁　夏	283	43.7%	9.7%	18
湖　北	2491	43.1%	7.9%	19
吉　林	1163	42.3%	9.5%	20
黑龙江	1514	39.5%	13.9%	21
广　西	1774	37.9%	11.9%	22
西　藏	115	37.4%	13.9%	23
湖　南	2410	36.3%	9.5%	24
安　徽	2150	35.9%	15.0%	25
四　川	2835	35.1%	10.7%	26
河　南	3283	34.9%	15.0%	27
甘　肃	894	34.7%	12.5%	28
贵　州	1146	32.9%	15.6%	29
云　南	1528	32.8%	15.7%	30
江　西	1468	32.6%	15.9%	31
全　国	61758	45.8%	9.5%	—

附表2　各省IPv4地址比例

省　份	比　例
北　京	25.65%
广　东	9.62%
浙　江	5.31%
江　苏	4.81%

续表

省　份	比　例
上　海	4.48%
山　东	4.94%
河　北	2.89%
辽　宁	3.39%
河　南	2.67%
湖　北	2.43%
四　川	2.82%
福　建	1.96%
湖　南	2.41%
陕　西	1.66%
安　徽	1.68%
黑龙江	1.23%
广　西	1.41%
重　庆	1.71%
吉　林	1.24%
天　津	1.05%
江　西	1.77%
山　西	1.30%
云　南	0.99%
内蒙古	0.79%
新　疆	0.62%
海　南	0.48%
贵　州	0.44%
甘　肃	0.48%
宁　夏	0.24%
青　海	0.18%
西　藏	0.13%
其　他	9.22%
合　计	100.00%

数据来源：APNIC、中国互联网络信息中心（CNNIC）
注1：以上统计的是IP地址所有者所在省份。
注2：以上数据统计截止日为2013年12月31日。

附表 3　分省域名数和分省 CN、中国域名数

省　份	域　名		其中:.CN 域名		中国域名	
	数量（个）	占域名总数比例	数量（个）	占 CN 域名总数比例	数量（个）	占中国域名总数比例
山　东	4323922	23.5%	3441396	31.8%	16177	5.9%
广　东	3553649	19.3%	2330704	21.5%	47759	17.4%
北　京	1857328	10.1%	808940	7.5%	31477	11.5%
黑龙江	857496	4.7%	675489	6.2%	15518	5.7%
上　海	782976	4.2%	289583	2.7%	14777	5.4%
浙　江	691006	3.7%	285142	2.6%	17774	6.5%
福　建	661253	3.6%	257664	2.4%	12937	4.7%
江　苏	648607	3.5%	210254	1.9%	21627	7.9%
河　南	367511	2.0%	80321	0.7%	4793	1.7%
四　川	340263	1.8%	92170	0.9%	10793	3.9%
河　北	253335	1.4%	73055	0.7%	6998	2.5%
辽　宁	223388	1.2%	68041	0.6%	11209	4.1%
安　徽	211612	1.1%	65066	0.6%	3560	1.3%
湖　北	210035	1.1%	68767	0.6%	5050	1.8%
湖　南	179771	1.0%	64236	0.6%	4035	1.5%
重　庆	140436	0.8%	44906	0.4%	6132	2.2%
海　南	136061	0.7%	13652	0.1%	538	0.2%
陕　西	132080	0.7%	38738	0.4%	3953	1.4%
天　津	115133	0.6%	32963	0.3%	2951	1.1%
江　西	96139	0.5%	34072	0.3%	2405	0.9%
广　西	92273	0.5%	34807	0.3%	2899	1.1%
云　南	83572	0.5%	33417	0.3%	4992	1.8%
山　西	81775	0.4%	23840	0.2%	2982	1.1%
吉　林	76449	0.4%	21322	0.2%	3023	1.1%
内蒙古	45576	0.2%	14763	0.1%	1696	0.6%
贵　州	42906	0.2%	17835	0.2%	1425	0.5%
新　疆	40747	0.2%	15918	0.1%	868	0.3%
甘　肃	29295	0.2%	10663	0.1%	627	0.2%

续表

省份	域名		其中:.CN 域名		中国域名	
	数量（个）	占域名总数比例	数量（个）	占 CN 域名总数比例	数量（个）	占中国域名总数比例
宁夏	16049	0.1%	4479	0.0%	339	0.1%
青海	11134	0.1%	2452	0.0%	212	0.1%
西藏	4989	0.0%	1307	0.0%	222	0.1%
其他	2129695	11.6%	1669368	15.4%	14805	5.4%
合计	18436461	100.0%	10825330	100.0%	274553	100.0%

注:分省域名总数不含 . EDU. CN

附表 4　分省网站数

省份	网站数量(个)	占网站总数比例
广东	535960	16.7%
北京	439432	13.7%
上海	316862	9.9%
福建	220671	6.9%
浙江	219693	6.9%
江苏	166267	5.2%
山东	145757	4.6%
河南	111152	3.5%
四川	110127	3.4%
河北	89634	2.8%
辽宁	86480	2.7%
湖北	63882	2.0%
湖南	49592	1.5%
安徽	37903	1.2%
陕西	37467	1.2%
天津	36617	1.1%
山西	34628	1.1%
重庆	31347	1.0%
黑龙江	27141	0.8%

续表

省 份	网站数量(个)	占网站总数比例
广 西	24966	0.8%
江 西	22404	0.7%
吉 林	20783	0.6%
云 南	14475	0.5%
内蒙古	12289	0.4%
海 南	12105	0.4%
贵 州	9642	0.3%
新 疆	7595	0.2%
甘 肃	7137	0.2%
宁 夏	3840	0.1%
青 海	2216	0.1%
西 藏	912	0.0%
其 他	302649	9.5%
合 计	3201625	100.0%

注:分省网站总数不含 .EDU.CN 下网站。

附表5 分省网页数

省 份	去重之后网页总数	静 态	动 态	静、动态比例
安 徽	1,296,827,492	808,440,988	488,386,504	1.66
北 京	37,731,520,746	24,358,388,919	13,373,131,827	1.82
福 建	908,482,916	460,498,350	447,984,566	1.03
甘 肃	39,334,416	10,106,572	29,227,844	0.35
广 东	25,439,061,672	14,094,996,198	11,344,065,474	1.24
广 西	1,129,958,542	170,425,727	959,532,815	0.18
贵 州	4,170,822	2,315,179	1,855,643	1.25
海 南	1,447,383,006	387,993,721	1,059,389,285	0.37
河 北	5,430,799,641	3,239,244,919	2,191,554,722	1.48
河 南	4,457,411,381	2,238,687,392	2,218,723,989	1.01
黑龙江	64,820,672	37,805,162	27,015,510	1.40

续表

省 份	去重之后网页总数	静 态	动 态	静、动态比例
湖 北	1,672,995,067	1,011,319,440	661,675,627	1.53
湖 南	530,449,942	406,483,794	123,966,148	3.28
吉 林	1,050,909,426	577,295,491	473,613,935	1.22
江 苏	12,594,798,710	9,685,070,937	2,909,727,773	3.33
江 西	2,651,682,372	1,931,114,266	720,568,106	2.68
辽 宁	2,282,109,954	1,115,718,168	1,166,391,786	0.96
内蒙古	227,096,393	129,546,952	97,549,441	1.33
宁 夏	9,485,476	84,060	9,401,416	0.01
青 海	96,186	40,902	55,284	0.74
山 东	5,352,628,473	3,935,914,070	1,416,714,403	2.78
山 西	4,125,077,932	2,445,687,655	1,679,390,277	1.46
陕 西	411,750,959	265,831,551	145,919,408	1.82
上 海	9,212,228,038	4,956,079,177	4,256,148,861	1.16
四 川	392,957,967	196,335,199	196,622,768	1.00
天 津	7,251,084,350	3,636,308,174	3,614,776,176	1.01
西 藏	1,403,745	1,360,107	43,638	31.17
新 疆	61,330,381	35,166,012	26,164,369	1.34
云 南	2,755,275,416	1,876,820,982	878,454,434	2.14
浙 江	21,266,044,955	11,521,785,497	9,744,259,458	1.18
重 庆	241,585,637	159,880,578	81,705,059	1.96
全 国	150,040,762,685	89,696,746,139	60,344,016,546	1.49

数据来源：百度在线网络技术（北京）有限公司。

附表 6　分省网页字节数

省 份	总页面大小	页面平均大小（KB）
安 徽	81,473,267,241	63
北 京	2,348,203,884,711	62
福 建	39,991,384,009	44
甘 肃	1,248,817,846	32

续表

省　份	总页面大小	页面平均大小(KB)
广　东	1,069,236,839,502	42
广　西	28,317,638,744	25
贵　州	106,458,885	26
海　南	59,185,230,822	41
河　北	277,681,464,291	51
河　南	184,932,782,956	41
黑龙江	1,512,592,031	23
湖　北	67,214,318,386	40
湖　南	24,038,437,686	45
吉　林	20,514,576,209	20
江　苏	546,288,566,198	43
江　西	86,375,132,135	33
辽　宁	205,973,383,156	90
内蒙古	9,908,819,601	44
宁　夏	583,523,096	62
青　海	11,265,579	117
山　东	299,135,082,556	56
山　西	254,380,441,195	62
陕　西	20,721,478,423	50
上　海	462,592,581,183	50
四　川	19,641,461,923	50
天　津	323,611,733,428	45
西　藏	46,676,289	33
新　疆	1,707,016,061	28
云　南	158,100,884,575	57
浙　江	879,255,374,681	41
重　庆	7,882,090,209	33
全　国	7,479,873,203,607	50

数据来源：百度在线网络技术（北京）有限公司。

附表 7　各省按更新周期分类的网页比例

省　份	一周更新	一个月更新	三个月更新	六个月更新	六个月以上更新
安　徽	7.4%	65.1%	19.7%	4.5%	3.3%
北　京	4.0%	49.4%	26.3%	10.9%	9.4%
福　建	3.7%	39.5%	25.5%	13.8%	17.5%
甘　肃	3.4%	60.5%	21.7%	8.0%	6.4%
广　东	5.9%	50.2%	24.2%	10.5%	9.1%
广　西	6.2%	66.8%	18.7%	4.4%	3.9%
贵　州	4.0%	63.1%	12.5%	14.7%	5.7%
海　南	5.8%	49.1%	24.0%	9.6%	11.5%
河　北	5.9%	46.9%	29.9%	9.1%	8.3%
河　南	5.2%	56.5%	21.9%	8.4%	8.0%
黑龙江	5.1%	48.3%	22.5%	14.8%	9.3%
湖　北	3.8%	52.9%	25.7%	9.2%	8.4%
湖　南	4.7%	53.8%	24.8%	9.7%	7.0%
吉　林	2.1%	53.7%	28.0%	8.4%	7.8%
江　苏	4.9%	50.7%	23.1%	11.5%	9.9%
江　西	4.4%	44.5%	31.0%	10.1%	10.0%
辽　宁	5.3%	55.2%	22.6%	7.3%	9.6%
内蒙古	3.8%	55.2%	24.9%	10.8%	5.3%
宁　夏	0.7%	41.0%	29.1%	6.0%	23.1%
青　海	5.9%	67.2%	16.8%	4.2%	5.9%
山　东	6.8%	56.2%	24.3%	7.6%	5.2%
山　西	5.8%	49.7%	27.1%	9.9%	7.5%
陕　西	1.8%	43.5%	30.3%	8.9%	15.5%
上　海	5.6%	54.4%	24.3%	9.5%	6.3%
四　川	3.5%	55.3%	26.6%	7.2%	7.4%
天　津	4.1%	44.4%	20.1%	7.5%	23.9%
西　藏	1.4%	23.2%	42.0%	7.2%	26.1%
新　疆	4.7%	39.1%	40.2%	13.0%	3.0%
云　南	4.1%	60.1%	25.5%	7.4%	3.0%
浙　江	4.1%	50.9%	25.6%	10.5%	8.9%

续表

省 份	一周更新	一个月更新	三个月更新	六个月更新	六个月以上更新
重 庆	5.6%	49.4%	22.9%	9.7%	12.3%
全 国	4.8%	50.8%	25.0%	10.0%	9.4%

数据来源:百度在线网络技术(北京)有限公司。

附表 8 各省按编码类型分的网页比例

省 份	中 文	繁体中文	英 文	其 他
安 徽	99.8%	0.1%	0.1%	0.0%
北 京	98.1%	0.7%	1.2%	0.0%
福 建	99.6%	0.2%	0.2%	0.0%
甘 肃	99.5%	0.4%	0.1%	0.0%
广 东	98.6%	0.9%	0.6%	0.0%
广 西	99.7%	0.0%	0.3%	0.0%
贵 州	99.3%	0.5%	0.2%	0.0%
海 南	93.5%	5.3%	0.8%	0.4%
河 北	85.4%	11.5%	1.1%	2.0%
河 南	98.7%	0.5%	0.8%	0.0%
黑龙江	96.9%	2.8%	0.2%	0.1%
湖 北	98.6%	1.0%	0.4%	0.0%
湖 南	98.9%	0.9%	0.2%	0.0%
吉 林	99.7%	0.1%	0.2%	0.0%
江 苏	98.4%	1.2%	0.4%	0.0%
江 西	98.7%	0.1%	1.2%	0.0%
辽 宁	99.2%	0.4%	0.4%	0.0%
内蒙古	96.6%	3.2%	0.1%	0.1%
宁 夏	89.3%	4.2%	6.0%	0.5%
青 海	75.0%	12.5%	8.3%	4.2%
山 东	98.3%	0.7%	1.0%	0.0%
山 西	99.4%	0.4%	0.2%	0.0%
陕 西	99.4%	0.1%	0.5%	0.0%

续表

省　份	中　文	繁体中文	英　文	其　他
上　海	99.0%	0.3%	0.7%	0.0%
四　川	99.8%	0.0%	0.2%	0.0%
天　津	99.4%	0.2%	0.3%	0.0%
西　藏	95.6%	2.8%	1.5%	0.1%
新　疆	91.4%	5.4%	2.7%	0.5%
云　南	97.1%	2.7%	0.1%	0.1%
浙　江	99.1%	0.5%	0.4%	0.0%
重　庆	99.7%	0.0%	0.3%	0.0%
全　国	98.1%	1.1%	0.7%	0.1%

数据来源:百度在线网络技术(北京)有限公司。

附 录

Appendix

2013年首都网络文化发展纪事

一月

1月6日

由国家互联网信息办公室指导、人民网承办、中国广播网等多家中央重点新闻网站和地方新闻网站联合主办的“中国网络媒体新闻风云榜评选”活动在京揭晓，选出年度“国内十大新闻”和“国际十大新闻”。十八大胜利召开、首艘航母交付入列、“神九”飞天、“蛟龙”入海等入选国内十大新闻。

1月11日

由新华网联合中文在线共同开发的“新华悦读”数字阅读平台正式上线。这是新华网首次推出面向数字阅读和移动阅读市场的专业平台。以“思想点亮中国，阅读温暖人生”理念为出发点，“新华悦读”定位于严肃阅读、品质阅读和经典阅读，为广大网民和移动终端用户提供体现社会主义核心价值的知识化、人文化、专业化数字出版物，同时也为广大党政干部和社会读者推荐新书好书，在全社会形成“多读书、读好书”的浓厚氛围，推动建设学习型社会和“书香社会”。

1月11日

北京市政协第十一届委员会第五次会议网络政务咨询在北京国际会议中心举行。政协委员们通过网络，就各自关心的问题与政府各职能部门负责人进行交流。

1月15日

由新华社主办，新华网、北京卫视、新华社“中国网事”联合举办，以“我们的英雄"为主题的"中国网事·梦之蓝感动2012"年度网络人物颁奖典礼在北京举行。

1月15日

中国互联网络信息中心(CNNIC)在京发布第31次《中国互联网络发展状况统计报告》。报告显示,截至2012年12月底,我国网民规模达到5.64亿,互联网普及率为42.1%,保持低速增长。与之相比,手机网络各项指标增长速度全面超越传统网络,手机在微博用户及电子商务应用方面也出现较快增长。

1月16日

由中国互联网协会主办的2012中国互联网产业年会在北京钓鱼台国宾馆举行。众多业内外嘉宾均出席了此次会议。《2012年中国互联网产业发展综述》,《2012—2013中国移动互联网发展》等重要报告在会上发布。

1月18日

北京市出台《北京市移动电话信息服务管理若干规定》,进一步强调网络建设管理的法制化、文明化和诚信化。

1月18日

由北京市互联网信息办公室、首都互联网协会、北京人民广播电台、北京电视台主办,北京文艺广播联合北京广播网、千龙网、新浪网、新浪微博、搜狐网、搜狐微博、网易网、网易微博、百度、和讯网、凤凰网、凤凰微博、中国雅虎、第一视频、搜房网、北青网、京报网17家网站共同举办的第八届原创新春祝福短信微博贴文大赛正式启动,大赛移动客户端"祝福来了"同步发行。

1月19日

北京市委宣传部召开互联网宣传工作会议,传达贯彻全市区县委书记会精神和市委书记刘淇重要讲话,研究部署全市互联网宣传工作。

1月22日

全国"扫黄打非"工作电视电话会议召开,会议部署2013年"扫黄打非"工作,进一步把工作重心转到网上,重点整治网络传播淫秽色情信息、非法网络报刊和网络游戏；以专项行动的方式，以整治网络文学、网络游戏、音视频网站为重点，开展淫秽色情信息专项治理行动；全面扫除淫秽色情文化垃圾，清查各类网站和移动智能终端等传播渠道，整治下载和预装淫秽色情视频信息行为，并对跨境经营淫秽色情网站的违法犯罪团伙进行严厉惩治，查处违法违规网站、电信运营服务企业和广告联盟、支付平台等。

1月30日

国家互联网信息办公室做出部署，要求各地互联网信息内容主管部门，立即组织清理网上淫秽色情及低俗信息，确保近期取得明显实效。国家互联网信息办发出的通知指出，近日网上淫秽色情及低俗信息又有抬头之势，破坏了社会风气和网络环境，必须予以坚决整治和制止。通知强调，要集中开展清理整治工作，对违法违规网站依法予以惩处，直至关闭网站。

二月

2月1日

由国家互联网信息办公室、共青团中央联合指导，团中央网络影视中心、中国青年网主办的“我的中国梦——青春励志故事”网络文化活动，自即日起持续至12月31日，中国青年网每周推出3个当代优秀青年典型的励志故事，中央主要新闻网站、地方重点新闻网站和主要商业网站在首页开设专栏，同步转载。

2月1日

以“唱响好声音 网聚中国梦”为主题的“2013网络媒体大联欢”在北京大学生体育馆隆重上演。来自千龙网、新浪、搜狐、网易、百度凤凰网等50余家网络媒体老总及2000余名员工齐聚盛会，国家互联网信息办、中宣部新闻局、中宣部舆情局、市委宣传部、北京市互联网宣传管理办公室以及市公安局、市广电局、市通信管理局等主管部门负责同志参与了活动。

2月2日

北京市通信保障和信息安全应急指挥部办公室依据国家和北京市相关

突发事件应对法和应急预案，对原有《北京市网络与信息安全事件应急预案》进行修订，更加明确了预案的适用范围、组织机构及职责，细化了突发事件分级标准，完善了网络与信息安全预案体系建设和突发事件应对处置流程，以进一步健全北京网络与信息安全保障工作机制，提高应对网络与信息安全突发事件的能力。

2月3日

大型春节网络民俗文化活动“癸巳年春节网络庙会·2013网络大过年”正式启动上线。首都互联网协会携手千龙网、新浪、搜狐、网易、百度、凤凰网、优酷网、第一视频、人人网、西陆网、开心网、北京广播网、互动百科13家网站，将互联网与庙会文化相结合，把传统的春节庙会搬到互联网上，打造具有网络特点的“春节庙会”，让网上网下的庙会相得益彰。

2月25日

首都互联网协会新闻评议专业委员会召开以“传承民俗文化 建设美丽中国”为主题的本年度第一次会议。国家互联网信息办、市委宣传部以及相关专家、学者和网站代表参会。会上展示了“2013网络大过年·癸巳年春节网络庙会”活动取得的成果，肯定了活动对于弘扬优秀民俗文化所产生的积极影响。

三月

3月1日

首都互联网协会组织召开2012年度网站自律专员工作总结会。会议总结回顾了过去一年自律专员参与社会监督工作的经验，对2012年表现突出的首都互联网站进行表彰和奖励。新浪网、搜狐网、网易、百度等25家建立自律专员工作机制的网站相关负责人参会。

3月4日

首都互联网协会党委召开“两会”报道专项工作会。市网信办主任、首都互联网协会党委书记佟力强出席会议并讲话。千龙网、新浪、百度等北京属地39家主要网站的党组织负责人和党员代表参会。会上通报了首都互联网协会党委推进网站党建工作的进展情况，并对两会期间的网站党建和实际业务工作进行了部署。

3月11日

首都互联网协会新闻评议专业委员会召开本年度第四次会议，对北京属地重点网站的全国“两会”宣传报道情况进行评议。千龙网、新浪等网站新闻负责人、网民代表、相关管理部门负责人及专家学者参会。评议会向首都互联网协会成员单位提出要求：各相关网络媒体要坚持前期好的做法，严格按照相关法律法规和有关部门要求，搭建好网民获取信息、交流意见平台，服务全国“两会”宣传报道，让网民实时了解两会、走进两会、参与两会。

3月13日

首都互联网协会新闻评议专业委员会召开本年度第五次会议，就部分网络媒体在2013年全国“两会”期间制作新闻标题的情况进行评议。千龙网、新浪、搜狐、网易、凤凰网、百度等26家重点网站负责人、相关管理部门负责人参会。评议会呼吁网络媒体严格依法办网，加强行业自律，在标题制作中坚持正确导向，充分尊重新闻原意，尊重版权方权益；各网站要落实、完善新闻标题制作规范，加强对新闻编辑的职业培训，从根本上杜绝“标题党”。

3月22日

首都互联网协会新闻评议专业委员会召开本年度第六次会议，对北京属地网站贯彻《北京市微博客发展管理若干规定》，尤其是自2012年3月16日规范微博老用户真实身份信息注册工作一年来的情况进行评议。市政府新闻办、市通信管理局、市公安局、全国组织机构代码查询服务中心、全国公民身份证号码查询服务中心等单位相关领导，行业专家学者和新浪、搜狐、网易、搜房网、和讯、移动微博6家微博网站负责人参会

3 月 27 日

国家行政学院电子政务研究中心在京发布《2012 年中国政务微博客评估报告》。报告显示,截至 2012 年年底,我国政务微博账号数量已经超过 17 万个,较 2011 年年底增长近 2.5 倍。

3 月 28 日

2013 中国互联网大会新闻发布会暨春华论坛在北京召开。会上宣布,2013 中国互联网大会将于 8 月 13 日—15 日在北京举行,主题为“共建良好生态环境,服务美好网络生活”。

3 月 29 日

首都互联网协会新闻评议专业委员会召开本年度第七次会议,对北京属地主要网站全媒体、全景式报道全国“两会”的工作亮点进行评议。评议会指出,2013 年全国“两会”网络报道工作坚持正确导向,突出宣传主题,创新宣传方式,形成规模声势,内容丰富,亮点频频。

四月

4 月 10 日

首都互联网协会新闻评议专业委员会围绕《民俗网事 · 清明节》一书出版和网上清明宣传报道及活动为主题召开了本年度第八次会议。市文化局、市社科院、北京出版集团以及民俗专家、学者和网站代表参会。会上展示了“2013 网上清明”活动的专著、专题成果,肯定了互联网对清明节的宣传以及活动挖掘出清明节的双重文化内涵,体现了中华民族优秀的传统文化,打造了“人文北京”的一个亮点,为非物质文化遗产数字化保留做出了积极的贡献。

4 月 17 日

首都互联网协会新闻评议专业委员会召开本年度第九次会议。新浪、搜狐、网易、凤凰网、搜房网、和讯、移动微博七家微博客网站代表及网民、专家代表就微公益活动开展情况进行总结评议。评议会希望网站微公益平台在今后的工作中不断探索创新公益与微博的结合方式,形成行业合力,创建互联网公益联盟微公益平台联动机制,共同推动社会公益建设、推动企业履行社会责任、共建健康向上的网络文化。

4月18日

首都互联网协会妈妈评审团举办第二期“妈妈想对你说”主题系列活动。本期微活动以“融入自然 体味春天”为主题,自上线以来,网友们积极响应与踊跃参与,纷纷上传或发表与主题相关的照片、评论,围绕暂离网络亲子互动、讲述曾经大手牵小手回忆、描绘美丽中国春天景色,抒发和传递了对青少年健康成长的希冀。

4月22日

首都互联网协会举办的妈妈评审团召开网站低俗信息整改检查会,市网信办网管处、监管中心以及新浪、搜狐、网易、凤凰网、优酷网、中华网六家网站相关频道负责人参会。六家网站分别就各自内部自查清理不良信息情况进行了汇报,对网站首屏、娱乐、视频、社区论坛等版块出现的低俗不当信息进行了深刻自省,通报了网站已采取的内部处罚整改措施。

4月23日

北京梅地亚新闻中心召开了“钱塘论潮”——2013年第二届中国互联网创新与知识产权保护高峰论坛暨官方网站上线新闻发布会,新闻发布会上公布该高峰论坛将于10月16—18日在中国杭州举办。本届论坛的主题为“创新、保护、发展云时代互联网电子数据证据的运用与保障”。

4月25日

为加强北京互联网领域的知识产权保护力度、进一步宣传雍和园“尊重知识、尊重创造”产业发展环境、加快与知识产权相关企业的自主创新、提升企业参与国际市场竞争的能力,由北京市高级人民法院知识产权庭、中国互联网协会调解中心、东城区人民法院、东城区知识产权局、中关村科技园区雍和园管理委员会联合主办的第三届首都互联网知识产权保护论坛暨第四届“知产雍和行”启动仪式在北京隆重举行。

五月

5月8日

东城区公共文化服务导航网正式开通运行，这是全国首个公共文化服务导航网，将有效提升东城区文化事业的信息化数字化水平，促进公共文化服务信息化改造和功能升级。

5月8日

由22家网站共同举办的大型系列网络文化活动“2013互联网文化季”日前正式启动。期间将举办网络长篇小说、网络短篇小说大赛、微小说大赛、创意影像大赛和微电影5项活动。5月7日，网络长篇小说和短篇小说大赛同时启动征集。2013互联网文化季以“创意网络，美好生活”为主题，由首都互联网协会联合千龙、新浪、搜狐、网易、百度、凤凰等22家网站共同举办。整个文化季活动将持续7个月。微小说大赛、创意影像大赛和微电影征集令将在8月之前陆续上线。

5月9日

国家互联网信息办部署从当日起在全国范围内开展为期两个月的规范互联网新闻信息传播秩序专项行动。国家互联网信息办有关负责人介绍，这次专项行动，针对当前网站登载新闻存在的突出问题，重点整治新闻来源标注不规范、编发虚假失实报道、恶意篡改新闻标题、冒用新闻机构名义编发新闻等违规行为。

5月9日

首都互联网协会新闻评议专业委员会召开本年度第十次会议，对网站和网民“承担社会责任 共筑网络诚信”情况进行评议。评议会指出，希望网站、网民积极响应首都互联网协会的倡议，积极参与、支持打击利用互联网造谣和故意传播谣言行为专项行动，切实承担起相应的社会责任，共同建设和维护健康、和谐、诚信的网络环境。

5月17日

首都互联网协会召开"首都互联网行业'5·12社会责任日'座谈会"。来自中宣部舆情局、国家互联网信息办公室网络新闻宣传局、北京市互联网信息办公室的相关负责人以及业界专家和北京地区的39家互联网站代表参加了座谈会。座谈会总结梳理了近年来首都互联网站在履行社会责任方面所作出的重要贡献,推出了"首都互联网企业社会责任十大公益事件"。

5月19日

在第23个全国助残日到来之际,由联合国教科文组织特别支持,工业和信息化部、中国残疾人联合会、民政部、住房和城乡建设部、全国老龄办共同指导,工业和信息化部电信管理局支持,中国互联网协会、中国残疾人福利基金会联合主办,工业和信息化部机关服务局信息无障碍推进中心承办,国家信息无障碍公共服务平台提供全程技术支撑的"美丽中国——2013中国政务信息无障碍公益行动"在北京正式启动。本次行动的主题为"构建美丽信息中国·共享和谐信息文明"。

5月30日

由人民网主办,中国通信学会、中国移动通信联合会、中国互联网协会合办的"2013移动互联网发展论坛"当天在人民日报社举行,会上发布了2013年移动互联网蓝皮书——《中国移动互联网发展报告(2013)》,该书由人民网研究院组织政府部门管理人员及企业研究机构、高等院校、市场咨询公司等移动互联网研究专家撰写完成,是对2012年中国移动互联网发展总体状况、特征特点、重点亮点的全面介绍、系统分析和研究成果的汇集和展示。

5月31日

中国互联网大会网络广告主题沙龙在北京成功举行,传漾科技、易传媒、秒针系统、悠易互通、随视传媒、浪淘金、第一视频、腾讯视频和海航、爱国者等近30家企业出席,中国互联网大会组委会副秘书长曾明发出席并致辞,中国广告协会网总编辑张文保专程为沙龙做主题发言。

六月

6月6日

由70余家国内知名机构发起，旨在加强版权保护、推动版权产业发展的首都版权联盟在京成立。会议审议并表决通过了《首都版权联盟章程》，选举产生了第一届理事会主席、副主席、秘书长、理事及监事人选。据介绍，首都版权联盟发起单位包括中国出版集团、央视网、北京电视台、百度、新浪、金山、歌华等70余家国内知名的版权产业机构。首都版权联盟是经北京市社会团体登记管理机关核准登记的非营利性社会组织，联盟成立后，将有效整合行业资源优势，为维护广大会员单位的版权权益、配合政府加强市场管理、促进版权产业健康有序地发展服务。

6月13日

为贯彻落实《2013年广播影视法制工作要点及任务分解》，深入开展广播影视"六五"法制宣传教育工作，推动广播影视企事业单位依法管理、依法运营，总局法规司、人事司共同举办"2013年全国广播影视法制教育网络知识竞赛"活动。本次竞赛活动与广播影视法制教育远程培训相结合，竞赛内容为远程培训中与广播影视企事业单位运营、管理相关的课程，主要面向广播影视系统企事业单位法制、知识产权和人力资源部门干部职工，广播影视系统企业高层管理人员和运营部门工作人员。

6月16日

《2012—2013年微博发展研究报告》出炉，报告指出，当前国内的微博用户总量接近饱和或将面临停滞，移动终端成为微博应用主流。

6月17日

首都互联网协会发布致广大网友和属地互联网企业的公开信，倡议"使用文明用语 共建网络家园"。首都互联网协会希望广大网友、属地互联网企业和社会各界一起努力为深化"大兴网络文明之风"活动，整治当前网上存在的"造谣传谣"、"恶意攻击谩骂他人"、"网络用语粗俗"等不良现象，共同为打造更加文明、绿色、健康的网络家园做出更大的贡献。

6月17—20日

首都互联网协会妈妈评审团举办第四期“妈妈想对你说”微博主题活动。本期活动以“关注青少年专属网站 建立绿色上网空间”为主题，浅入深地拓宽和引导广大网友对青少年专属网站的认知。本次主题活动分为投票调查、微活动、微访谈三个部分，旨在多方位搭建青少年专属网站的传播平台，推广和普及网友对主题活动的认识与了解。

6月20日

北京市经信委、通信管理局和无线电管理局联合召开发布会解读《宽带北京行动计划》。根据规划，到2015年底，北京市政府将投资800亿元实现“宽带北京”计划，北京五环路以内区域将实现4G网络覆盖。

6月27日

近期，中国广播网加强中国梦专题报道，在网站首页进行重点呈现，营造积极向上的舆论氛围。一是启动网络文化建设研究专项调查，刊发系列报道《建设中国特色社会主义网络文化强国对策建议》，邀请多位专家提出建议，积极宣传报道建设中国特色社会主义文化强国战略。二是继续加强对《坚定不移走中国特色社会主义道路》系列专题的报道，通过大量文字、图片报道、权威评论、专家解读，宣传报道坚持中国特色社会主义的重要性、实践意义、积极效果等。三是继续深化《中国梦人民的梦》系列专题报道，首页专题区域重点呈现。四是论坛社区充分开展舆论引导，号召网民参与关注，并引导网民发表观点。

七月

7月4日

首都互联网协会新闻评议专业委员会召开本年度第十一次会议，对《新浪微博社区公约》运行一周年情况进行评议。来自新华网、中新社、北

京晚报、北京电视台、新京报、千龙网等媒体的记者评议员及市网信办相关部门负责同志参会。评议会充分肯定《新浪微博社区公约》运行一年多来取得的成绩，希望新浪微博继续完善规则体系，强化机制运行，以更主动的方式推送正能量，以更有力的方式打击网络谣言，以更安全的措施保护公民隐私，为净化网络社会生态环境做出新的贡献。

7月7日

"宽带北京行动计划(2013年—2015年)"发布。未来两三年内，北京市力争吸引社会滚动投资800亿元，建设国内领先、国际先进，泛在、融合、智能、可信的下一代信息基础设施。届时，北京将成为全球信息通信枢纽和互联网中心。按照计划，所有城镇家庭用户都将实现光纤宽带覆盖，农村地区也将逐步覆盖。到2015年底，北京市将实现家庭宽带接入能力超过百兆，社区宽带接入能力达到千兆，高端功能区和重点企业宽带接入能力达到万兆，使用10兆及以上宽带接入互联网的用户占比超过75%。无线网络也将升级。北京市将建成移动互联的无线城市。

7月8日—7月10日

中国新闻出版研究院主办的"第五届中国数字出版博览会"在北京国际会议中心召开。全国人大教科文卫委员会主任柳斌杰，国家新闻出版广电总局副局长孙寿山出席开幕式并讲话。

7月11日

首都互联网协会新闻评议专业委员会召开本年度第十二次会议，对搜狐新闻"谣言终结者"栏目运行一周年情况进行评议。来自中央、市属媒体的记者评议员及市网信办相关部门负责同志参会。评议会希望搜狐网继续加强"谣言终结者"栏目建设，更加紧密地围绕社会热点问题，完善辟谣机制，强化媒介素养教育功能，提高品牌影响力，为保障网络社会信息安全流动创造新经验，取得新成绩。

7月17日

北京市互联网信息办公室联合市公安局、通管局、文化执法总队、广电局等部门，在全市范围内集中打击制售、传播淫秽色情物品和信息的行为。

7月18日

首都互联网协会新闻评议专业委员会召开本年度第十三次会议，对网易邮箱保护公民个人隐私情况进行评议。来自中央、市属媒体的记者评议员及市网信办相关部门负责同志参会。评议会希望，网易公司继续加强邮箱安全性建设，完善反垃圾邮件工作机制，强化公民个人隐私保护，提高品牌影响力，为保障网络社会信息安全做出新的、更大的贡献。

7月24—26日

首都互联网协会妈妈评审团举办第五期“妈妈想对你说”活动，以“快乐暑假 多彩网络生活”为主题。妈妈评审团就如何发挥家庭在净化网络环境、促进网络时代未成年人健康成长中的重要作用，如何加强社会管理和监督、开展净化网络环境家庭护卫行动等内容对网友进行话题引导。参与讨论的网友观点鲜明新颖，在互动平台表达了对净化暑期网络环境、为青少年营造健康安全网络空间的独到看法。

7月25日

首都互联网协会新闻评议专业委员会召开本年度第十四次会议，对百度开展“阳光行动”的成果进行评议。来自中央、市属媒体的记者评议员及市网信办相关部门负责同志参会。评议会希望，百度全面深化“阳光行动”，进一步打击互联网虚假信息，为建设和谐网络环境做出新贡献。同时也希望社会各相关部门能够与百度一道，逐步建立起系统、有效的联动工作机制，让网民合法权益得到更大程度的保障。

7月30日

人民网舆情监测室联合新浪微博共同发布《2013上半年新浪政务微博报告》显示，新浪认证的政务微博总数已超7.9万，发博总数超过6000万条，被网友转评总数约3.6亿次。相比2012年年底，发博数和被网友转评数增长率分别高达73%、177%，显示出2013年上半年新浪政务微博活跃度、传播力、影响力仍继续高速增长。

八月

8 月 1 日

在市互联网信息办、首都互联网协会的指导下，由千龙·中国首都网、搜狗、新浪微博、搜狐、网易、百度 6 家网站共同发起的"北京地区网站联合辟谣平台"正式上线，滚动曝光网络谣言。

8 月 2 日

北京市互联网信息办公室、首都互联网协会联合优酷网共同举办"追梦青年影像沙龙"，正式启动 2013 互联网文化季"追梦·青年导演扶植大赛"。该活动秉持鼓励优秀网络文化创作的宗旨，着力打造互联网文化建设品牌，依托微电影创作，通过网上选拔、线下沙龙等多种形式引导扶植青年导演生产更多优秀作品，创造积极健康的网络文化氛围。

8 月 8 日

首都互联网协会新闻评议专业委员会在搜狗公司召开 2013 年度第十五次会议，听取千龙网·中国首都网、搜狗公司介绍北京地区网站联合辟谣平台建设进展情况，发布三项平台辟谣新"武器"，通报平台在内容建设和技术、数据整合方面新进展及建设设想，来自中央、市属媒体的记者评议员，北京市互联网信息办公室、首都互联网协会相关负责同志参会。

8 月 10 日

网络名人社会责任论坛在中央电视台新址举行，纪连海、廖玒、陈里、潘石屹、古永锵、陈彤、周小平、徐世平、齐向东、孙健、胡延平、张国庆、高龙等网络名人坐在一起，就网络名人如何在互联网上发挥作用，用自己的一言一行传递正能量、抵制谣言、构建健康的网络环境、网聚"中国梦"进行了讨论。

8 月 12 日

文化部颁布《网络文化经营单位内容自审管理办法》并于 2013 年 12 月 1 月起正式实施。

8月13日

由工业和信息化部、国家互联网信息办公室等单位指导，中国互联网协会主办的2013(第十二届)中国互联网大会在北京国际会议中心隆重开幕。本届大会主题为“共建良好生态环境，服务美好网络生活”。

8月15日

中国互联网大会发出倡议，全国互联网从业人员、网络名人和广大网民，都应坚守法律法规底线、社会主义制度底线、国家利益底线、公民合法权益底线、社会公共秩序底线、道德风尚底线和信息真实性底线“七条底线”，以营造健康向上的网络环境，自觉抵制违背“七条底线”的行为，积极传播正能量，为实现中华民族伟大复兴的中国梦做出贡献。

8月15日

“北京地区网站联合辟谣平台”建设进展情况新闻通气会在千龙网召开。北京市新闻工作者协会常务副主席宗春启、首都互联网协会名誉会长闵大洪、清华大学爱泼斯坦对外传播研究中心高级研究员王君超、DCCI互联网研究院院长刘兴亮等专家学者及首都互联网企业代表、新闻界人士共30余人参加了会议。记者从会上了解到，该辟谣平台近期已实现较大规模的改扩版，特别增加了全局实时搜索功能，网民只要输入关键词就可以进行谣言搜索查询。开设专栏向网民普及“媒介素养”是改扩版后平台的另一大亮点。平台专门开设“专家视角”栏目，由高校、社科系统研究媒介素养的专家以深入浅出的风格向网民普及媒介素养方面的知识；开设“谣止于实”、“海外观察”等栏目，介绍谣言传播与辟谣方面的经典案例，介绍其他国家在辟谣与新媒体管理方面的政策法规和相关经验，为网民提供参考。

8月15日

首都互联网协会发出“承担社会责任坚守七条底线”倡议书。向全行业、广大网民发出坚守“七条底线”，强化社会责任意识，积极承担社会责任，共同营造健康向上的网络环境；积极传播正能量，引导全社会为实现中华民族的伟大复兴而奋斗；把互联网打造成传播社会主义先进文化的新阵地，切实加强和改进网络内容建设，规范网络传播秩序，改善网络舆论生态。

8 月 20 日

北京公安机关打掉一个在网上蓄意造谣传谣、扰乱网络秩序、非法获取经济利益的网络推手公司，网络红人“秦火火”、“立二拆四”等人因涉嫌犯罪被依法刑拘。这对于打击蓄意传谣造谣和扰乱网络秩序的行为、铲除网络谣言滋生土壤具有典型意义和示范意义，对强化网络法律意识和提高网络自律意识具有警示作用。

8 月 29 日

中共北京市委书记郭金龙在首都宣传思想文化战线调研时强调要深入学习习近平总书记讲话精神，把加强网上舆论工作作为重中之重，不仅要管好、引导好互联网，更要用好互联网；要深入研究新时期的新情况新问题，不断创新工作方式，形成做好宣传思想工作的强大合力。互联网要积极传递正能量，真正反映国情民意，为建设中国特色社会主义营造良好舆论氛围。

九月

9 月 3 日

为深入学习宣传贯彻党的十八大精神，加强网络内容建设，弘扬主旋律，传播正能量，推动社会主义核心价值体系在互联网上传播放大，由国家互联网信息办网络新闻宣传局指导，全国百家网站共同主办，中国网络电视台、胶东在线承办，中央和地方新闻网站、主要商业网站共同协办的第二届“爱传百城——寻找身边的感动”网络文化活动正式启动。

9 月 4 日

国家互联网信息办公室组织部分网民代表在京举办了一次打击网络谣言网民座谈会。座谈会上，教师、公务员、国企职工以及广告、基金、互联网站从业人员等不同身份的十一位网民代表踊跃发言，对近期相关部门依法打击网络造谣行为表示坚决支持，认为互联网应该是传播“中国好声音”的舞台，而非谣言滋生泛滥的温床。同时，与会网民代表还对建立打击网络谣言的长效机制，加强法制建设，营造风清气正的网络环境积极建言献策。

9 月 10 日

“文学新生态，成长大未来”腾讯文学战略发布会在京召开，发布了“腾讯文学”品牌、业务体系及“全文学”发展战略。发布会上，诺贝尔文学奖得主莫言及著名作家阿来、苏童和刘震云组成的“腾讯文学大师顾问团”重磅亮相，腾讯文学也成为莫言亲自授权发行其作品电子版权的网络平台。

9 月 14 日

由中国互联网协会主办的“2013 中国网民文化节健步大赛活动”在北京国际雕塑公园成功举行。活动以“健康网络、健康文化、健康体魄”为主题，通过健康、轻松、绿色的健步走活动，吸引网民广泛参与。中国互联网协会在活动中呼吁广大网民重视身心平衡，共同发展健康向上的网络文化，积极传播网络正能量。本次活动吸引了三百余名网民、互联网从业者、普通市民和大中学生的热情参与，大家纷纷在活动的主题背板上签名，作为对营造健康网络环境、发展积极向上网络文化的支持和响应。活动结束时，许多现场参与者意犹未尽，希望主办方能够将这样的活动常态化。

9 月 16 日

国家互联网信息办公室、教育部、共青团中央、全国妇联指导全国百家网站，启动了“绿色网络 助飞梦想”——网络关爱青少年行动。此次倡议活动旨在呼吁全国网络媒体积极参与网络关爱青少年行动，大力弘扬健康向上的网络文化，加强网络空间管理，为青少年成长成才创造良好网络空间，为培养社会主义事业合格接班人做出积极贡献。

9 月 26 日

由中国互联网协会主办的“互联网时代文化消费新趋势研讨会”在北京召开。中国互联网协会秘书长卢卫出席研讨会并致辞。卢卫指出，互联网正在深刻改变着传统文化产业的创作、生产、传播、消费等各个环节，孕育出一种全新的文化生态，希望通过与会者深入的研讨和交流，推动政府、企业、网民们一起，共同努力，打造一个健康、和谐的互联网文化产业环境，实现互联网文化产业的“中国梦”。

9月29日

国家互联网信息办、教育部、共青团中央、全国妇联联合主办的“绿色网络助飞梦想——网络关爱青少年行动”百家网站倡议活动于当日在京举行。中国网络电视台、人民网、新华网、中国青年网、华声在线、百度网等全国百家网站共同向全国网络界发出倡议,呼吁网络界坚持正确导向,恪守媒体指责;依法文明办网,守住“七条底线”;加强内容建设,服务学习生活;严格行业自律,加强内部管理;开展网络关爱,呵护青少年成长。此次倡议,旨在大力推进青少年网络关爱,进一步清理网上不良信息,打造绿色健康、积极向上的网络空间,维护青少年的合法权益,促进青少年健康成长。

十月

10月11日

由文化部和北京市政府联合主办,中国文化传媒集团、中国动漫集团、中国国际贸易促进委员会北京分会和北京市文化局联合承办的第十一届中国国际网络文化博览会在北京展览馆正式拉开帷幕。

10月12日

由人民网承办的第十一届网博会高峰论坛在北京新世纪日航饭店三层世纪厅隆重举行。来自政府机构、网络文化企业、专家学者和主流媒体的代表共同探讨移动互联网时代下网络文化发展的机遇与挑战。

10月12日

人民网10日晚间公告称,拟使用超募资金2.48亿元,收购成都古羌科技有限公司69.25%的股权,向网络文学领域进军。

10月12日

中国政府网官方微博和官方微信在新华微博、腾讯微博和微信开通,这是国务院政府信息公开的又一重要平台。据悉,国务院重要政务信息将第一时间通过微博、微信等新媒体形式,向社会公众公开。

10 月 15—16 日

第五届“金网奖”颁奖典礼暨 2013 中国网络营销高峰论坛在北京成功举行。本届活动由中国互联网协会指导，中国互联网协会网络营销工作委员会主办，比特网和 IT 专家网承办，主题为“人 3.0 感触 · 重构 · 变革”。

10 月 30 日

第十三届中国网络媒体论坛在郑州举行，并发布《郑州宣言》。《郑州宣言》提出，深入贯彻落实习近平总书记一系列重要讲话精神，牢牢把握正确舆论导向，自觉担负社会责任，始终恪守“七条底线”，坚持中国道路、弘扬中国精神、凝聚中国力量，高扬时代旗帜，唱响网上主旋律，建设为民的网络空间，建设文明的网络空间，建设诚信的网络空间，建设法治的网络空间，建设安全的网络空间，建设创新的网络空间，总之，要建设为民、文明、诚信、法治、安全、创新的网络空间。

十一月

11 月 1 日

首都互联网协会新闻评议专业委员会召开 2013 年度第 26 次会议。会上，北京移动、联通、电信三大运营商通报垃圾短信治理措施，并公布举报方式。

11 月 7 日

首都互联网协会“妈妈评审团”携手 360 推出“儿童安全桌面”，为青少年上网求知“保驾护航”。

11 月 12—17 日

首都互联网协会妈妈评审团在新浪微博推出第九期“妈妈想对你说”活动。本期以“为青少年安全上网支招”为主题，旨在引导广大青少年合理有效使用互联网，提高安全上网意识和自我保护能力。

11 月 15 日

中共北京市委司机郭金龙在北京市宣传思想工作会议强调，北京集中了全国90%的重点网站,必须把网上舆论作为宣传思想工作的重中之重来抓,尽快掌握舆论战场上的主导权;克服"不能管"、"管不了"的错误认识,积极采取经济、行政、法律、教育等手段,切实加强网络管理。

11月22日

首都互联网协会新闻评议专业委员会召开2013年度第二十七次会议,北京电视台正式加盟联合辟谣平台,并宣布"一辨真伪"栏目正式开播。

11月30日

工业和信息化部制定《关于进一步规范因特网数据中心(IDC)业务和因特网接入服务(ISP)业务市场准入工作的实施方案》。

十二月

12月1日

《网络文化经营单位内容自审管理办法》将施行,由政府部门承担的网络文化产品内容审核和管理责任将更多地交由企业承担,移动游戏的内容自审将首先试行。

12月4日

国家互联网信息办公室主办、人民日报社承办的媒体法人微博知名账号座谈会在人民日报社举行,人民日报、新华社、中央人民广播电台、中央电视台、光明日报、经济日报、中国新闻社、法制日报、中国青年报、北京电视台、环球时报、京华时报、北京晚报等21家主流媒体机构的微博账号负责人参加此次交流活动。与会人士一致认为,媒体法人微博账号理应成为在微博平台传播正能量的主力军,为凝聚改革正能量发挥积极作用。

首都互联网协会"妈妈评审团"在新浪微博推出第十期"妈妈想对你说"活动。本期以"做健康的网络少年"为主题,旨在引导广大青少年在网上参与和探讨社会公益等热点事件中,积极塑造自己健康的网络形象,更好地指导孩子养成良好的网络文明行为和意识。

12月13日

国家互联网信息办在北京召开“杜绝网上虚假失实报道 提升网络媒体公信力”座谈会，针对“大妈讹外国小伙儿”网络失实报道，查找问题、分析原因，研究进一步规范网上新闻传播秩序、提升网络媒体公信力的对策措施。

12月16日

由工业和信息化部通信保障局指导，中国互联网协会主办，以“网罗正能量，助力中国梦”为主题的2013年“网络安全宣传周”活动在京启动。工业和信息化部通信保障局、基础电信运营企业、互联网企业、网络及平面媒体等多家单位代表出席本次活动，并与普通网民代表共同参与了启动仪式。

“搜狐world”营销大会在北京举行，搜狐宣布，全面启动移动互联网营销的商业化，推出展示广告、互动营销、企业官方新闻客户端、自媒体原生广告平台及精准流广告五大营销产品体系。在移动互联网领域，搜狐新闻客户端用户量超过1.85亿，活跃用户7000万，入驻媒体超过3000家，总订阅量突破8.2亿，并成为中国移动定制机合作的唯一中标新闻客户端。

12月17日

在工业和信息化部通信保障局的指导下，由中国互联网协会主办、12321网络不良与垃圾信息举报受理中心、中国互联网协会反垃圾信息中心承办的2014“网络安全宣传周”活动昨日在北京启动。

北京国家数字新闻出版基地将正式落户北京丰台区。

12月18日

为诠释“中国梦”的深刻内涵，反映基层干部群众勇于追梦、勤于圆梦的精神风貌，由国家互联网信息办公室主办，人民网承办，全国百家网站共同协办的“‘中国梦 我的梦’——全国百家网站寻找追梦人”大型主题采访活动今日启动。

12月26日

为促进全国各级党务政务网站建设，推动政务微博、微信、移动门户等新媒体政务平台的发展，中国信息化研究与促进网联合工业和信息化部电子科学技术情报研究所、促进网（北京）网络发展研究中心等支持单位自6月底开始启动2013年中国优秀政务平台推荐及综合影响力评估，并于当日公布《2013年中国优秀政务平台推荐及综合影响力评估结果》。

12月30日

国家版权局、国家互联网信息办公室、工业和信息化部、公安部在京联合召开“2013年打击网络侵权盗版专项治理‘剑网行动’新闻发布会”，通报2013年“剑网行动”十大案件。

责任编辑:毕于慧
封面设计:周文辉
版式设计:东昌文化

图书在版编目(CIP)数据

首都网络文化发展报告(2013—2014)/李建盛　陈　华　马春玲 主编.
-北京:人民出版社,2014.6
ISBN 978-7-01-013424-6

Ⅰ.①首…　Ⅱ.①李…②陈…③马…　Ⅲ.①计算机网络-文化-研究报告-北京市-2013~2014　Ⅳ.①TP393-05

中国版本图书馆 CIP 数据核字(2014)第 069601 号

首都网络文化发展报告(2013—2014)
SHOUDU WANGLUO WENHUA FAZHAN BAOGAO(2013—2014)

李建盛　陈　华　马春玲　主编

人民出版社 出版发行
(100706　北京市东城区隆福寺街 99 号)

环球印刷(北京)有限公司印刷　新华书店经销

2014 年 6 月第 1 版　2014 年 6 月北京第 1 次印刷
开本:710 毫米×1000 毫米 1/16　印张:23.5
字数:345 千字

ISBN 978-7-01-013424-6　定价:48.00 元

邮购地址 100706　北京市东城区隆福寺街 99 号
人民东方图书销售中心　电话 (010)65250042　65289539